2024

지게차 운전기능사 필기

기출복원 + 모의고사

시스컴자격시험연구소

2024

지게차 운전기능사 필기
기출복원 + 모의고사

인쇄일 2024년 1월 5일 3판 1쇄 인쇄
발행일 2024년 1월 10일 3판 1쇄 발행
등 록 제17-269호
판 권 시스컴2024

발행처 시스컴 출판사
발행인 송인식
지은이 시스컴자격시험연구소

ISBN 979-11-6941-250-6 13550
정 가 14,000원

주소 서울시 금천구 가산디지털1로 225, 514호(가산포휴) **| 홈페이지** www.nadoogong.com
E-mail siscombooks@naver.com **| 전화** 02)866-9311 **| Fax** 02)866-9312

PREFACE

해마다 지게차 운전기능사 자격증 시험의 응시인원이 8만 명에서 9만 명을 웃도는 것으로 알 수 있듯이, 지게차 운전기능사의 사회적 관심과 그 수요는 다른 자격증에 비할 수 없을 만큼 커다란 규모를 자랑하고 있습니다. 또한, 현대 산업 현장에서 건설사업과 유통사업의 대형화 및 기계화에 따라 이러한 지게차 운전기능사의 밝은 전망이 앞으로도 오래 지속될 것으로 보입니다. 고용노동부가 운영하고 있는 공식 블로그에서는 2021년 4월, '취업 프리패스 가능한 자격증'이라며 지게차 운전기능사를 소개하기도 하였습니다. 이에 따라 저희 시스컴에서는 기존의 출간된 수많은 필기시험 대비 도서들과는 차별점을 두어 수험생들을 보다 가깝게 합격으로 이끌 수 있는 문제집을 출간하게 되었습니다. 2020년부터 변경된 출제기준을 제대로 반영하여 수험생들의 불필요한 공부를 최소한으로 하고자 하였고, 총 15회분이라는 풍부한 문제량으로 수험생들의 시험대비에 부족함이 없도록 하였습니다.

이 책의 특징은 다음과 같습니다.

첫째, 시험대비의 기초를 이루는 단원별 핵심요약을 수록하였습니다. 간단명료한 요약으로 문제를 풀기 전에 확인하기에도 좋고, 시험 직전 마지막으로 한 번 더 보기에도 좋은 유형으로 구성하였습니다.

둘째, 문제와 해설을 엮은 CBT 기출복원문제를 수록하였습니다. 기존에 지게차 운전기능사 필기시험에서 출제되었던 문제들을 바탕으로 문제를 재구성하여 해설과 함께 수험생들에게 꼭 필요한 개념인 '핵심 포크'를 달아 틀린 문제에서도 제대로 배우고 맞춘 문제에서도 정확히 알고 넘어갈 수 있게 하였습니다.

셋째, 실제 CBT 시험과 유사한 형태의 실전모의고사를 수록하였습니다. 수험생의 정보, 맞춘 문제 수를 기입할 수 있는 공간과 답안표기란을 제시하여 수험생들이 실제시험과 마주하였을 때 차질이 없도록 하였으며, 마찬가지로 '핵심 포크'를 포함한 섬세한 정답해설을 문제와 분리하여 수록해 같은 회차를 여러 번 풀 수 있도록 구성하였습니다.

이 책을 통하여 지게차 운전기능사를 준비하시는 모든 수험생들이 꼭 합격할 수 있기를 기원하며 저희 시스컴이 든든한 지원자와 동반자가 될 수 있기를 바랍니다.

 **취득방법**

① 시행처 : 한국산업인력공단(www.q-net.or.kr)

② 관련학과 : 전문계 고등학교 등의 특수장비과 대학

③ 시험과목

　㉠ **필기** : 지게차 주행, 화물 적재, 운반, 하역, 안전관리

　㉡ **실기** : 지게차운전 작업 및 도로주행

④ 검정방법

　㉠ **필기** : 객관식 4지 택일형 60문항(60분)

　㉡ **실기** : 작업형(4분 정도)

⑤ 합격기준

　㉠ **필기** : 100점을 만점으로 하여 60점 이상

　㉡ **실기** : 100점을 만점으로 하여 60점 이상

시험일정

상시시험으로 큐넷(www.q-net.or.kr)의 국가기술자격(상시) 시험일정에 접속하여 지역을 선택한 뒤 확인

※시행지역 : 서울, 서울 서부, 서울 남부, 경기 북부, 부산, 부산 남부, 울산, 경남, 경인, 경기, 성남, 대구, 경북, 포항, 광주, 전북, 전남, 목포, 대전, 충북, 충남, 강원, 강릉, 제주, 안성, 구미, 세종

원서접수 및 합격자 발표

① 원서접수방법 : 인터넷접수(www.q-net.or.kr)

② 접수기간 : 정해진 회별 접수기간 동안 접수, 원서접수 첫날 10:00부터 마지막 날 18:00까지

③ 합격자 발표

　㉠ **필기시험** : 시험 종료 즉시 합격여부 확인

　㉡ **실기시험** : 목요일(09:00) 발표

 **시험시간**

시 행	입 실	수험자 교육	시 험
1부	09:10	09:10~09:30	09:30~10:30
2부	09:40	09:40~10:00	10:00~11:00
3부	10:40	10:40~11:00	11:00~12:00
4부	11:10	11:10~11:30	11:30~12:30
5부	12:40	12:40~13:00	13:00~14:00
6부	13:10	13:10~13:30	13:30~14:30
7부	14:10	14:10~14:30	14:30~15:30
8부	14:40	14:40~15:00	15:00~16:00
9부	15:40	15:40~16:00	16:00~17:00
10부	16:10	16:10~16:30	16:30~17:30

기타 유의사항

① 접수 지사에서 지정한 시험일시 및 장소에서만 응시할 수 있다. 시험일시 및 장소 변경은 불가하다.

② 필기시험 합격자는 정기시험 및 수시시험에 응시할 수 있으며, 그중 실기시험에 접수한 사람은 최종합격자 발표일까지는 동일 종목의 실기시험에 재응시할 수 없다.

③ 필기시험 면제기간은 필기시험 합격자 발표일로부터 2년간이다.

④ 시험에 응시할 때에는 신분증과 수험표를 반드시 지참하여야 한다.

※ 2023.1.1.~2024.12.31. 출제기준

주요항목	세부항목	세세항목	
1. 안전관리	1. 안전보호구 착용 및 안전장치 확인	1. 안전보호구	2. 안전장치
	2. 위험요소 확인	1. 안전표시 3. 위험요소	2. 안전수칙
	3. 안전운반 작업	1. 장비사용설명서 3. 작업안전 및 기타 안전 사항	2. 안전운반
	4. 장비 안전관리	1. 장비 안전관리 3. 작업요청서 5. 기계 · 기구 및 공구에 관한 사항	2. 일상 점검표 4. 장비 안전관리 교육
2. 작업 전 점검	1. 외관 점검	1. 타이어 공기압 및 손상 점검 3. 엔진 시동 전 · 후 점검	2. 조향장치 및 제동장치 점검
	2. 누유 · 누수 확인	1. 엔진 누유 점검 3. 제동장치 및 조향장치 누유 점검	2. 유압 실린더 누유 점검 4. 냉각수 점검
	3. 계기판 점검	1. 게이지 및 경고등, 방향 지시등, 전조등 점검	
	4. 마스트 · 체인 점검	1. 체인 연결 부위 점검	2. 마스트 및 베어링 점검
	5. 엔진 시동 상태 점검	1. 축전지 점검 3. 시동장치 점검	2. 예열장치 점검 4. 연료 계통 점검
3. 화물 적재 및 하역 작업	1. 화물의 무게 중심 확인	1. 화물의 종류 및 무게 중심 3. 화물의 결착	2. 작업장치 상태 점검 4. 포크 삽입 확인
	2. 화물 하역 작업	1. 화물 적재 상태 확인 3. 하역 작업	2. 마스트 각도 조절
4. 화물 운반 작업	1. 전 · 후진 주행	1. 전 · 후진 주행 방법	2. 주행 시 포크의 위치
	2. 화물 운반 작업	1. 유도자의 수신호	2. 출입구 확인
5. 운전 시야 확보	1. 운전 시야 확보	1. 적재물 낙하 및 충돌사고 예방	2. 접촉사고 예방
	2. 장비 및 주변 상태 확인	1. 운전 중 작업장치 성능 확인 3. 운전 중 장치별 누유 · 누수	2. 이상 소음

주요항목	세부항목	세세항목	
6. 작업 후 점검	1. 안전주차	1. 주기장 선정 3. 주차 시 안전조치	2. 주차 제동장치 체결
	2. 연료 상태 점검	1. 연료량 및 누유 점검	
	3. 외관 점검	1. 휠 볼트, 너트 상태 점검 3. 윤활유 및 냉각수 점검	2. 그리스 주입 점검
	4. 작업 및 관리일지 작성	1. 작업일지	2. 장비관리일지
7. 도로주행	1. 교통법규 준수	1. 도로주행 관련 도로교통법 3. 도로교통법 관련 벌칙	2. 도로표지판(신호, 교통표지)
	2. 안전운전 준수	1. 도로주행 시 안전운전	
	3. 건설기계관리법	1. 건설기계 등록 및 검사	2. 면허 · 벌칙 · 사업
8. 응급대처	1. 고장 시 응급처치	1. 고장표시판 설치 3. 고장 유형별 응급조치	2. 고장 내용 점검
	2. 교통사고 시 대처	1. 교통사고 유형별 대처	2. 교통사고 응급조치 및 긴급구호
9. 장비구조	1. 엔진구조	1. 엔진본체 구조와 기능 3. 연료장치 구조와 기능 5. 냉각장치 구조와 기능	2. 윤활장치 구조와 기능 4. 흡배기장치 구조와 기능
	2. 전기장치	1. 시동장치 구조와 기능 3. 등화장치 구조와 기능	2. 충전장치 구조와 기능 4. 퓨즈 및 계기장치 구조와 기능
	3. 전 · 후진 주행장치	1. 조향장치의 구조와 기능 3. 동력 전달장치의 구조와 기능 5. 주행장치의 구조와 기능	2. 변속장치의 구조와 기능 4. 제동장치의 구조와 기능
	4. 유압장치	1. 유압펌프 구조와 기능 3. 컨트롤 밸브 구조와 기능 5. 유압유	2. 유압 실린더 및 모터 구조와 기능 4. 유압탱크 구조와 기능 6. 기타 부속장치
	5. 작업장치	1. 마스트 구조와 기능 3. 포크 구조와 기능 5. 조작레버 장치 구조와 기능	2. 체인 구조와 기능 4. 가이드 구조와 기능 6. 기타 지게차의 구조와 기능

※ 시험시간 : 4분

 요구사항

주어진 지게차를 운전하여 아래 작업순서에 따라 시험장에 설치된 코스에서 화물을 적하차 작업과 전·후진 운전을 한 후 출발 전 장비위치에 정차하시오.

① 작업순서

   ㉠ 출발위치에서 출발하여 화물 적재선에서 드럼통 위에 놓여 있는 화물을 팔레트(pallet)의 구멍에 포크를 삽입하고 화물을 적재하여 (전진)코스대로 운전하시오.

   ㉡ 화물을 화물 적하차 위치의 팔레트(pallet)위에 내리고 후진하여 후진 선에 포크를 지면에 완전히 내렸다가, 다시 전진하여 화물을 적재하시오.

   ㉢ (후진)코스대로 후진하여 출발선 위치까지 온 다음 전진하여 화물 적재선에 있는 드럼통 위에 화물을 내려놓고, 다시 후진하여 출발 전 장비위치에 지게차를 정지(포크는 주차 보조선에 내려놓습니다.)시킨 다음 작업을 마치시오.

수험자 유의사항

※ 항목별 배점은 "화물하차작업 55점, 화물상차작업 45점"입니다.

① 시험위원의 지시에 따라 시험장소를 출입 및 운전해야 합니다.

② 음주상태 측정은 시험시작 전에 실시하며, 음주상태 및 음주측정을 거부하는 경우 실기시험에 응시할 수 없습니다(도로교통법에서 정한 혈중 알코올 농도 0.03% 이상).

③ 규정된 작업복장의 착용여부는 채점사항에 포함됩니다(수험자 지참공구 목록 참고).

④ 휴대폰 및 시계류(손목시계, 스톱워치 등)는 시험 전 제출 후 시험에 응시합니다.

⑤ 장비 운전 중 이상 소음이 발생되거나 위험사항이 발생되면 즉시 운전을 중지하고, 시험위원에게 알려야 합니다.

⑥ 장비조작 및 운전 중 안전수칙을 준수하고, 안전사고가 발생되지 않도록 유의하여야 합니다.

 코스운전 및 작업

① 코스 내 이동 시 포크는 지면에서 20~30cm로 유지하여 안전하게 주행하여야 합니다(단, 팔레트를 실었을 경우 팔레트 하단부가 지면에서 20~30cm 유지하게 함).

② 수험자가 작업 준비된 상태에서 시험위원의 호각신호에 의해 시작되고, 다시 후진하여 출발 전 장비 위치에 지게차를 정차시켜야 합니다(단, 시험시간은 앞바퀴 기준으로 출발선 및 도착선을 통과하는 시점으로 합니다.).

불합격 처리

① **기권** : 수험자 본인이 기권 의사를 표시하는 경우

② **실격**

　　㉠ 운전 조작이 미숙하여 안전사고 발생 및 장비 손상이 우려되는 경우

　　㉡ 시험시간을 초과하는 경우

　　㉢ 요구사항 및 도면대로 코스를 운전하지 않은 경우

　　㉣ 출발신호 후 1분 내에 장비의 앞바퀴가 출발선을 통과하지 못하는 경우

　　㉤ 코스 운전 중 라인을 터치하는 경우 (단, 후진 선은 해당되지 않으며, 출발선에서 라인 터치는 짐을 실은 상태에서만 적용합니다.)

　　㉥ 수험자의 조작 미숙으로 엔진이 1회 정지된 경우

　　㉦ 주차브레이크를 해제하지 않고 앞바퀴가 출발선을 통과하는 경우

　　㉧ 화물을 떨어뜨리는 경우 또는 드럼통(화물)을 넘어뜨리는 경우

　　㉨ 화물을 적재하지 않거나, 화물 적재 시 팔레트(pallet) 구멍에 포크를 삽입하지 않고 주행하는 경우

　　㉩ 코스 내에서 포크 및 팔레트가 땅에 닿는 경우 (단, 후진선 포크 터치는 제외)

　　㉪ 코스 내에서 주행 중 포크가 지면에서 50cm를 초과하여 주행하는 경우 (단, 화물 적하차를 위한 전후진하는 위치에서는 제외)

　　　※ 화물 적하차를 위한 전후진하는 위치(2개소) : 출발선과 화물적재선 사이의 위치와 코스 중간지점의 후진선이 있는 위치에 "전진–후진"으로 도면에 표시된 부분임

　　㉫ 화물 적하차 위치에서 하차한 팔레트가 고정 팔레트를 기준으로 가로 또는 세로 방향으로 20cm를 초과하는 경우

　　㉬ 팔레트(pallet) 구멍에 포크를 삽입은 하였으나, 덜 삽입한 정도가 20cm를 초과한 경우

구성 및 특징

CRAFTSMAN FORK LIFT
TRUCK OPERATOR

핵심 정복! 단원별 핵심요약

단원별로 놓치지 말아야 할 핵심 개념들을 간단명료하게
요약하여 짧은 시간에 이해, 암기, 복습이 가능하도록 하
였으며, 시험대비의 시작뿐만 아니라 끝까지 활용할 수
있습니다.

유형 파악! CBT 기출복원문제

기존의 출제된 기출문제를 복원한 CBT 기출복원문제와
섬세한 해설을 함께 확인하며 필기시험의 유형을 제대로
파악할 수 있도록 총 7회분을 수록하였습니다.

필기는 실전이다! 실전모의고사

실제 CBT 필기시험과 유사한 형태의 실전모의고사를 통해 실제로 시험을 마주하더라도 문제없이 시험에 응시할 수 있도록 총 8회분을 수록하였습니다.

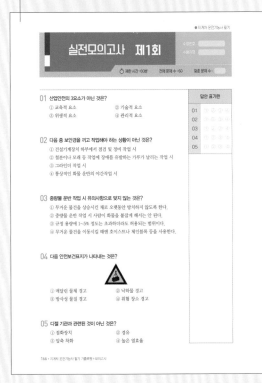

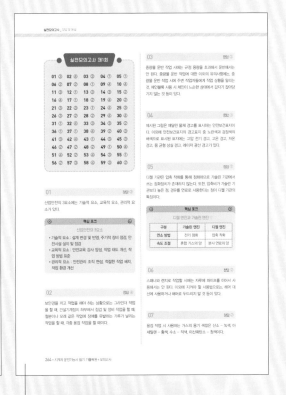

개념 콕콕! 핵심 포크

단원별 핵심요약 이외에도 CBT 기출복원문제와 실전모의고사 문제의 바탕이 되는 핵심 개념을 골라 이해를 돕기 위한 설명을 덧붙인 '핵심 포크'로 더욱 섬세한 해설을 확인할 수 있습니다.

목 차

제1장

단원별 핵심요약

제2장

CBT 기출복원문제

제3장

제4장

주의표지

101	+자형교차로
102	T자형교차로
103	Y자형교차로
104	ㅏ자형교차로
105	ㅓ자형교차로
106	우선도로
107	우합류도로
108	좌합류도로
109	회전형교차로
110	철길건널목
111	우로굽은도로
112	좌로굽은도로
113	우좌로이중굽은도로
114	좌우로이중굽은도로
115	2방향통행
116	오르막경사
117	내리막경사
118	도로폭이좁아짐
119	우측차로없어짐
120	좌측차로없어짐
121	우측방통행
122	양측방통행
123	중앙분리대시작
124	중앙분리대끝남
125	신호기
126	미끄러운도로
127	강변도로
128	노면고르지못함
129	과속방지턱
130	낙석도로
131	진입금지
132	횡단보도
133	어린이보호
134	자전거
135	도로공사중
136	비행기
137	횡풍
138	터널
139	야생동물보호
140	위험 / 위험 DANGER

규제표지

201	통행금지
202	자동차통행금지
203	화물자동차통행금지
204	승합자동차통행금지
205	이륜자동차및원동기장치자전거통행금지
206	자동차·이륜자동차및원동기장치자전거통행금지
207	경운기·트랙터및손수레통행금지
210	자전거통행금지
211	진입금지
212	직진금지
213	우회전금지
214	좌회전금지
216	유턴금지
217	앞지르기금지
218	정차·주차금지
219	주차금지
220	차중량제한 5.5t
221	차높이제한 3.5m
222	차폭제한 2.2m
223	차간거리확보 50m
224	최고속도제한 50
225	최저속도제한 30
226	서행 / 천천히 SLOW
227	일시정지 / 정지 STOP
228	양보 / 양보 YIELD
230	보행자보행금지
231	위험물적재차량통행금지

지시표지

301	자동차전용도로
302	자전거전용도로
303	자전거및보행자겸용도로
304	회전교차로
305	직진
306	우회전
307	좌회전
308	직진및우회전
309	직진및좌회전
310	좌회전및우회전
311	유턴
312	양측방통행
313	우측면통행
314	좌측면통행
315	진행방향별통행구분
316	우회로
317	자전거및보행자통행구분
318	자전거전용도로
319	주차장 P
320	자전거주차장
321	보행자전용도로
322	횡단보도
323	노인보호(노인보호구역)
324	어린이보호(어린이보호구역)
324-2	장애인보호(장애인보호구역)
325	자전거횡단도
326	일방통행
327	일방통행
328	일방통행
329	비보호좌회전
330	버스전용차로
331	다인승차량전용차로
332	통행우선
333	자전거나란히통행허용

보조표지

401	거리 100m 앞부터
402	거리 여기부터 500m
403	구역 시내전역
404	일자 일요일·공휴일제외
405	시간 08:00~20:00
406	시간
407	신호등화상태
408	전방우선도로
409	안전속도 30
410	기상상태
411	노면상태
412	교통규제
413	통행규제
414	차량한정
415	통행주의
416	표지설명 터널길이 258m
417	구간시작 200m
418	구간내 400m
419	구간끝 600m
420	우방향
421	좌방향
422	전방 전방 50M
423	중량 3.5t
424	노폭 3.5m
425	거리 100m
427	해제
428	견인지역
429	어린이보호구역

표지판종류

주의 100~210
규제 100~210
지시 1000 형
보조 1000 형

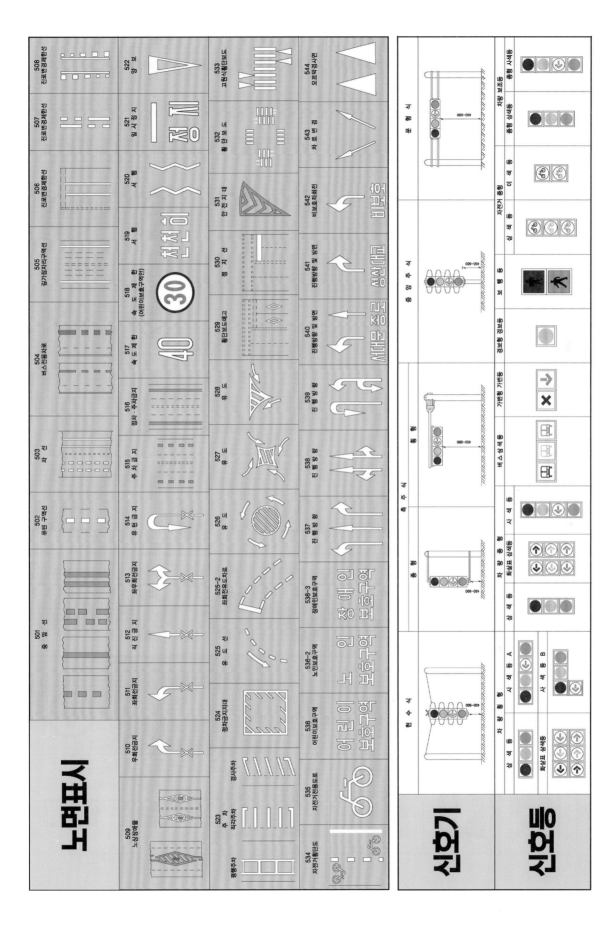

안전보건표지

금지표지	출입 금지	보행 금지	차량통행 금지	사용 금지	탑승 금지
	금연	화기 금지	물체 이동 금지	경고표지	인화성 물질 경고	산화성 물질 경고
폭발성 물질 경고	급성 독성 물질 경고	부식성 물질 경고	방사성 물질 경고	고압 전기 경고	매달린 물체 경고	낙하물 경고
고온 경고	저온 경고	몸 균형 상실 경고	레이저 광선 경고	발암성 · 변이원성 · 생식독성 · 전신독성 · 호흡기 과민성 물질 경고	위험 장소 경고
지시표지	보안경 착용	방독마스크 착용	방진마스크 착용	보안면 착용	안전모 착용
귀마개 착용	안전화 착용	안전장갑 착용	안전복 착용	안내표지	녹십자 표지
응급구호 표지	들것	세안장치	비상용 기구	비상구	좌측 비상구	우측 비상구

비상용 기구

제 **1** 장

단원별
핵심요약

제 1막 지게차의 구조

1 지게차의 구성

(1) 지게차의 장치 구조

① **마스트** : 지게차 전면에 위치한 화물 적재 장치의 기둥으로, 리프트 체인, 리프트 실린더, 백 레스트, 핑거 보드, 포크가 탑재되어 있다.

② **포크**

　㉠ 핑거 보드에 체결되어 화물을 받쳐 들고 적재 · 적하하는 'ㄴ'자형 장치를 말한다.

　㉡ 적재하는 화물에 따라 폭을 조정할 수 있다.

③ **백 레스트**

　㉠ 포크에 적재된 화물이 마스트 후방으로 추락하는 것을 예방하기 위한 짐받이 틀을 말한다.

　㉡ 최대 하중을 적재한 채로 마스트를 뒤쪽으로 기울였을 때 변형 또는 파손이 없어야 한다.

④ **리프트 체인**

　㉠ 핑거 보드와 마스트를 연결하여 포크의 상승 · 하강 운동을 하는 체인을 말한다.

　㉡ 리프트 체인에는 엔진 오일을 주유한다.

　㉢ 한쪽 체인이 늘어지는 경우 지게차의 좌우 포크 높이가 달라지므로 체인 조정을 해야 한다.

⑤ **핑거 보드**

　㉠ 백 레스트에 부착되어 포크를 설치하는 판을 말한다.

　㉡ 리프트 체인이 연결되어 있다.

⑥ **리프트 실린더**

　㉠ 포크를 상승 · 하강시키는 유압 실린더이다.

　㉡ 단동식 실린더를 사용한다.

　㉢ 포크 상승 시 실린더에 유압유가 공급된다.

　㉣ 포크 하강 시에는 실린더에 유압유가 공급되지 않는다.

⑦ **틸트 실린더**

　㉠ 마스트를 전방 또는 후방 쪽으로 경사지게 하는 유압 실린더이다.

ⓛ 총 2개로 이루어진 복동식 실린더이다.

ⓒ 리프트 실린더의 작동과는 달리, 틸트 레버를 작동하면 마스트의 전·후경 모두 실린더에 유압유가 공급된다.

⑧ **밸런스 웨이트(카운터 웨이트, 평형추)** : 화물 적재 시 지게차의 차체가 앞쪽으로 쏠리는 것을 방지하여 전도·전복을 예방하고 균형을 유지하기 위해 설치된 부분을 말한다.

2	지게차의 조작 레버

(1) 리프트 레버

① **리프트 레버의 이해** : 리프트 실린더를 작동하여 포크의 상승·하강 운동을 하는 데에 사용한다.

② **리프트 레버의 조작** : 리프트 레버를 당기면 포크가 상승하고, 리프트 레버를 밀면 포크가 하강한다.

③ 포크를 상승시키거나 하강시키고 레버를 중립 위치로 놓으면 포크는 그 위치에 그대로 정지하게 된다.

(2) 틸트 레버

① **틸트 레버의 이해** : 팔레트에 적재된 화물에 포크를 삽입하거나, 포크에 적재된 화물이 떨어지는 것을 방지하기 위하여 포크가 부착된 마스트를 전방·후방으로 기울일 때에 사용한다.

② **틸트 레버의 조작** : 틸트 레버를 당기면 마스크가 뒤로 기울어지고, 틸트 레버를 밀면 마스트가 앞으로 기울어진다.

(3) 부수 장치 레버

리프트 레버 및 틸트 레버를 제외한 부수 장치를 설치하였을 경우에 사용하는 레버이다. 지게차의 조작 레버가 3개 이상일 경우 좌측에서부터 리프트 레버, 틸트 레버, 부수 장치 레버 순으로 설치되어 있다.

3 포크의 조종

(1) 포크의 조종 방법

① 포크의 상승 혹은 마스트를 전·후방으로 기울일 때에는 가속 페달을 가볍게 밟는다.

② 포크의 상승 속도와 마스트를 기울이는 속도는 가속 페달과 조작 레버의 가감으로 조절한다.

③ 포크의 하강 속도는 레버를 바깥쪽으로 미는 방식의 가감으로 조절한다.

④ 포크 조정 레버를 조작할 때에는 기어 시프트 레버의 위치를 중앙으로 두며, 기어가 넣어져 있을 경우 브레이크 페달에서 발을 떼지 말아야 한다.

⑤ 포크의 상승·하강이나 마스트의 전·후방 조정이 끝났을 경우 레버를 중립으로 놓아야 한다.

(2) 포크의 상승 속도가 느린 원인

① 오일 필터의 막힘

② 유압펌프의 마모

③ 컨트롤 밸브의 손상 및 마모

④ 피스톤 패킹의 손상

⑤ 유압 작동유의 부족

안전관리

제 **2** 막

| 1 | 안전보호구 착용 및 안전장치 확인 |

(1) 안전보호구

① **안전작업복** : 사업장이나 작업 종류에 따라 적절한 작업복을 착용해야 한다. 예를 들어 화기를 사용하는 작업을 할 때에는 방염성이나 불연성 재질로 된 작업복을 착용한다.

② **안전모** : 물체의 낙하나 추락 시의 충격 방지, 감전 사고에 대한 방지 등을 목적으로 착용한다.

③ **안전화** : 작업장의 상태에 따른 미끄럼 방지, 물체 운반 시의 낙하 위험으로부터 작업자의 발을 보호한다.

④ **보안경** : 유해 광선이나 유해 약물로부터 작업자의 눈을 보호하기 위해 착용한다.

⑤ **방음 보호구** : 큰 소음이 발생하는 작업장에서 작업자의 청력을 보호하기 위해 착용하는 귀마개, 귀덮개 등을 말한다.

⑥ **안전대** : 신체를 지지하는 요소와 걸이 설비에 연결하는 요소로 구성되어, 작업자의 행동반경 제한, 작업자세 유지를 통해 추락을 방지하고 추락 시 하중을 감소시킨다.

(2) 안전장치

① **안전벨트** : 운전자가 지게차로 작업하는 과정에서 지게차의 전도나 충격으로 인해 운전자가 튕겨져 나가는 것을 방지한다.

② **오버헤드 가드** : 물체 낙하의 충격으로부터 운전자를 보호하는 지게차 운전석 상부의 지붕을 말한다.

③ **경광등** : 어두운 작업장에서 지게차의 운행 상태를 알릴 수 있도록 지게차 후면에 설치한다.

④ **백 레스트** : 포크 위의 화물이 마스트 후방으로 낙하하는 것을 방지하는 안전장치이다.

⑤ **후방 접근 경보 장치** : 지게차의 후진 시 후면에 있는 작업자나 물체와의 충돌을 방지하기 위한 경보 장치이다.

⑥ **형광테이프 부착** : 어두운 작업장에서 작업자들이 지게차를 식별할 수 있도록 지게차의 좌우 및 후면에 형광테이프를 부착한다.

⑦ **포크 위치 표시** : 바닥으로부터의 포크 위치를 운전자가 알 수 있도록 마스트와 포크 후면에 경고 표지를 부착한다.

⑧ **대형 후사경** : 운전자가 지게차 후면에 위치한 물체나 작업자를 인지하기 위하여 설치한다.

⑨ **룸 미러** : 지게차 후면 사각 지역의 해소를 위하여 설치한다.

2 위험요소 확인

(1) 안전표시

① **산업 안전 색채의 상징**

ㄱ **빨간색** : 금지, 경고

ㄴ **노란색** : 경고

ㄷ **녹색** : 안내

ㄹ **파란색** : 지시

② **고압 용기 색의 상징**

ㄱ **산소 용기** : 녹색

ㄴ **아세틸렌 용기** : 황색

ㄷ **수소 용기** : 주황색

(2) 안전수칙

① **작업자 안전수칙**

ㄱ 대형 화물의 운반, 적재 작업 시 서로 신호에 의거한다.

ㄴ 정전 시에는 반드시 스위치를 끊는다.

ㄷ 병 속에 들어있는 약물을 냄새로 확인할 때 손바람을 이용한다.

ㄹ 추락 위험이 있는 장소에선 안전띠나 로프를 활용한다.

ㅁ 위험도가 높은 작업 시 미리 작업자에게 알린다.

ㅂ 벨트 등의 회전부위에 주의를 기울인다.

ㅅ 일산화탄소 등의 배기가스에 대비한 작업장 내에 환풍 장치를 설치한다.

ㅇ 주요 장비 등에는 담당 조작자를 지정하여 아무나 조작할 수 없도록 한다.

② **지게차 안전수칙**

ㄱ 작업 및 운전 전에 점검을 시행한다.

ⓛ 운전 시야를 확보하고 반드시 안전벨트를 착용한다.

ⓒ 적재하중을 초과하여 적재하지 않도록 한다.

ⓔ 하중을 달아 올린 채로 브레이크를 걸어두어서는 안 된다.

ⓜ 유압 및 냉각 계통 점검 시 작동유나 냉각수의 열이 식은 다음에 점검하도록 한다.

③ 수공구 안전수칙

ⓞ 스패너
- 스패너의 자루에 파이프를 연결하여 사용하여서는 안 된다.
- 스패너의 입이 너트 치수와 맞는 것을 사용하여야 한다.
- 스패너 사용 시 앞쪽으로 당겨서 작업하여야 한다.

ⓛ 줄
- 줄로 작업 시에 작업자끼리 서로 마주 보고 작업하여서는 안 된다.
- 줄로 작업한 뒤에 절삭 가루를 입으로 불어서는 안 된다.
- 줄을 해머 대신 사용하여서는 안 된다.

ⓒ 해머
- 기름 묻은 손이나 기름 묻은 장갑을 낀 손으로 해머를 사용하여서는 안 된다.
- 처음과 마지막 작업 시에 힘을 너무 가하여서는 안 된다.
- 녹슨 것을 해머로 타격할 때에는 반드시 보안경을 착용해야 한다.
- 열처리한 재료는 해머로 작업하여서는 안 된다.

④ 기계 작업 안전수칙

ⓞ 프레스 작업 : 안전장치를 점검하고, 2인 이상 작업 시 페달 밟는 사람을 정해야 한다. 또한 휴식 시에 페달에 덮개를 씌워야 한다.

ⓛ 드릴 작업 : 작업 시 장갑을 착용하여서는 안 되며, 재료 밑에 나무를 받치고 재료를 정확히 고정시켜야 한다.

ⓒ 선반 작업 : 작업 시 장갑을 착용하여서는 안 되며, 베드 위에 공구를 놓아서는 안 된다. 또한 공작물 측정 시에는 기계를 반드시 정지시켜야 한다.

ⓔ 판금 작업 : 절단된 곳에 신체가 베이지 않도록 한다.

ⓜ 밀링 작업 : 칩 제거는 반드시 솔로 하며, 보호안경을 착용한다.

ⓗ 전기 용접 : 우천 시에는 반드시 작업을 금지하고, 보호구를 착용하며, 전압이 낮은 용접기를 사용한다.

ⓢ 가스 용접 : 작업 시에 점화 라이터를 사용하며, 이동 시 충격에 주의하고 직사광선을 피해야 한다. 보관 시에는 40℃ 이하에서 보관한다.

(3) 위험요소

① **지게차 작업 시의 위험요소** : 작업 중인 화물의 낙하, 협착 및 충돌, 지게차 전도, 운전자의 추락

② **화물 낙하 예방**

    ㉠ 화물 적재 상태 확인

    ㉡ 마모·타이어 교체

    ㉢ 작업장 바닥의 요철 확인

    ㉣ 적정 하중을 초과한 적재 금지

③ **협착 및 충돌 예방**

    ㉠ 지게차 제한속도 지정 및 표지판 부착

    ㉡ 교차로 등 사각 지대에 반사경 설치

    ㉢ 안전하지 않은 화물 적재 금지

    ㉣ 운전자의 시야를 확보할 수 있도록 화물 적재

④ **지게차 전도 예방**

    ㉠ 지반이 약한 곳에서 작업 시 받침판을 사용하여 작업

    ㉡ 지게차의 용량을 무시하여 무리하여 작업 금지

    ㉢ 급제동, 급선회 등 금지

    ㉣ 화물 적재중량보다 작은 지게차로 작업 금지

⑤ **운전자 추락 예방**

    ㉠ 작업 시 안전벨트를 반드시 착용하고 작업

    ㉡ 운전석 이외에 작업자 탑승 금지

    ㉢ 난폭운전 금지

    ㉣ 유도자의 신호에 따라 작업

---

3   안전운반 작업

(1) 장비사용설명서

장비사용설명서란 지게차의 주요 기능을 안내함으로써 안전하게 사용하기 위한 것으로, 설명서의 내용에 따라 작업자는 지게차의 적정 하중을 준수하고 안전수칙을 확인해야 한다.

(2) 안전운반

① 지게차의 안전한 운행 경로를 확보해야 한다.

② 작업 책임자 혹은 감독자는 안전수칙을 준수하도록 하며 작업의 진행을 확인한다.

③ 안전한 운반 작업 계획을 세우고 효율적인 경로를 정한다.

(3) 작업안전 및 기타 안전 사항

① 작업 전·후에 점검을 실시한다.

② 작업 시 적정 하중을 준수한다.

③ 안전표지 내용을 준수한다.

④ 안전벨트를 반드시 착용한다.

⑤ 음주운전은 절대 하지 않는다.

⑥ 운전 및 작업 시에 휴대전화 사용을 금지한다.

⑦ 작업 시 규정 속도로 주행한다.

제 **1** 장

안전관리

| 4 | 장비 안전관리 |

(1) 장비 안전관리

① 작업 전에 지게차의 연료 및 각종 오일(리프트 실린더 등)의 누유 여부를 점검해야 한다.

② 작업 전에 지게차의 전·후진 장치 및 제동장치, 핸들 조작 상태를 점검해야 한다.

③ 일일 점검 계획에 따라 작업 전·도중·후 점검을 실시해야 한다.

(2) 일상 점검표

일상 점검 항목	
• 장비 외관	• 냉각수량
• 주차 브레이크 작동 상태	• 작업장치 작동
• 브레이크 및 페달	• 경적 후진 경보 등 작동 상태
• 연료량	• 각종 계기류 작동 상태
• 타이어 및 타이어 휠 상태	• 축전지 단자 접속 상태
• 엔진 및 유압 오일양	• 조향장치 작동

(3) 작업 요청서

① 작업 요청서를 작성할 때는 의뢰인의 작업 요청 내용을 정확하게 파악할 수 있도록 작성해야 한다. 작업 요청서를 통해 작업자는 작업 시 주행하는 도로 상태를 확인하고 작업 시간을 계산한다.

② **도로 상태 확인** : 작업 요청서에 따른 주행 도로가 막힐 경우에는 도로 사정에 맞는 우회 도로를 선택하여 주행한다.

③ **작업 시간 계산** : 작업 요청서에 따른 화물의 정보(중량, 수량 등), 운반 거리 및 작업에 요구되는 장비를 선정하고, 출발지와 도착지 및 작업장 환경을 고려하여 작업 시간을 계산한다.

(4) 장비 안전관리 교육

① 작업자가 작업을 실시하기 전에 운반할 화물과 관련된 장비 안전관리 교육을 한다.

② 위험요소에 대한 대책을 미리 수립한다.

③ 중량물을 운반할 시에 그 위험요소와 운반 방법을 숙지한다.

(5) 기계 · 기구 및 공구에 관한 사항

① 렌치

㉠ 조절 렌치

조절 나사를 돌려 구경을 자유롭게 조절할 수 있음.

㉡ 옵셋 렌치

12각의 둥근 테 모양의 렌치. 복스 렌치라고도 함.

㉢ 파이프 렌치

파이프처럼 둥근 물체도 돌릴 수 있도록 구경에 잇날을 붙이고, 구경을 손잡이 방향으로 조절할 수 있는 렌치

㉣ 소켓 렌치

치수가 다른 볼트나 너트에 맞는 소켓에 따라 교체하여 사용할 수
있는 렌치.

㉤ 육각 렌치

볼트 헤드의 구멍이 육각으로 된 볼트에 사용하는 것으로, 육각형
봉을 'ㄱ'자로 구부린 렌치.

② 스패너

볼트나 너트에 맞추는 구경이 한쪽만 있는 편구 스패너와 양쪽에 있는
양구 스패너가 있다.

③ 바이스

작업대에 부착하여 공작물을 고정시키는 데에 사용하는 것.

제 3 막 작업 전 점검

1 외관 점검

(1) 타이어 공기압 및 손상 점검

① 타이어의 마모가 마모 한계선을 초과했는지 점검한다. 마모 한계선은 소형차가 1.6mm, 중형차가 2.4mm, 대형차가 3.2mm이다. 타이어의 마모가 마모 한계선을 초과하면 제동력 저하로 제동거리가 길어지고, 우천 시 수막현상이 발생하여 사고 위험으로 이어진다.

② 타이어의 휠 볼트 및 너트의 체결 상태를 점검한다.

③ 타이어 공기압에 이상이 없는지 점검한다.

④ 타이어에 손상된 곳이 있는지 점검한다.

(2) 조향장치 및 제동장치 점검

① 조향장치 점검 : 조향장치의 점검은 조향 핸들이 무거운지를 파악하고 그 원인을 점검하는 것이다.

　㉠ 조향 핸들이 무거워지는 원인

　　• 타이어의 마멸 정도가 과대할 때

　　• 앞바퀴의 정렬 상태가 잘못되었을 때

　　• 조향기어 박스의 오일양이 충분하지 않을 때

　　• 조향기어의 백 래시(두 톱니 사이의 틈)이 작을 때

　　• 타이어의 공기압이 부족할 때

② 제동장치 점검

　㉠ 브레이크 제동의 불량 원인

　　• 라이닝과 드럼의 간극이 과도한 경우

　　• 브레이크 회로 내부의 오일 누설이나 공기 유입

　　• 브레이크 페달의 자유 간극이 과도한 경우

　　• 베이퍼 록(브레이크 오일에 기포가 발생하는 현상)이 발생한 경우

ⓛ 브레이크 점검

- 주차 브레이크 점검
- 브레이크의 라이닝과 드럼과의 간극 점검
- 브레이크 오일 점검 : 지게차에 사용하는 브레이크 오일은 유압 오일이며, 오일의 빙점은 낮고 비등점은 높아야 한다. 또한 점도가 적당하고 점도 지수가 커야 하며 윤활성을 제대로 갖추고 있어야 한다.
- 브레이크 페달의 자유 간극 점검 : 대형차 15~30mm, 중형차 10~15mm, 소형차 5~10mm

(3) 엔진 시동 전 · 후 점검

① 엔진 시동 전에 조향장치 및 제동장치를 점검하고 운전하는 도중에도 수시로 누유를 점검해야 한다.

② 시동 후에 엔진의 각종 베어링 불량으로 인한 소음이 발생하는지 점검한다.

③ 배기 계통 불량으로 인한 소음이 발생하는지 점검한다.

④ 각종 구동 벨트의 불량으로 인한 소음이 발생하는지 점검한다.

2 　누유·누수 확인

(1) 엔진 누유 점검

① 엔진에서 엔진 오일이 누유된 부분이 있는지 점검한다.

② 엔진 오일의 누유와 연소에 각별한 주의를 기울여야 하며, 이상 요소가 있을 경우 즉시 정비한다.

③ 유면 표시기를 빼내어 엔진 오일의 양을 정확하게 측정한다. 이때, 유면 표시기에 오일이 묻은 부분이 하한선과 상한선 중간에 위치하면 정상이다.

(2) 유압 실린더 누유 점검

① 유압펌프 배관과 호스 사이의 이음새에 유압 오일이 누유된 부분이 있는지 점검한다.

② 컨트롤 밸브, 리프트 실린더 및 틸트 실린더의 누유 상태를 점검한다.

③ 유압 오일의 양을 점검하여 부족하다면 유압 오일을 보충한다.

(3) 제동장치 및 조향장치 누유 점검

① **제동장치의 누유 점검** : 마스터 실린더와 제동 계통 파이프 연결부위의 누유를 점검하며, 유면 게이지를 활용하여 유압의 양까지 점검한다.

② **조향장치의 누유 점검** : 조향 계통 파이프의 연결 부위에서 누유가 발생하는지 점검한다.

(4) 냉각수 점검

① 냉각장치의 누수 상태와 냉각수의 양을 점검한다.

② 엔진 과열 현상과 과랭 현상이 있는지 점검한다.

엔진 과열 원인	• 냉각 전동기의 고장 • 물 펌프 구동 벨트의 불량이나 물 펌프 자체의 작동 불량 • 라디에이터 코어의 지나친 폐쇄 • 수온 조절기가 개방되는 온도가 높거나 폐쇄된 채로 고장이 남
엔진 과열 시 발생 현상	• 윤활 불충분으로 인해 각 부품의 손상 유발 • 각 작동 부분의 고착이나 변형 유발 • 냉각수의 순환 불량과 금속의 산화를 촉진
엔진 과랭 원인	수온 조절기가 개방된 채로 고장
엔진 과랭 시 발생 현상	• 연료 소비율 증가로 인한 연료 효율 감소 • 연소의 불량으로 인한 불완전 연소 발생 • 엔진 오일의 점도가 높아짐으로 인해 시동 시 회전 저항이 커짐

③ 부동액

㉠ 냉각수 동결을 방지하기 위해 부동액과 냉각수를 혼합하여 사용해야 한다.

㉡ 부동액 구비 조건

• 침전물이 없어야 함

• 큰 내부식성과 적은 팽창 계수

• 물과 잘 섞여야 함

• 휘발성이 없어야 함

• 물보다 높은 비등점, 물보다 낮은 응고점

3 계기판 점검

아워 미터

연료 게이지

수온 게이지

트랜스미션 온도 게이지

출처 : 두산지게차 계기판

[지게차 계기판]

(1) 게이지 및 경고등 점검

① 엔진 오일 게이지 경고등 점검

㉠ 엔진 오일 게이지 경고등을 통해 엔진 오일의 정상 순환 여부를 점검한다.

㉡ 엔진 오일 경고등이 점등되었을 때엔 엔진 오일의 양을 확인하여 부족 시 보충한다.

㉢ 엔진 오일 점검 시 엔진 오일의 색깔을 점검한다.

• 엔진 오일의 오염에 따른 색깔

– 불순물 유입으로 인한 심각한 오염인 경우 : 검은색

– 가솔린이 유입된 경우 : 붉은색

– 냉각수가 유입된 경우 : 우유색 혹은 회색

② 냉각수 온도 게이지 점검 : 냉각수 온도 게이지의 작동 상태 점검을 통해, 냉각 계통의 정상 순환을 확인하고 냉각수의 온도와 냉각수의 양, 팬 벨트의 장력 등을 점검한다.

③ 연료 게이지 경고등을 통해 연료 게이지의 작동 상태를 점검한다.

④ 충전 경고등이 점등되었을 때엔 축전지 충전 상태를 점검한다. 이때, 팬 벨트의 장력, 축전지 단자의 조임 상태를 점검한다.

(2) 방향 지시등 및 전조등, 아워 미터 점검

① 방향 지시등과 전조등이 점등되지 않을 시에는 전구를 교환하거나 단선 유무를 점검하여 배선을 교환해야 한다.

② 지게차의 아워 미터를 점검하여 운행 시간을 확인하고 상시 점검해야 한다.

4 마스트·체인 점검

(1) 마스트 · 체인 점검 방법

① 포크와 체인의 연결부를 점검하여 균열 여부(이상 마모, 휨, 균열 및 핑거 보드와의 연결 상태 등)를 확인한다.

② 마스트의 균열 여부 및 변형을 확인하고 마스트 상하 작동 상태를 점검한다.

③ 리프트 레버를 조작하고 리프트 실린더를 작동하여 리프트 체인 및 마스트 베어링 상태를 점검한다.

④ 좌우 리프트 체인의 유격 상태를 점검한다.

5 엔진시동 상태 점검

(1) 축전지 점검

① 축전지 단자의 파손 상태를 점검하고 축전지 배선의 결선 상태를 점검한다.

② 축전지의 충전 상태를 점검하여 방전 시 충전한다.

③ 축전지의 관리

ㄱ 전기장치 스위치가 켜진 채로 방치하지 않음

ㄴ 지게차를 장기간 방치하지 않음

ㄷ 시동을 위해 지나치게 엔진을 회전시키지 않음

ㄹ 지게차의 시동이 걸리지 않은 채로 전기장치를 사용하지 않음

④ 축전지 충전 시 유의사항

ㄱ 축전지를 떼어내지 않고 충전할 때엔 축전지의 음극 단자를 벗기고 충전한다.

ㄴ 충전 시 전해액의 온도가 45℃ 이상 상승되지 않도록 한다.

ㄷ 음극에서 수소가 발생하기 때문에 충전 중인 축전지 근처에 불꽃을 가까이 해선 안 된다.

ㄹ 충전 시 가스 발생이 일어나므로 환기장치를 설치해야 한다.

(2) 예열장치 점검

① 예열 플러그의 작동 여부 및 예열 시간을 점검한다.

② 예열 플러그의 종류

    ㉠ **코일형** : 예열 시간은 짧지만 기계적 강도나 내부식성이 적다.

    ㉡ **실드형** : 발열량과 열용량이 크면서 부식에 강하다.

③ **예열 플러그의 단선 원인**

    ㉠ 엔진이 과열되었을 경우

    ㉡ 엔진이 가동 중일 때 예열시킬 경우

    ㉢ 예열 플러그에 과도한 전류가 흐를 경우

    ㉣ 예열 시간이 너무 긴 경우

    ㉤ 예열 플러그의 조임 상태가 불량일 경우

(3) 시동장치 점검

① 시동 전동기의 기동 시간은 1회당 10초 정도이며 시동이 걸리지 않으면 점검을 해야 한다.

② 시동 전동기의 최대 연속 사용 시간은 30초 이내로 한다.

③ 시동 전동기의 회전 속도가 규정 속도에 미치지 못하면 엔진이 시동되지 않으므로 회전 속도를 확인해야 한다.

(4) 엔진 난기 운전

난기 운전이란 동절기 또는 추운 날씨에 작업 전에 유압 오일의 온도를 상승시키는 것을 말한다. 기온이 낮으면 유압 오일의 점도가 높아져 유압 기기의 작동 시 기기의 마찰이 증대될 수 있기 때문에 실시한다.

① **지게차의 난기 운전**

    ㉠ 엔진 온도를 정상 온도(20~27℃)까지 상승시킨다.

    ㉡ 리프트 실린더의 상승 및 하강을 여러 번 실시하고, 틸트 실린더 또한 전후 경사 운동을 반복한다.

    ㉢ 오일의 온도가 정상 범위 내에 도달하도록 한 후에 5분 동안 저속 운전을 실시한다.

제4막 화물 적재 및 하역 작업

1 화물 적재 작업

(1) 화물의 종류 및 무게 중심

① 화물의 종류

㉠ 화물 형태 : 고체, 액체

㉡ 포장 형태 : 컨테이너 및 팔레트에 적재, 박스로 포장, 화물별·단위별 포장 등

② 화물의 무게 중심 점검

㉠ 적재할 화물의 무게 중심을 확인하여 지게차 포크의 폭을 조절한다.

㉡ 지게차는 운반할 화물을 포크에 적재하고 주행하므로 포크 깊이에 따른 무게 중심도 판단해야 한다. 이때, 지게차 앞뒤의 안정도를 반드시 점검해야 한다.

㉢ 지게차 전용 컨테이너 혹은 팔레트에 적재된 화물은 포크로 지면에서 서서히 인양하여 무게 중심이 맞는지 확인한다.

㉣ 수출입 화물이나 업체 간 화물에는 패킹리스트와 컨테이너 표시가 부착되어 있어 적재 시에 참고하여야 한다.

　• 패킹리스트 : 제품명, 수량, 제품중량, 총중량, 부피 등

　• 컨테이너 표시 : 최대중량(자체중량+적재중량), 컨테이너 무게(자체중량), 적재중량 등

③ 포크 깊이에 따른 무게 중심 점검

㉠ 지게차는 화물을 포크에 적재한 채로 주행하기 때문에 차체 앞뒤의 안정도에 주의를 기울여야 한다.

㉡ 안정도는 마스트를 수직으로 한 상태에서 앞 차축에 생기는 적재 화물과 차체의 무게에 의한 중심점 균형으로 판단하여야 한다.

㉢ 화물별 중량 및 밀도에 따라 화물의 무게 중심점이 확인되어야 한다.

㉣ 화물의 무게는 차체의 무게를 초과해서는 안 된다.

(2) 작업장치 상태 점검

① 마스트의 레버를 당기고 밀었을 때, 상승·하강 운동이 제대로 이루어지는지 점검한다.

② 마스트의 각도 조정을 위하여 마스트 틸트 레버를 당기고 밀었을 때 마스트 각도 조정이 제대로 이루어지는지 점검한다.

③ 선택사항으로, 포크 폭을 조정하거나 포크를 좌우로 이동할 수 있는 포크 폭 조절 장치 및 좌우 이동 장치(사이드 시프트)의 점검이 있다.

(3) 포크 삽입 확인

① 지게차가 적재하고자 하는 화물 바로 앞에 근접하면 안전한 속도로 감속한다.

② 화물 앞에 근접하였을 때에는 운행을 정지하고 마스트를 수직으로 한다.

③ 포크의 폭은 컨테이너와 팔레트의 폭에 따라 $\frac{1}{2}$ 이상 $\frac{3}{4}$ 이하 정도를 유지하며 적재한다.

④ 포크 삽입 시 컨테이너, 팔레트, 스키드에 지게차가 똑바로 향하게 하고, 포크 삽입 위치를 확인한 후에 천천히 포크를 삽입한다.

⑤ 단위별 포장 화물은 화물의 무게 중심에 따라 포크 폭을 조정한 뒤에 빠르지 않은 속도로 포크를 완전히 삽입한다.

(4) 화물 적재 상태 확인

① 무너질 위험이 있는 적재 화물의 경우, 밧줄로 묶거나 그 밖의 안전 조치를 한 후에 적재한다.

② 화물의 바닥 형태가 불균형 시 포크와 화물 사이에 고임목을 사용하여 안정시킨 후 적재한다.

③ 팔레트에 적재된 화물은 반드시 결착하여 안정시킨 후 운반 작업을 하도록 한다.

④ 적재하는 화물의 중량에 따라 팔레트가 충분한 강도를 가지면서 심한 손상이나 변형이 없는지 확인한 후 적재하도록 한다.

⑤ 지게차와 화물 결착 시 스링 와이어(Sling wire), 밧줄, 체인 블록(Chain block) 등의 결착 공구를 사용한다.

제 **1** 장

우선멈춤 따라하기

2	화물 하역 작업

(1) 하역 작업

① 화물을 하역하는 장소 앞에 도착하면 안전한 속도로 감속한 뒤에, 하역하는 장소로 도달하면 일단 정지하도록 한다.

② 하역하는 지점에 화물의 붕괴, 파손 등의 위험이 없는지 확인한다.

③ 마스트를 4° 정도 앞으로 기울인다.

④ 내려놓을 지점을 확인한 후, 안전한 속도로 전진하여 예정된 위치에 화물을 내린다.

⑤ 천천히 후진하며 포크를 10~20cm 정도 빼낸 뒤에, 다시 약간 들어 올려 안전하고 올바른 하역 지점까지 밀어 넣고 내린다.

⑥ 팔레트에서 포크를 빼낼 때에도 삽입할 때와 마찬가지로 접촉하거나 비틀리지 않도록 조작한다.

⑦ 화물을 하역하는 도중에 운전자가 차에서 내리거나 이탈하여서는 안 된다.

(2) 화물 하역 작업 시 주의사항

① 리프트 레버를 조작할 때에는 시선을 포크에 둔다.

② 적재되어 있는 화물의 붕괴, 파손 등의 위험을 확인한다.

③ 하역하는 장소가 일반 비포장인 경우 지반이 견고한지 확인하고 불안정 시 작업관리자에게 통보하여 수정 후 다른 하역장에서 하역하도록 한다.

④ 지게차가 경사된 상태에서 적하 작업을 하지 않는다.

⑤ 지정된 장소로 이동 후 낙하에 주의하여 하역한다.

⑥ 하역 장소를 답사하여 하역 장소의 지반 및 주변 여건을 확인하여야 한다.

제 5 막 화물 운반 작업

1 전·후진 주행

(1) 전 · 후진 주행 방법

① 전 · 후진 주행의 원리는 엔진에서 생성된 동력이 유체 클러치를 회전시킨 뒤에 일체로 장착된 트랜스미션을 작동시키면서 타이어를 회전시켜 전 · 후진에 동력을 얻게 되는 것이다.

② 대형 지게차는 고출력을 얻기 위하여 최종 구동부에 종감속(Final drive) 장치를 장착한다.

③ 유체 클러치를 사용함에도 불구하고 화물 적재 시에 전 · 후진 레버를 조작할 경우 엔진 회전이 공회전 이상인 경우에는 지게차에 충격이 가해지거나 비정상 작동이 발생할 수 있기 때문에 항상 가속 페달에서 발을 뗀 후에 전 · 후진 레버를 조작하는 것을 원칙으로 한다.

(2) 전 · 후진 레버 조작

① 지게차가 정지한 다음에 전 · 후진 전환을 한다.

② 전 · 후진 레버를 조작하기 전에 전환 방향으로의 안전을 확인한다.

③ 전 · 후진의 속도는 보통 저속 · 고속의 2단 형태로 이루어져 있으며, 작업 시 저속으로 사용하고 화물 적재를 하지 않은 채 주행 시 고속으로 사용한다.

④ 급출발과 급제동을 자제하며 전 · 후진 시 서서히 진행한다.

⑤ 급출발을 방지하기 위하여 지게차에 중립 잠금 장치가 탑재되어 있다.

(3) 지게차 주행 시 주의사항

① 운행 경로 및 지면에 관한 사전 숙지를 하여야 한다.

② 주행 시 급선회 핸들 조작은 적재 화물의 중량 중심점을 이동시켜 전도 사고를 초래할 수 있다.

③ 소음이 심한 작업장에서는 후진 시 표준 부착품 외에 추가로 후진 경고음 장치를 장착하여 사고를 예방하도록 한다.

④ 화물 적재 시 지게차의 속도는 시속 10km를 초과해서는 안 된다.

2	화물 운반 작업

(1) 유도자의 수신호

화물 상승	오른팔을 들고 오른손 검지손가락으로 원을 그린다.
화물 하강	오른팔로 위에서 아래로 내리는 동작을 한다.
화물 이동	오른팔을 들고 오른손 검지손가락으로 이동 위치를 가리킨다.
마스트 숙이기	오른팔을 들고 오른손 엄지손가락으로 아래쪽을 반복하여 가리킨다.
마스트 젖히기	오른팔을 들고 오른손 엄지손가락으로 위쪽을 반복하여 가리킨다.
작업 시작	양팔을 수평으로 뻗은 다음 손바닥을 펴서 정면으로 향하게 한다.
작업 끝	양손을 배 부분에 대고 모은다.
정지	양팔을 수평 상태로 든다.

(2) 신호수의 배치

① 건설기계 작업 시 사업주가 신호수를 배치하여야 하는 경우

    ㉠ 근로자를 출입시키는 경우

    ㉡ 지반의 부동 침하 및 갓길 붕괴 위험이 있을 경우

    ㉢ 운전 중인 건설기계에 접촉되어 근로자가 부딪칠 위험이 있는 경우

    ㉣ 건설기계로 작업할 때 근로자에게 위험이 미칠 우려가 있는 경우

(3) 신호수와 운전자 간의 수신호

① 신호수는 1인으로 하며, 수신호를 정확하게 사용하여야 한다.

② 지게차의 운전 신호는 작업장 책임자가 지명한 사람만이 하여야 한다.

③ 신호수 주변에 혼동되기 쉬운 음성, 동작 등이 있어서는 안 된다.

④ 신호수는 운전자의 중간 시야가 차단되지 않는 위치에 항상 있어야 한다.

⑤ 신호수는 지게차의 성능이나 작동 상태 등을 충분히 이해하여야 하며, 비상 상황에서는 응급 처치가 가능하도록 작업 현장을 항시 확인하여야 한다.

제 6막 운전 시야 확보

1 | 운전 시야 확보

(1) 운행 동선 확인 및 운행 통로 확보

① 선의 폭이 12cm인 황색 실선으로 지게차의 운행 통로 선을 표시한다.

② 운행 통로의 폭이 지게차의 최대 폭 이상이어야 하며, 양 방향 통행 시 지게차 두 대의 최대 폭이 90cm 이상 여유 간격을 확보하여야 한다.

③ 적재 화물의 폭을 측정하고 주행 전 통행로에 문제점이 있는지 확인하여 통행 가능 여부를 판단하여야 한다.

(2) 신호수로부터의 동선 확보

① 운전수와 신호수 간의 소통은 항시 서로 맞대면으로 하여야 한다.

② 지게차 화물 작업은 전방 작업이므로 시야가 확보되지 않은 경우 신호수에 의해 적재물 낙하나 충돌 사고를 예방하여야 한다.

(3) 시야 확보

① 야외 작업 시 보안경 착용을 통해 햇빛의 영향을 차단한다.

② 보안경 착용을 통해 각종 유해물로부터 위험을 차단한다.

③ 야간작업 시 작업장 내에 조명을 둔다.

(4) 안전 경고 표시

① 지게차 운전자가 미리 알 수 있도록 작업장 출입구, 통행로, 사각지대에 경고 표시를 하여야 한다.

② 작업장 내에 목적과 위치가 맞는 표지판이 설치되었는지 확인한다.

2	장비 및 주변 상태 확인

(1) 운전 중 작업장치 성능 확인

① 마스트 작동 확인

　㉠ 리프트 체인의 양쪽 균형이 맞는지 확인하고, 윤활유 주유 상태와 각종 볼트의 체결 상태를 점검한다.

　㉡ 마스트 가이드 레일과 레일 베어링의 윤활 상태를 점검하고 마모 및 이상 유무를 점검한다.

　㉢ 유압 호스와 실린더 연결 부분에 누유 여부를 점검한다.

② 포크 작동 확인

　㉠ 포크가 작동한 후에 유압 작동유의 누유와 장치 부분의 마모 상태를 점검한다.

　㉡ 작업 전에 포크를 점검할 때 균열이 의심될 경우 형광 탐색 검사를 통해 점검한다.

　㉢ 유압 호스와 실린더 연결 부위의 이상과 누유 여부를 점검한다.

(2) 이상 소음

① 작동장치의 이상 소음 점검

　㉠ 마스트를 앞뒤로 2~3회 반복 조작하여 이상 소음을 점검한다.

　㉡ 마스트를 최고로 올리고 최저로 내리는 것을 2~3회 반복하여 이상 소음을 점검한다.

　㉢ 포크 폭을 2~3회 반복 조정하여 이상 소음을 점검한다.

② 작업장치의 이상 소음 점검

　㉠ 마스트를 올린 상태에서 정지시켰을 경우 자체 하강이 없는지 점검한다.

　㉡ 리프트 체인의 마모와 좌우 균형 상태를 점검한다.

　㉢ 마스트의 고정핀과 부싱 상태를 점검한다.

　㉣ 리프트 실린더와 연결핀 부싱 상태를 점검한다.

③ 포크 이송장치의 이상 소음 점검

　㉠ 유압 호스의 연결 상태와 고정 상태를 점검한다.

　㉡ 포크의 손상 및 외관 상태를 점검한다.

　㉢ 포크의 이동과 각 부분의 주유 상태를 점검한다.

　㉣ 유압 실린더의 고정핀과 부싱의 연결 상태를 점검한다.

제 7 막 작업 후 점검

1. 안전 주차

(1) 주기장 선정

주기장이란 평탄한 지면으로 지게차를 주차하기에 적합한 곳을 말한다. 주기장의 진입로는 건설기계 및 수송용 트레일러가 통행할 수 있어야 한다.

(2) 주차 제동장치 체결

① 주기장에 지게차를 주차한 후 주차 제동장치를 채워놓아야 한다.
② 지게차의 운행 종료 후 지정된 곳에 주차를 해야 한다.

(3) 주차 시 안전 조치

① 보행자의 안전을 위하여 운전자는 미리 주차 방법을 숙지해놓아야 한다.
② 지게차 포크의 위치는 주차 시에 지면에 밀착해야 하고, 마스트는 앞으로 기울여야 한다.
③ 경사지에 주차할 시에는 안전을 위하여 바퀴에 고임목이나 고임대를 사용하여 주차하도록 한다.

2. 연료 상태 점검

(1) 연료량 및 누유 점검

① **연료량 점검** : 계기판의 게이지상에 있는 연료량과 현재 잔존한 연료량이 맞는지 점검한다.
② **누유 점검**

　㉠ 누유 점검 시 엔진 시동을 반드시 저속으로 하고 장비를 수평 상태로 놓은 뒤에, 주차 안전장치를 하고 엔진의 온도가 내려가도록 기다린 뒤에 점검을 실시한다.

ⓒ 누유 상태 점검 시 보닛을 열어 위에서 육안으로 점검한다.

ⓒ 점검 시 연기가 나는 곳이 있는지 먼저 확인하고, 화재 상황을 대비해 소화기의 위치를 확인하며 점검한다.

ⓔ 냄새가 나는 곳과 누유가 예상되는 부분을 중심으로 점검하도록 한다.

(2) 연료 주입 방법

① 안전을 확보한 장소에 지게차를 주차한다.

② 전·후진 레버를 중립에 둔 다음 포크를 지면까지 하강시킨다.

③ 주차 브레이크를 채운 뒤 엔진의 가동을 정지시킨다.

④ 연료 탱크 주입구를 열고 연료를 채운다.

⑤ 주입구에서 연료가 넘치면 닦아낸 다음 흡수제로 깨끗이 정리하도록 한다.

(3) 연료 주입 시 유의사항

① 연료를 주입하는 도중에 폭발성 물질이나 가스를 조심해야 한다.

② 급유 장소에서는 절대 담배를 피우지 않는다.

③ 지게차의 급유는 안전이 확보된 지정 장소에서만 이루어지도록 하며, 실내보다는 실외가 더 안전하다.

④ 급유 시 엔진을 정지하고 운전자는 지게차에서 하차하여야 한다.

⑤ 연료 잔량이 너무 적거나 연료를 완전히 소진해버리면 시동이 어렵게 되거나 부품이 손상될 수 있다.

3　외관 점검

---

(1) 휠 볼트 및 너트 상태 점검

휠의 볼 시트와 휠 너트의 볼 면에는 윤활유를 주입하지 않는다. 또한 허브의 설치면, 휠 너트와 평 설치면들이 깨끗한지 점검한 뒤에, 지게차의 운행을 마치고 휠 너트 체결 상태를 다시 점검한다.

(2) 그리스 주입 점검

① 그리스를 주입하기 전에 주입할 부분을 깨끗이 닦은 뒤에 주입하도록 한다.

② 각 부분의 그리스 주입

마스트 가이드 레일 롤러의 작동 부분	그리스를 주입
포크와 핑거 바 사이의 미끄럼 부분	
슬라이드 가이드 및 슬라이드 레일	전체적으로 고르게 그리스를 주입
내·외부 마스트 사이의 미끄럼 부분	
리프트 체인	먼저 오일로 닦은 후 그리스를 주입

(3) 윤활유 및 냉각수 점검

① 윤활유 점검

㉠ 윤활유는 해당 부분에 적절한 오일을 선택하여 주유하여야 한다.

㉡ 윤활유를 주유할 때에는 사용 지침서와 주유표를 반드시 참고하여야 한다.

㉢ 이미 사용했던 윤활유를 재사용하지 않는다.

② 냉각수 점검

㉠ 엔진이 과열된 경우에는 시동을 정지한 후에 라디에이터에 냉각수를 천천히 부어 냉각시켜야 한다.

㉡ 냉각수가 동결될 경우, 냉각수의 부피가 늘어나 엔진의 동파 현상이 일어난다.

㉢ 냉각 계통에서 배기가스가 누출되는 경우에는 실린더 헤드 개스킷과 헤드 볼트의 풀림 등을 점검해야 한다.

㉣ 엔진을 시동한 이후에 충분한 시간이 지났는데도 냉각수 온도가 정상적으로 상승하지 못하는 경우, 과랭 현상이 발생한 것일 수 있으니 정온기 및 온도 조절기를 점검해야 한다.

제8막 도로주행

<table>
<tr><td>1</td><td>교통법규 준수</td></tr>
</table>

(1) 도로교통법

① 추월 및 주·정차 금지 구역

  ㉠ 추월 금지 구역

   • 지정 구역

   • 도로의 구부러진 곳 근처

   • 비탈길의 고갯마루 근처

   • 비탈길의 내리막

   • 교차로, 터널 내부, 다리 위

  ㉡ 주차 금지 구역

   • 지정 구역

   • 소방용 기구, 소화전 등으로부터 5m 이내

   • 화재경보기로부터 3m 이내

   • 도로 공사 구역의 양쪽 가장자리로부터 5m 이내

   • 터널 내부, 다리 위

  ㉢ 주·정차 금지 구역

   • 지정 구역

   • 보도와 차도의 구분이 된 도로의 보도

   • 교차로 가장자리나 도로 모퉁이로부터 5m 이내

   • 교차로, 건널목, 횡단보도

② 안전거리 확보

  ㉠ 앞차가 급정지하게 되는 경우 그 차와의 충돌을 피할 수 있는 충분한 거리를 확보하도록 한다.

  ㉡ 지게차의 진로를 변경할 경우, 변경하려는 방향으로부터 오는 다른 차량의 통행에 장애를 주어서는 안 된다.

③ 철길 건널목 통과

  ㉠ 철길 건널목을 통과하기 전에 먼저 일시 정지하여 반드시 안전을 확인한 후에 통과하도록 한다.

  ㉡ 신호기가 설치되어 있는 경우에는 신호에 따라 정지하지 않고 통과할 수 있다.

(2) 차마의 통행 방법

① 도로의 중앙이나 좌측 부분을 통행할 수 있는 경우

  ㉠ 도로가 일방통행인 경우

  ㉡ 도로의 파손, 도로공사나 그 밖의 장애 등으로 도로의 우측 부분을 통행할 수 없는 경우

  ㉢ 도로 우측 부분의 폭이 6m가 되지 않는 도로에서 다른 차를 앞지르려는 경우

  ㉣ 도로 우측 부분의 폭이 차마의 통행에 충분하지 않은 경우

② 동일 방향으로 주행하고 있는 전후 차간의 안전운전 방법

  ㉠ 앞차는 부득이 한 경우를 제외하고는 급정지, 급감속을 하여서는 안 된다.

  ㉡ 뒤에서 따라오는 차량의 속도보다 느린 속도로 진행하려고 할 때에는 진로를 양보하도록 한다.

  ㉢ 뒤차는 앞차가 급정지할 때 충돌을 피할 수 있을 만큼의 안전거리를 유지한다.

③ 건설기계 장비로 교량 주행 시 안전사항

  ㉠ 교량의 폭을 확인한다.

  ㉡ 교량의 통과 하중을 확인한다.

  ㉢ 장비의 무게 및 중량을 확인한다.

| 2 | 안전운전 준수 | |

(1) 도로주행 시 안전운전

① 화물을 운반하고 있는 경우에는 반드시 제한 속도를 유지해야 한다.

② 평탄하지 않은 지면, 경사로, 좁은 통로 등에서는 급출발, 급제동, 급선회하지 않는다.

③ 포크의 폭은 화물에 맞추어 조정하도록 한다.

④ 화물은 마스크를 뒤로 젖힌 상태에서 가능한 한 낮추어서 운행하도록 한다.

⑤ 낮은 천장이나 머리 위에 장애물이 있는지 확인한다.

⑥ 후륜이 뜬 상태에서 주행해서는 안 된다.

⑦ 경사로를 오르거나 내려갈 때에는 운반하는 화물이 경사로의 위쪽을 향하도록 하고, 경사로를 내려오는 경우에는 천천히 운행하도록 한다.

⑧ 운반하는 화물이 불안정한 상태나 하중이 한쪽으로 몰린 상태에서 운반해서는 안 된다.

---

3 건설기계관리법

(1) 건설기계 등록 및 검사

① 건설기계의 등록

등록	• 건설기계의 소유자는 건설기계를 취득한 날로부터 2개월 이내에 시 · 도지사에게 건설기계 등록신청서를 제출하여 등록하여야 한다. • 시 · 도지사는 건설기계의 소유자로부터 건설기계 등록신청을 받고 나서 건설기계 등록원부 및 건설기계 등록증에 기재한 후 지체 없이 건설기계의 소유자에게 건설기계 등록증을 교부하여야 한다.
등록 이전	건설기계의 소유자는 등록한 주소지 또는 사용본거지가 변경된 경우(시 · 도간의 변경이 있는 경우)에는 그 변경이 있는 날부터 30일(상속의 경우에는 상속 개시일부터 6개월) 이내에 건설기계 등록 이전 신고서에 소유자의 주소 또는 건설기계의 사용 본거지의 변경사실을 증명하는 서류와 건설기계 등록증 및 건설기계 검사증을 첨부하여 새로운 등록지를 관할하는 시 · 도지사에게 제출(전자문서에 의한 제출을 포함)하여야 한다.
등록 말소 사유	• 거짓이나 그 밖의 부정한 방법으로 등록을 한 경우 • 건설기계가 천재지변 또는 이에 준하는 사고 등으로 사용할 수 없게 되거나 멸실된 경우 • 건설기계의 차대가 등록 시의 차대와 다른 경우 • 건설기계가 건설기계 안전기준에 적합하지 않은 경우 • 최고를 받고 지정된 기한까지 정기검사를 받지 않은 경우 • 건설기계를 수출하는 경우 • 건설기계를 도난당한 경우 • 건설기계를 폐기한 경우 • 건설기계 해체 · 재활용업자에게 폐기를 요청한 경우 • 구조적 제작 결함 등으로 건설기계를 제작자 또는 판매자에게 반품한 경우 • 건설기계를 교육 · 연구 목적으로 사용하는 경우 • 대통령령으로 정하는 내구연한을 초과한 건설기계. 다만, 정밀진단을 받아 연장된 경우는 그 연장기간을 초과한 건설기계

② 건설기계의 검사 : 건설기계의 소유자는 그 건설기계에 대하여 국토교통부령으로 정하는 바에 따라 국토교통부장관이 실시하는 검사를 받아야 한다.

ㄱ 신규 등록 검사 : 건설기계를 신규로 등록할 때 실시하는 검사

ㄴ 정기검사 : 건설공사용 건설기계로서 3년의 범위에서 국토교통부령으로 정하는 검사 유효기간이 끝난 후에 계속하여 운행하려는 경우에 실시하는 검사와 「대기환경보전법」, 「소음 · 진동

관리법」에 따른 운행차의 정기검사

ⓒ **구조 변경 검사** : 건설기계의 주요 구조를 변경하거나 개조한 경우 실시하는 검사

ⓔ **수시검사** : 성능이 불량하거나 사고가 자주 발생하는 건설기계의 안전성 등을 점검하기 위하여 수시로 실시하는 검사와 건설기계 소유자의 신청을 받아 실시하는 검사

ⓜ **검사의 대행** : 국토교통부장관은 필요하다고 인정하면 건설기계의 검사에 관한 시설 및 기술능력을 갖춘 자를 지정하여 검사의 전부 또는 일부를 대행하게 할 수 있다.

(2) 면허 · 벌칙

① **건설기계 조종사 면허** : 건설기계 조종사 면허를 받으려는 사람은 「국가기술자격법」에 따른 해당 분야의 기술자격을 취득하고 적성검사에 합격하여야 한다. 국토교통부령으로 정하는 소형 건설기계의 건설기계 조종사 면허의 경우에는 시 · 도지사가 지정한 교육기관에서 실시하는 소형 건설기계의 조종에 관한 교육과정의 이수로 「국가기술자격법」에 따른 기술자격의 취득을 대신할 수 있다.

ⓐ **건설기계 조종사 면허의 결격 사유**

- 18세 미만인 사람
- 건설기계 조종상의 위험과 장해를 일으킬 수 있는 정신질환자 또는 뇌전증 환자로서 국토교통부령으로 정하는 사람
- 앞을 보지 못하는 사람, 듣지 못하는 사람, 그 밖에 국토교통부령으로 정하는 장애인
- 건설기계 조종상의 위험과 장해를 일으킬 수 있는 마약 · 대마 · 향정신성의약품 또는 알코올 중독자로서 국토교통부령으로 정하는 사람
- 건설기계 조종사 면허가 취소된 날부터 1년이 지나지 않았거나 건설기계 조종사 면허의 효력 정지 처분 기간 중에 있는 사람

ⓑ **건설기계 조종사 면허의 취소 · 정지 사유**

- 거짓이나 그 밖의 부정한 방법으로 건설기계 조종사 면허를 받은 경우
- 건설기계 조종사 면허의 효력 정지 기간 중 건설기계를 조종한 경우
- 건설기계의 조종 중 고의 또는 과실로 중대한 사고를 일으킨 경우
- 「국가기술자격법」에 따른 해당 분야의 기술자격이 취소되거나 정지된 경우
- 건설기계 조종사 면허증을 다른 사람에게 빌려 준 경우
- 술에 취하거나 마약 등 약물을 투여한 상태 또는 과로 · 질병의 영향이나 그 밖의 사유로 정상적으로 조종하지 못할 우려가 있는 상태에서 건설기계를 조종한 경우
- 정기적성검사를 받지 않거나 적성검사에 불합격한 경우

② 벌칙

2년 이하의 징역 또는 2천만 원 이하의 벌금	• 등록되지 않은 건설기계를 사용하거나 운행한 자 • 등록이 말소된 건설기계를 사용하거나 운행한 자 • 시 · 도지사의 지정을 받지 않고 등록번호표를 제작하거나 등록번호를 새긴 자 • 시정명령을 이행하지 않은 자 • 등록을 하지 않고 건설기계 사업을 하거나 거짓으로 등록을 한 자 • 등록이 취소되거나 사업의 전부 또는 일부가 정지된 건설기계 사업자로서 계속하여 　건설기계 사업을 한 자
1년 이하의 징역 또는 1천만 원 이하의 벌금	• 거짓이나 그 밖의 부정한 방법으로 등록을 한 자 • 등록번호를 지워 없애거나 그 식별을 곤란하게 한 자 • 구조 변경 검사 또는 수시검사를 받지 아니한 자 • 정비 명령을 이행하지 않은 자 • 형식 승인, 형식 변경 승인 또는 확인 검사를 받지 않고 건설기계의 제작 등을 한 자 • 사후관리에 관한 명령을 이행하지 않은 자 • 매매용 건설기계를 운행하거나 사용한 자 • 건설기계 조종사 면허를 받지 않고 건설기계를 조종한 자 • 건설기계 조종사 면허를 거짓이나 그 밖의 부정한 방법으로 받은 자 • 건설기계 조종사 면허가 취소되거나 건설기계 조종사 면허의 효력 정지 처분을 받은 　후에도 건설기계를 계속하여 조종한 자 • 건설기계를 도로나 타인의 토지에 버려둔 자
300만 원 이하의 과태료	• 건설기계 임대차 등에 관한 계약서를 작성하지 않은 자 • 정기적성검사 또는 수시적성검사를 받지 않은 자 • 시설 또는 업무에 관한 보고를 하지 않거나 거짓으로 보고한 자 • 소속 공무원의 검사 · 질문을 거부 · 방해 · 기피한 자 • 직원의 출입을 거부하거나 방해한 자
100만 원 이하의 과태료	• 등록번호표를 부착 · 봉인하지 않거나 등록번호를 새기지 아니한 자 • 등록번호표를 부착 및 봉인하지 않은 건설기계를 운행한 자 • 등록번호표를 가리거나 훼손하여 알아보기 곤란하게 한 자 또는 그러한 건설기계를 　운행한 자 • 등록번호의 새김 명령을 위반한 자 • 조사 또는 자료제출 요구를 거부 · 방해 · 기피한 자 • 안전교육 등을 받지 않고 건설기계를 조종한 자
50만 원 이하의 과태료	• 임시번호표를 붙이지 않고 운행한 자 • 등록의 말소를 신청하지 않은 자 • 등록 변경신고를 하지 않거나 거짓으로 변경신고한 자 • 등록번호표를 반납하지 않은 자 • 정기검사를 받지 않은 자 • 신고를 하지 않거나 거짓으로 신고한 자 • 등록 말소 사유 변경신고를 하지 않거나 거짓으로 신고한 자

제 9 막 응급대처

1 고장 시 응급처치

(1) 고장 유형별 응급조치 지식

① 어떤 경우에도 이상이 발견되었을 시 즉시 조치하도록 한다.

② 고장은 여러 가지 원인이 중복되는 경우도 있으므로 원리에 의거하여 계통적으로 조정할 필요가 있다.

③ 원인을 확인하고, 정비 및 조정하여 고장을 미연에 방지하여야 한다.

④ 원인이 불명확한 경우에는 가까이에 있는 서비스센터와 상담한 후 대처한다.

⑤ 특히 유압기기와 전기전자 부품의 조정 및 분해, 수리는 절대 직접 하지 않고 가까운 서비스센터에 의뢰한다.

(2) 응급처치 방법

① **주행 중 시동이 꺼졌을 경우** : 주행 중에 시동이 꺼졌을 경우에는 지게차 후면에 고장 표시판을 설치하고 고장이 의심되는 부분을 점검한다. 이때, 대표적인 예시는 충전장치의 불량, 냉각 계통의 불량, 엔진 부조 현상, 연료 계통의 불량 등이 있다.

② **제동장치가 불량인 경우** : 제동장치가 불량인 경우에는 안전하게 주차한 다음 지게차 후면에 고장 표시판을 설치하고 나서 고장이 의심되는 부분을 점검한다. 제동장치 불량의 원인으로는 브레이크 오일의 부족, 오일 파이프의 손상 및 파열, 디스크 패드의 마모 및 마멸, 휠 실린더의 누유, 베이퍼 록 현상 등이 있다.

③ **타이어가 펑크된 경우** : 지게차 후면에 고장 표시판을 설치하고 타이어를 점검한다. 이때, 타이어의 과팽창을 방지하기 위해 타이어 압력보다 140kPa 이상 높지 않게 맞춰야 한다.

④ **전·후진 주행장치가 고장 난 경우** : 고장 표시판을 설치한 후 견인 조치한다. 주행장치 불량의 원인으로는 변속기의 불량, 구동축의 불량, 액슬 장치의 불량, 최종 감속 장치의 불량 등이 있다.

⑤ **마스트 유압 라인이 고장 난 경우** : 포크를 마스트에 고정시킨다. 유압 라인 고장의 원인으로는 리프트 실린더의 불량, 유압펌프의 불량, 틸트 실린더의 불량, 유압 필터의 불량 등이 있다.

(3) 지게차의 응급 견인

① 지게차의 견인은 단거리 이동을 위한 비상 응급 견인이다. 장거리 이동 시에는 수송 트럭에 의해 운반하도록 한다.

② 견인되는 지게차에는 운전자가 핸들과 제동장치를 조작할 수 없으며 탑승자를 허용해서는 안 된다.

③ 견인하는 지게차는 고장 난 지게차보다 커야 한다.

④ 고장 난 지게차를 경사로 아래로 이동 시 더 큰 견인 지게차로 견인하거나 또는 몇 대의 지게차를 뒤에 연결하여 예기치 못한 롤링 현상을 방지하도록 한다.

2	교통사고 시 대처

(1) 교통사고 발생 시 대처

① 교통사고 발생 시 안전하게 주차한 뒤에 지게차 후면 안전거리에 고장 표시판을 설치하여 2차 사고를 예방하도록 한다.

② 교통사고 발생 후 안전 삼각대 설치를 하지 않으면 과태료가 부과되며, 고속도로에서는 주간에 최소 100m, 야간에 최소 200m 전에 안전 삼각대를 설치해야 한다.

③ 지게차의 전도·전복 사고 발생 시에는 안전하게 조치하고 긴급 구호를 요청한다.

④ 소화기와 비상용 망치를 준비하여 차량 화재 또는 차량 내부에 갇힐 경우를 대비한다.

⑤ 교통사고 발생 시 현장 상황의 보존을 위해 사고 표시용 스프레이를 구비해야 한다.

(2) 인명사고 발생 시 대처

① 인명사고 발생 시 즉시 지게차를 정차한 후 사상자를 구호하고 신고를 한다.

② 사고를 일으킨 운전자는 현장에 있는 경찰 공무원이나 가까운 관서에 사고에 대한 자세한 정보를 알려야 한다.

제10막 장비 구조

1	엔진 구조

(1) 엔진 본체의 구조와 기능

① **실린더 헤드** : 엔진의 머리 부분으로 실린더 헤드 개스킷을 사이에 두고 실린더 블록 위에 설치되어 있다. 실린더 및 피스톤과 함께 연소실을 구성한다.

② **연소실** : 연료를 연소하여 동력에 쓰이는 압력을 분사하는 공간으로, 공간의 개수에 따라 단실식과 복실식으로 나뉜다.

③ **실린더** : 엔진 내부의 피스톤의 왕복 운동을 안내하는 기통을 말한다.

④ **피스톤** : 피스톤은 피스톤 헤드, 링 홈, 히트 댐으로 구성되어 있다. 피스톤은 열전도성이 좋아야 하며 열에 의한 팽창이 없어야 하고, 폭발 압력을 유효하게 이용할 수 있어야 한다는 등의 구비 조건이 있다.

⑤ **피스톤 링** : 피스톤에 부착된 고리형 금속으로, 피스톤과 실린더 사이에 밀봉 작용, 냉각 작용, 오일 제어 작용의 기능을 한다.

⑥ **커넥팅 로드** : 피스톤과 크랭크축을 연결하는 금속 봉으로, 피스톤의 왕복 운동을 크랭크축의 회전 운동으로 전환하는 기능을 한다.

⑦ **크랭크축** : 엔진 피스톤의 직선 운동을 회전 운동으로 전환하여 회전력을 만든다.

⑧ **플라이휠** : 플라이휠은 시동 시 시동 전동기와 결합하는 것으로 엔진의 회전 출력을 고르게 하고 회전 효율을 높인다.

⑨ **엔진 베어링** : 회전 또는 직선 운동을 하는 크랭크축을 보호·지지하면서 운동을 원활하게 하도록 하는 기계부품으로, 마찰 및 마멸을 감소시켜 엔진에서 발생되는 출력의 손실을 감소시키는 작용을 한다.

(2) 윤활장치의 구조와 기능

① 윤활장치의 구조

㉠ 오일펌프

- 기어 펌프
- 피스톤 펌프
- 베인 펌프

㉡ 오일 레벨 게이지

② 윤활유의 기능

㉠ 마멸 방지

㉡ 밀봉

㉢ 응력 분산

㉣ 냉각

㉤ 방청

㉥ 세척

(3) 연료장치의 구조와 기능

① 디젤 연소 과정 : 착화 지연 → 화염 전파 → 직접 연소 → 후기 연소

② 디젤 연료 공급 : 연료 탱크 → 연료 공급 펌프 → 연료 여과기 → 분사 펌프 → 분사 노즐

(4) 흡 · 배기장치의 구조와 기능

① 흡기장치(과급기) : 실린더의 부피보다 더 많은 공기를 공급하는 장치로, 엔진의 출력을 늘리기 위하여 사용한다. 과급기의 종류로는 기계식 과급기와 터빈식 과급기가 있다. 흡기장치는 감압 장치, 공기 청정기, 인터 쿨러 등으로 이루어져 있다.

② 배기장치 : 실린더에서 발생하는 배기가스를 배출시키는 장치이다. 배기장치는 배기 다기관, 히트컨트롤 밸브, 소음기로 이루어져 있다.

(5) 냉각장치의 구조와 기능

① 냉각장치의 구조 : 냉각장치는 수온 조절기, 라디에이터, 팬 벨트로 이루어져 있다.

② 냉각장치의 기능 : 냉각장치는 엔진의 온도를 낮추어 과열 현상을 방지한다.

2	전기장치

(1) 전기의 기초

① 전류 : 암페어라는 단위를 사용하며, A로 표기한다.

    ㉠ 전류의 작용

      • 발열 작용

      • 화학 작용

      • 자기 작용

② 전압 : 도체에 전류가 흐르는 압력을 전압이라 하며, 1V란 1Ω의 저항을 갖는 도체에 1A의 전류가 흐르는 것을 말한다.

③ 저항 : 전자의 움직임을 방해하는 요소로 단위는 옴(Ω)을 사용한다.

(2) 시동장치의 구조와 기능

① 전동기의 구조

    ㉠ 전기자 코일

    ㉡ 전기자 철심

    ㉢ 계자 코일

    ㉣ 계자 철심

    ㉤ 브러시

    ㉥ 정류자

② 전동기의 원리 : 자계 내에 도체를 설치한 다음 도체에 전류를 보내면 도체가 운동을 한다. 이때, 도체의 운동 방향은 플레밍의 왼손 법칙을 따르며, 도체의 운동력은 자계의 세기와 도체에 흐르는 전류의 크기에 비례한다.

(3) 등화장치와 계기장치의 구조와 기능

① 등화장치

    ㉠ 전조등 : 전조등의 구조는 전구, 반사경, 렌즈로 이루어져 있으며, 전조등의 종류로는 분할식, 실드빔식, 세미 실드빔식이 있다.

    ㉡ 방향 지시등 : 방향 지시등은 진행 방향을 표시하는 기능을 하며, 방향 지시등의 종류로는 축전기식, 전자열선식, 수은식 등이 있다.

② **계기장치** : 계기장치의 구조는 유압계, 온도계, 충전계, 연료계, 경고등으로 이루어져 있으며, 계기장치의 종류로는 바이메탈식, 평형 코일식, 경고등식이 있다.

(4) 축전지

① **축전지의 종류**

    ㉠ 알칼리 축전지

    ㉡ 납산 축전지

    ㉢ MF 축전지

② **축전지의 구성**

    ㉠ 케이스

    ㉡ 극판

    ㉢ 격리판과 유리매트

    ㉣ 벤트 플러그

    ㉤ 셀 커넥터

    ㉥ 터미널

③ **전해액 제조 시 혼합 방법**

    ㉠ 황산을 증류수에 부어야 하며, 그 반대는 위험하다.

    ㉡ 용기는 전기가 통하지 않는 질그릇이나 플라스틱 그릇을 사용한다.

    ㉢ 20℃일 때 비중이 1.280이 되도록 측정하며 작업한다.

| 3 | 전·후진 주행장치 |

(1) 조향장치의 구조와 기능

① **동력 조향장치의 구조**

    ㉠ 동력부

    ㉡ 제어부

    ㉢ 작동부

② **동력 조향장치의 기능** : 유압을 이용하여 조향 조작력을 줄이고, 지면에서 발생하는 충격을 흡수하여 내구성을 확보한다.

(2) 변속장치의 구조와 기능

① **변속기의 기능** : 엔진의 동력을 주행 상태에 맞게 회전력과 속도를 바꾸어 바퀴에 전달한다.

② **변속기의 구조**

    ㉠ **수동 변속기** : 수동 변속기는 크게 섭동 기어식, 상시 치합식, 동기 치합식으로 나누어지는데, 수동 변속기에는 로킹 볼, 인터 록 같은 변속기 고정장치가 있으며, 동기 치합식 변속기에서는 싱크로메시 기구가 추가적으로 구성되어 있다.

    ㉡ **자동 변속기** : 자동 변속기는 유성 기어 유닛, 유압 제어장치, 토크 컨버터로 이루어져 있다.

(3) 동력 전달장치의 구조와 기능

① **클러치**

    ㉠ **클러치의 구조** : 클러치는 클러치판, 클러치축, 압력판, 릴리스 베어링, 릴리스 레버, 클러치 스프링으로 이루어져 있다.

    ㉡ **클러치의 기능** : 클러치는 엔진과 변속기 사이에 위치하여 동력의 전달과 차단의 기능을 한다.

② **토크 컨버터**

    ㉠ **토크 컨버터의 구조** : 토크 컨버터는 펌프, 터빈, 스테이터, 가이드링으로 이루어져 있다.

    ㉡ **토크 컨버터의 기능** : 토크 컨버터는 유체를 매체로 하여 전달 토크를 변환하는 기능을 한다.

③ **드라이브 라인**

    ㉠ **드라이브 라인의 구조** : 드라이브 라인은 추진축, 슬립 이음, 자재 이음으로 이루어져 있다.

    ㉡ **드라이브 라인의 기능** : 드라이브 라인은 변속기의 출력을 구동축에 전달하는 기능을 한다.

(4) 제동장치의 구조와 기능

① **유압식 브레이크** : 유압식 브레이크는 마스터 실린더, 휠 실린더, 브레이크 페달, 파이프 라인으로 구성되어 있으며 모든 바퀴에 균등한 제동력을 발생시키는 특징을 가지고 있다. 유압식 브레이크의 종류로는 드럼식, 디스크식이 있다.

② **배력식 브레이크** : 배력식 브레이크란 유압식 제동장치에 제동 보조장치인 제동 배력장치를 설치해 제동력을 증폭시키는 것을 말한다. 배력장치는 크게 진공식과 공기식으로 나뉘는데, 하이드로 백은 유압 브레이크에 진공식 배력장치를 병용하고 있다.

③ **공기식 브레이크** : 공기식 브레이크는 압축 공기의 압력을 이용하여 제동하는 장치를 말하며, 간단한 구조에 공기가 누설되더라도 압축 공기가 지속적으로 발생하여 위험성이 적다는 특징이 있다.

4 유압장치

(1) 유압펌프의 구조와 기능

① **유압펌프의 기능** : 기계적 에너지를 유체 에너지로 변환하여 장치의 작동에 필요한 유압을 전달한다.

② **베인 펌프** : 하우징 내부에서 회전하는 로터에 날개(베인)을 설치하여 하우징 벽을 날개가 지나가면서 체적 변화에 따라 오일을 보낸다.

③ **기어 펌프** : 기어 펌프는 내접 기어 펌프와 외접 기어 펌프로 나누어지며, 기어의 이와 하우징 사이의 간극을 이용하여 오일을 보낸다.

④ **플런저 펌프** : 피스톤 형식으로 되어 있어 피스톤 펌프라고도 하며, 오일을 보내는 압력이 가장 높은 특징을 가지고 있다.

(2) 유압 실린더 및 전동기의 구조와 기능

① **유압 실린더** : 유압 실린더는 피스톤, 실린더, 유압 호스, 실린더 튜브, 로드 커버, 피스톤 로드로 이루어져 있으며, 유압이 피스톤 한쪽에 작용하느냐, 양쪽에 작용하느냐에 따라 단동식, 복동식으로 나누어진다.

② **유압 전동기** : 유압 전동기란, 유체 에너지를 전달받아 회전 운동을 하는 장치이다. 유압 전동기의 종류로는 기어 전동기, 베인 전동기, 플런저 전동기가 있다.

(3) 컨트롤 밸브의 구조와 기능

① **압력 제어 밸브** : 압력 제어 밸브는 유압 회로 내의 유압을 일정하게 유지하고 최고 압력을 제한하는 기능을 한다. 압력 제어 밸브의 종류로는 릴리프 밸브, 리듀싱 밸브 등이 있다.

② **유량 제어 밸브** : 유량 제어 밸브는 말 그대로 오일이 전달되는 양을 조절하는 기능을 하며, 유량 제어 밸브의 종류에는 스로틀 밸브, 플로 컨트롤 밸브, 디바이드 밸브 등이 있다.

③ **방향 제어 밸브** : 방향 제어 밸브는 유압펌프에서 작동유의 통로를 변환하여 오일의 흐름 방향을 제어하는 기능을 한다. 방향 제어 밸브의 종류에는 수동 조작 밸브, 전자 조작 밸브 등이 있다. 지게차에는 수로 수동 조작 밸브를 사용한다.

(4) 기타 부속장치

① 어큐뮬레이터

　㉠ **어큐뮬레이터의 기능** : 어큐뮬레이터의 기능으로는 유체 에너지의 축적, 충격파 흡수 등이 있다.

　㉡ **어큐뮬레이터의 종류** : 어큐뮬레이터는 스프링 하중식과 가스 · 오일식으로 나누어진다. 스프링 하중식은 실린더 내부에 피스톤에 스프링을 설치한 것으로, 스프링 정수에 비례한 압력이 발생하며 저압용으로 사용된다. 가스 · 오일식은 또 다시 피스톤식과 블리더식으로 나누어지는데, 피스톤식은 강도는 크지만 저압에서 강도가 나쁘며, 블리더식은 응답성이 높으며 용도가 다양하다는 특징이 있다.

② **오일 냉각기** : 오일 냉각기는 회로 내부의 오일을 냉각수나 공기로 냉각시켜 유압유의 과열을 방지하는 기능을 하는 장치이다.

제 **1** 장

유압식 및 공기압식

공유압 기호 모음

유압 동력원	공기압 동력원	전동기	원동기	필터	유압 압력계
		M	M		

밸브	무부하 밸브	릴리프 밸브	시퀀스 밸브	감압 밸브	체크 밸브

유압 파일럿(외부)		유압 파일럿(내부)		가변용량형 유압펌프	정용량형 유압펌프

단동 솔레노이드	스프링식 제어	단동 실린더	단동식 편로드형	단동식 양로드형

복동식 편로드형	복동식 양로드형	어큐뮬레이터	오일 탱크	요동형 액추에이터

제 **2** 장

CBT
기출복원문제

CRAFTSMAN
FORK LIFT
TRUCK
OPERATOR

CBT 기출복원문제 　제1회

01 디젤 엔진의 에어클리너에 대한 다음 설명 중 옳지 않은 것은?

① 실린더 마멸과 연관이 없다.
② 에어클리너가 막히면 배기가스의 색이 검은색이 된다.
③ 에어클리너가 막히면 불완전연소가 된다.
④ 에어클리너가 막히면 출력이 저하된다.

정답 ①

에어클리너는 연소에 필요한 공기를 실린더로 흡입할 시, 먼지 등의 불순물을 여과하여 실린더나 피스톤 등의 마모 및 마멸을 방지한다.

02 건설기계 엔진의 부동액으로 사용할 수 없는 것은?

① 글리세린
② 메탄
③ 알코올
④ 에틸렌글리콜

정답 ②

건설기계 엔진에 사용하는 부동액의 종류에는 글리세린, 알코올(메탄올), 에틸렌글리콜 등이 있다.

03 다음 중 커먼레일 디젤 엔진의 연료장치 구성 요소가 아닌 것은?

① 공급 펌프
② 인젝터
③ 커먼레일
④ 고압 펌프

정답 ①

```
⊕          핵심 포크          ⊕

커먼레일 디젤 엔진의 연료장치 구성 요소
 • 커먼레일          • 인젝터
 • 고압 펌프         • 고압 파이프
 • 레일 압력 센서     • 연료 압력 조절 밸브
```

04 배기가스의 색에 따른 엔진 상태로 옳지 않은 것은?

① 검은색 – 농후한 혼합비
② 무색 – 정상
③ 회색 – 윤활유의 연소
④ 황색 – 에어클리너가 막힘

정답 ④

배기가스의 색깔이 황색이 되는 경우는 엔진의 노킹 현상이 발생했을 때이다. 에어클리너가 막혔을 경우에는 배기가스의 색이 검은색으로 나타난다.

05 다음 중 교류 발전기의 특징으로 옳지 않은 것은?

① 다이오드를 사용한다.
② 소형, 경량이다.
③ 정류자를 사용한다.
④ 저속 시에도 충전이 가능하다.

 ③

직류 발전기에 사용하는 정류자는 전기자에서 발생한 교류를 정류하여 직류로 변환하는 역할을 하는데, 교류 발전기에서는 이 정류자의 역할을 다이오드가 한다.

06 엔진의 밸브에서 밸브의 열팽창을 고려하여 밸브 간극을 설정하는 부품은?

① 밸브 스팀
② 밸브 시트
③ 밸브 스팀 엔드
④ 밸브 페이스

 ③

⊕ **핵심 포크** ⊕

밸브의 구성 요소

• 밸브 스팀 엔드 : 밸브의 열팽창을 고려하여 밸브 간극 설정
• 밸브 스팀 : 밸브의 상하 운동 유지
• 밸브 페이스 : 혼합 가스의 누출 방지 및 냉각 작용
• 밸브 시트 : 연소실의 기밀 작용

07 다음 중 윤활유의 성질로 가장 중요한 것은?

① 온도
② 점도
③ 건도
④ 습도

 ②

점도는 윤활유 흐름의 저항을 나타내는 것으로 윤활유의 성질 중 가장 기본이 되는 성질이다.

⊕ **핵심 포크** ⊕

윤활유의 기능

• 응력 분산 작용
• 밀봉 작용
• 충격 흡수 작용
• 냉각 작용
• 마멸 방지 및 윤활 작용
• 방청 작용
• 엔진 내부 세척 작용

08 제시된 공유압 기호가 나타내고 있는 것은?

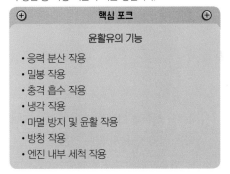

① 전동기
② 유압 동력원
③ 엔진
④ 공기압 동력원

 ②

제시된 공유압 기호는 유압 동력원의 기호이다.

09 지게차 계기판의 유압계로 확인할 수 있는 것으로 가장 적절한 것은?

① 오일 연소 상태

② 오일의 잔량

③ 오일 누설 상태

④ 오일의 순환 압력

 정답 ④

지게차 계기판의 유압계는 유압장치 내부를 순환하는 오일의 압력을 표시한다.

10 4행정 사이클 디젤 엔진의 동력 행정에 대한 다음 설명 중 옳지 않은 것은?

① 연료가 분사됨과 동시에 연소를 시작한다.

② 연료 분사 시작점은 회전 속도에 따라 진각된다.

③ 디젤 엔진의 진각에는 연료의 착화 능률이 고려된다.

④ 피스톤이 상사점에 도달하기 전에 소요의 각도 범위 내에서 분사를 시작한다.

정답 ①

4행정 사이클 디젤 엔진의 행정에서 연료는 압축 행정 끝에 분사되어 동력 행정에서 연소되어 동력을 얻게 된다.

⊕ **핵심 포크** ⊕

진각과 상사점

• 진각 : 실린더 내에서 피스톤 상승 행정과 관계하여 점화 불꽃이 좀 더 빠르게 일어나도록 타이밍 조정을 하는 것

• 상사점 : 피스톤이 위아래로 운동할 때의 상한 지점

11 기동 전동기에서 토크를 발생하는 부분은?

① 계자 철심

② 솔레노이드 스위치

③ 전기자 코일

④ 계자 코일

 정답 ③

전기자 코일은 브러시와 정류자를 통해 전기자 전류가 흐르면서 전기자를 회전시킨다.

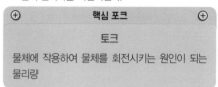

⊕ **핵심 포크** ⊕

토크

물체에 작용하여 물체를 회전시키는 원인이 되는 물리량

12 엔진의 회전수를 나타낼 때 rpm에 대하여 옳은 것은?

① 분당 엔진 회전수

② 초당 엔진 회전수

③ 10분간 엔진 회전수

④ 시간당 엔진 회전수

 정답 ①

rpm은 revolution per minute으로 엔진의 분당 회전수를 말한다.

13 납산 축전지의 전해액을 만들 때 황산과 증류수의 혼합 방법으로 옳지 않은 것은?

① 20℃일 때 비중이 1,280이 되도록 측정하면서 작업한다.

② 전기가 잘 통하는 용기를 사용한다.

③ 황산을 증류수에 부어야 한다.

④ 조금씩 혼합하고 잘 저어서 냉각시킨다.

 ②

황산과 증류수를 혼합할 때에는 전기가 잘 통하지 않는 질그릇이나 플라스틱 그릇을 사용해야 안전하다.

14 다음 중 토크 컨버터가 설치된 지게차의 기동 요령으로 옳은 것은?

① 클러치 페달을 조작하지 않고 가속 페달을 서서히 밟는다.

② 브레이크 페달을 밟고 레버를 저속으로 둔다.

③ 클러치 페달에서 서서히 발을 떼며 가속 페달을 밟는다.

④ 클러치 페달을 밟고 레버를 저속으로 둔다.

 ①

토크 컨버터는 자동 변속기의 동력 전달장치를 말하는 것으로, 토크 컨버터가 설치되었을 경우 기동 시 클러치 페달을 밟는 과정이 없다.

15 다음 중 건설기계 조종사 면허의 적성검사 기준으로 옳지 않은 것은?

① 시각이 150° 이상이어야 한다.

② 두 눈의 시력이 각각 0.3 이상이어야 한다.

③ 60dB의 소리를 들을 수 있어야 한다.

④ 두 눈을 동시에 뜨고 잰 시력이 0.7 이상이어야 한다.

 ③

건설기계 조종사 면허의 적성검사 기준에는 55dB의 소리를 들을 수 있고, 언어 분별력이 80% 이상이어야 한다는 것이 있다. 이때, 보청기를 사용하는 경우에는 40dB을 기준으로 한다.

16 건설기계 소유자가 건설기계 등록신청을 해야 하는 기한은 건설기계를 획득한 날로부터 얼마 이내인가?

① 15일 이내

② 1월 이내

③ 2월 이내

④ 90일 이내

 ③

⊕ **핵심 포크** ⊕

건설기계 등록신청 기한

건설기계 관리법 시행령상 건설기계 등록신청은 건설기계를 취득한 날(판매를 목적으로 수입된 건설기계의 경우에는 판매한 날을 말한다)부터 2월 이내에 하여야 한다. 다만, 전시·사변 기타 이에 준하는 국가 비상사태 하에 있어서는 5일 이내에 신청하여야 한다.

제 **2** 장

CBT 기출복원문제

17 유압장치에서 방향 제어 밸브에 대한 다음 설명 중 옳지 않은 것은?

① 유체 흐름 방향을 한쪽으로만 허용
② 유체 흐름 방향의 변환
③ 유압 실린더와 유압 전동기의 작동 방향 변환
④ 액추에이터의 속도 제어

 ④

액추에이터의 속도를 제어하는 것은 방향 제어 밸브가 아니라 유량 제어 밸브의 역할이다.

18 사고의 직접적인 원인으로 가장 적절한 것은?

① 성격의 결함
② 안전하지 않은 행동이나 상태
③ 유전적 요인
④ 사회적 환경

 ②

사고의 직접적인 원인은 물적 원인, 인적 원인, 천재지변으로 구분한다. 물적 원인은 안전하지 않은 상태를 말하며, 인적 원인은 안전하지 않은 행동을 말한다. 천재지변은 불가항력으로 규정한다.

19 도로교통법상 폭우 · 폭설 · 안개 등으로 가시거리가 100m 이내일 때에 최고 속도의 감속으로 옳은 것은?

① 100분의 80
② 100분의 50
③ 100분의 60
④ 100분의 20

 ②

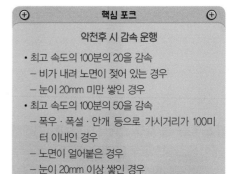

핵심 포크

악천후 시 감속 운행

• 최고 속도의 100분의 20을 감속
 – 비가 내려 노면이 젖어 있는 경우
 – 눈이 20mm 미만 쌓인 경우
• 최고 속도의 100분의 50을 감속
 – 폭우 · 폭설 · 안개 등으로 가시거리가 100미터 이내인 경우
 – 노면이 얼어붙은 경우
 – 눈이 20mm 이상 쌓인 경우

20 유압 오일의 온도에 따른 점도 변화 정도를 표시하는 것은?

① 윤활성
② 점도 분포
③ 관성력
④ 점도 지수

 ④

유압 오일의 온도에 따른 점도 변화를 나타내는 지표는 점도 지수이다.

21 다음 중 유체의 에너지를 이용해 기계적인 일로 변환하는 기기는?

① 유압 모터
② 유압 펌프
③ 오일 탱크
④ 원동기

 정답 ①

유압 모터란 유체 에너지를 기계적 에너지로 변환하는 기기이다.

22 건설기계 운전자의 과실로 전치 3개월 이상의 부상자가 동시에 2명 이상 발생할 경우, 운전자에 대한 처분으로 옳은 것은?

① 면허 효력 정지 15일
② 면허 효력 정지 45일
③ 취소
④ 등록 말소

정답 ③

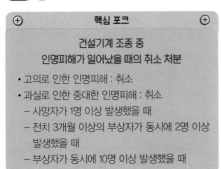

핵심 포크

**건설기계 조종 중
인명피해가 일어났을 때의 취소 처분**

• 고의로 인한 인명피해 : 취소
• 과실로 인한 중대한 인명피해 : 취소
  – 사망자가 1명 이상 발생했을 때
  – 전치 3개월 이상의 부상자가 동시에 2명 이상 발생했을 때
  – 부상자가 동시에 10명 이상 발생했을 때

23 신개발 시험 및 연구목적의 운행을 제외한 건설기계의 임시운행 기간은 며칠 이내인가?

① 15일
② 20일
③ 25일
④ 30일

 정답 ①

건설기계 관리법 시행규칙에 따르면, 건설기계를 미등록한 상태에서 임시운행 시 그 운행기간은 15일 이내이며, 신개발 건설기계의 시험 및 연구 목적인 경우에는 3년 이내이다.

24 엔진의 연료 압력이 너무 낮을 때의 원인으로 옳지 않은 것은?

① 연료 리턴 호스가 막힘
② 연료 필터가 막힘
③ 연료 펌프의 공급 압력이 누설
④ 연료 압력 레귤레이터의 밸브 밀착 불량으로 연료 누설

정답 ①

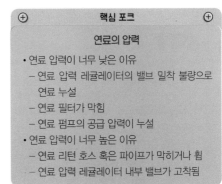

핵심 포크

연료의 압력

• 연료 압력이 너무 낮은 이유
  – 연료 압력 레귤레이터의 밸브 밀착 불량으로 연료 누설
  – 연료 필터가 막힘
  – 연료 펌프의 공급 압력이 누설
• 연료 압력이 너무 높은 이유
  – 연료 리턴 호스 혹은 파이프가 막히거나 휨
  – 연료 압력 레귤레이터 내부 밸브가 고착됨

제 **2** 장

CBT 기출복원문제

25 디젤 엔진에서 직접 분사실식 연소실의 장점으로 옳지 않은 것은?

① 구조가 간단하고 열효율이 높다.
② 연료소비량이 적다.
③ 냉각손실이 적다.
④ 와류손실이 적다.

 ④

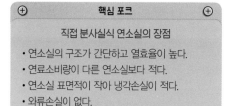

직접 분사실식 연소실의 장점
• 연소실의 구조가 간단하고 열효율이 높다.
• 연료소비량이 다른 연소실보다 적다.
• 연소실 표면적이 작아 냉각손실이 적다.
• 와류손실이 없다.
• 시동이 쉬워 예열 플러그가 필요 없다.

26 유압 작동유의 흐름을 한쪽으로만 허용하고 반대 방향의 흐름을 제어하는 밸브는?

① 카운터 밸런스 밸브
② 체크 밸브
③ 매뉴얼 밸브
④ 릴리프 밸브

 ②

체크 밸브란, 유압 회로에서 유압유의 흐름을 한쪽으로만 허용하고 반대 방향의 흐름을 제어하여 역류를 방지하고 회로 내의 잔류 압력을 유지하는 밸브이다.

27 다음 중 작업장에서 작업복을 착용하는 이유로 가장 적절한 것은?

① 작업자의 직급을 식별하기 위해서
② 작업자의 복장 통일을 위해서
③ 재해 및 사고로부터 신체를 보호하기 위해서
④ 작업의 능률을 높이기 위해서

 ③

작업 시 작업복이나 안전모, 안전화 등의 안전 보호구를 착용하는 이유는 작업자의 안전을 위해서이다.

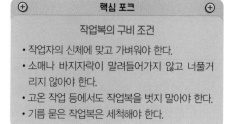

작업복의 구비 조건
• 작업자의 신체에 맞고 가벼워야 한다.
• 소매나 바지자락이 말려들어가지 않고 너풀거리지 않아야 한다.
• 고온 작업 등에서도 작업복을 벗지 말아야 한다.
• 기름 묻은 작업복은 세척해야 한다.

28 겨울철에 연료 탱크를 가득 채우는 이유로 가장 적절한 것은?

① 연료가 적으면 출렁거려서
② 연료 게이지에 고장이 발생해서
③ 연료가 적으면 증발하여 손실되어서
④ 공기 중의 수분이 응축되어 물이 생겨서

 ④

겨울철에 기온이 내려가면 연료 탱크 안의 습기가 응축되어 물방울이 생겨 연료에 유입될 수 있다. 그러므로 작업 후 연료 탱크에 연료를 가득 채워 이를 방지한다.

29 같은 축전지를 직렬로 2개 접속시켰을 때 나타나는 현상은?

① 용량은 2배가 되고 전압은 같다.

② 용량은 같고 전압은 2배가 된다.

③ 용량과 전압 모두 2배가 된다.

④ 전압과 용량의 변화가 없다.

 정답 ②

축전지를 직렬로 연결하면 용량은 같지만 전압은 상승한다. 그러므로, 2개를 직렬로 접속시켰을 경우 용량은 같지만 전압은 2배가 된다.

30 건설기계 관리법상 건설기계 등록신청은 누구에게 하는가?

① 소유자 주소지의 경찰서장

② 소유자 주소지의 시장, 군수 혹은 구청장

③ 소유자 주소지의 시 · 도지사

④ 국토교통부장관

정답 ③

건설기계 관리법 시행령상 건설기계를 등록하려는 건설기계의 소유자는 건설기계 등록신청서(전자문서로 된 신청서를 포함한다)에 서류(전자문서를 포함한다)를 첨부하여 건설기계 소유자의 주소지 또는 건설기계의 사용본거지를 관할하는 특별시장 · 광역시장 · 도지사 또는 특별자치 도지사(이하 "시 · 도지사"라 한다)에게 제출하여야 한다.

31 엔진 오일의 구비 조건으로 옳지 않은 것은?

① 인화점과 발화점이 높아야 한다.

② 기포 발생과 카본 생성에 대한 저항력이 커야 한다.

③ 응고점이 높아야 한다.

④ 적당한 비중과 점도가 있어야 한다.

 정답 ③

엔진 오일은 응고점이 높아야 하는 것이 아니라, 응고점이 낮아야 한다.

32 도로교통법상 차로별 통행에 대하여 위반이 아닌 경우는?

① 일방통행 도로에서 도로의 중앙을 통행하는 경우

② 여러 차로를 연속적으로 가로지르는 경우

③ 두 개의 차로를 걸쳐서 운행하는 경우

④ 차로를 갑자기 바꾸어 옆 차선에 끼어드는 경우

 정답 ①

⊕ **핵심 포크** ⊕

도로 중앙이나 좌측 부분으로 통행할 수 있는 경우

- 도로가 일방통행인 경우
- 도로의 파손, 도로공사 등으로 도로의 우측 부분을 통행할 수 없는 경우
- 도로 우측 부분의 폭이 6미터가 되지 않는 도로에서 다른 차를 앞지르려는 경우.
- 도로 우측 부분의 폭이 차마의 통행에 충분하지 않은 경우
- 시 · 도 경찰청장이 필요하다고 인정하여 지정한 구간 및 통행방법에 따라 통행하는 경우

33 엔진 오일 압력 경고등이 켜지는 경우에 해당하지 않는 것은?

① 엔진의 급가속
② 오일의 부족
③ 오일 통로의 막힘
④ 오일 필터의 막힘

정답 ①

엔진 오일 압력 경고등이 켜지는 주원인은 엔진 오일의 부족이며, 이외에 오일 필터나 오일 회로가 막혔을 때, 엔진 오일의 압력이 낮을 때, 오일 압력 스위치의 배선이 불량일 때 등이 있다.

34 배터리의 용량만을 늘리는 방법으로 올바른 것은?

① 직렬연결
② 직 · 병렬 연결
③ 논리회로 연결
④ 병렬연결

정답 ④

별도의 축전지를 병렬로 연결한다면 축전지의 전압은 그대로인 채로 축전지의 용량만 늘어나게 된다.

35 엔진에서 압축가스가 누설되면서 압축 압력이 저하되는 원인으로 옳은 것은?

① 워터 펌프의 불량
② 실린더 헤드 밸브의 불량
③ 매니폴더 개스킷의 불량
④ 냉각 팬 벨트의 유격 과대

정답 ②

엔진의 압축 압력이 낮은 이유에는 엔진의 실린더 헤드 밸브의 불량, 실린더 헤드 개스킷의 불량, 실린더 내부의 피스톤 링의 불량 등이 있다.

36 건설기계 관리법상 건설기계 조종사 면허를 받지 않고 건설기계를 조종한 자에 대한 벌칙은?

① 3년 이하 징역 또는 3천만 원 이하 벌금
② 2년 이하 징역 또는 2천만 원 이하 벌금
③ 1년 이하 징역 또는 1천만 원 이하 벌금
④ 1년 이하 징역 또는 5백만 원 이하 벌금

정답 ③

핵심 포크

1년 이하의 징역 또는 1천만 원 이하의 벌금

• 거짓이나 그 밖의 부정한 방법으로 등록을 한 경우
• 등록번호를 지워 없애거나 그 식별을 곤란하게 한 경우
• 구조 변경 검사 또는 수시검사를 받지 않은 경우
• 건설기계 조종사 면허를 받지 않고 건설기계를 조종한 경우 등

37 도로에서 공사가 이루어지고 있는 경우, 주차금지 구역은 그 공사 구역의 왕복 가장자리로부터 몇 미터 이내로 지정되는가?

① 15m

② 10m

③ 6m

④ 5m

 정답 ④

핵심 포크

「도로교통법」 제33조(주차금지의 장소)

- 터널 안 및 다리 위
- 다음 각 목의 곳으로부터 5미터 이내인 곳
  - 도로공사를 하고 있는 경우에는 그 공사 구역의 양쪽 가장자리
  - 「다중이용업소의 안전관리에 관한 특별법」에 따른 다중이용업소의 영업장이 속한 건축물로 소방본부장의 요청에 의하여 시·도 경찰청장이 지정한 곳
- 시·도 경찰청장이 도로에서의 위험을 방지하고 교통의 안전과 원활한 소통을 확보하기 위하여 필요하다고 인정하여 지정한 곳

---

38 조향 기어의 백 래시가 클 때 일어나는 현상으로 옳은 것은?

① 조향 바퀴 베어링의 마모가 일어난다.

② 조향 각도가 커진다.

③ 조향 핸들이 한쪽으로 쏠린다.

④ 핸들의 유격이 커진다.

정답 ④

조향 기어가 마모되었을 경우, 조향 기어의 백 래시가 커진다. 또한, 조향 기어의 백 래시가 클 경우, 핸들의 유격이 커진다.

---

39 다음 안전보건표지가 사용되는 곳으로 가장 적절한 것은?

① 폭발성 물질이 있는 장소

② 레이저 광선에 노출될 우려가 있는 장소

③ 물체 낙하의 위험이 있는 장소

④ 독성 물질이 있는 장소

 정답 ②

핵심 포크

안전보건표지

폭발성 물질 경고	매달린 물체 경고	급성 독성 물질 경고

---

40 스크루(Screw) 또는 머리에 틈이 있는 볼트를 박거나 뺄 때 사용하는 스크루 드라이버의 크기를 표시하는 것으로 옳은 것은?

① 생크(Shank)의 두께

② 손잡이를 포함한 전체 길이

③ 손잡이를 제외한 길이

④ 포인트(Tip)의 너비

 정답 ③

스크루 드라이버를 분류하는 기준은 날의 형태와 길이이며, 그러므로 손잡이를 제외한 날의 길이가 스크루 드라이버의 크기를 판단하는 기준이다.

제 **2** 장

CBT 기출복원문제

41 하인리히에 의한 사고 예방 원리 5단계의 순서로 올바른 것은?

① 사실 발견→조직→평가 분석→시정책 선정→시정책 적용
② 조직→평가 분석→사실 발견→시정책 선정→시정책 적용
③ 조직→사실 발견→평가 분석→시정책 선정→시정책 적용
④ 조직→사실 발견→시정책 선정→시정책 적용→평가 분석

정답 ③

핵심 포크 ⊕ ⊕

하인리히의 사고 예방 원리 5단계

- 1단계 : 조직
- 2단계 : 사실 발견
- 3단계 : 평가 분석
- 4단계 : 시정책 선정
- 5단계 : 시정책 적용

---

42 유압 전동기의 선택 시 고려해야 할 사항으로 가장 거리가 먼 것은?

① 점도
② 부하
③ 효율
④ 동력

정답 ①

유압 전동기를 선택할 시 고려해야 할 사항으로는, 부하에 대한 내구성이 좋을 것, 효율이 좋을 것, 적절한 동력을 얻을 수 있을 것이 있다.

43 건설기계 연료 탱크에서 연료 잔량 센서에 대한 다음 설명 중 옳은 것은?

① 온도가 상승하면 저항값이 감소하는 부특성 서미스터를 사용한다.
② 온도가 상승하면 저항값이 증가하는 정특성 서미스터를 사용한다.
③ 서미스터가 연료에 잠겨 있으면 저항이 상승되어 전류가 켜진다.
④ 서미스터가 노출되면 저항이 감소하여 인디케이터의 펌프는 소등된다.

정답 ①

서미스터란 저항기의 일종으로, 온도에 따라 물질의 저항이 변화하는 성질을 이용한 전기적 장치이다. 서미스터는 크게 두 종류로 구분할 수 있는데, 온도가 증가함에 따라 저항이 증가하는 것을 정특성 서미스터, 온도가 증가함에 따라 저항이 감소하는 것을 부특성 서미스터라고 한다. 부특성 서미스터는 연료 잔량 경고등 센서, 냉각수 온도 센서, 배기 온도 센서 등에 사용한다.

---

44 일정 온도의 윤활유에 흡수되는 가스의 체적이 반비례하게 하는 것은?

① 가스의 체적
② 가스의 압력
③ 가스의 온도
④ 가스의 비열

정답 ②

보일의 법칙에 따라, 이상 기체의 체적은 온도가 일정할 때에는 압력에 반비례한다.

45 다음 중 지게차의 체인 장력을 조정하는 방법으로 옳지 않은 것은?

① 손으로 체인을 눌러보고 양쪽이 다르면 조정 너트로 조정한다.
② 포크를 지상에서 10~15cm 올린 후 조정한다.
③ 좌우 체인이 동시에 평행한가를 확인한다.
④ 체인 장력을 조정한 후 로크 너트를 고정시키지 않는다.

 ④

> **핵심 포크**
>
> **지게차의 체인 장력 조정**
>
> • 좌우 체인이 동시에 평행한지 확인한다.
> • 포크를 지면으로부터 10~15cm 올린 후 조정한다.
> • 손으로 체인을 눌러보고 양쪽이 다르면 조정 너트로 조정한다.
> • 체인 장력을 조정한 뒤에 로크 너트를 고정시켜야 한다.

46 해머 작업 시 지켜야 할 안전수칙으로 옳지 않은 것은?

① 열처리된 부분은 강도가 높아 강한 힘으로 때려야 한다.
② 공동으로 해머 작업을 할 시 호흡을 맞춰야 한다.
③ 작업 전에 자루 부분을 확인해야 한다.
④ 장갑을 끼고 해머 작업을 해서는 안 된다.

 ①

해머 작업 시 열처리된 재료는 해머로 작업해서는 안 된다.

47 동력 기계장치의 표준 방호덮개를 설치하는 목적에 해당하지 않는 것은?

① 주유 및 경사의 편리성
② 방음이나 집진
③ 가공물이나 공구 등에 의한 낙하 위험 방지
④ 동력 전달장치와 신체의 접촉 방지

 ①

> **핵심 포크**
>
> **방호덮개의 설치 목적**
>
> • 방음, 집진 등
> • 가공물이나 공구 등에 의한 낙하 위험 방지
> • 동력 전달 장치와 신체의 접촉 방지

48 유압장치에서 고압 소용량, 저압 대용량 펌프를 조합 운전할 때, 작동 압력이 규정 이상으로 상승 시 동력 절감을 위해 사용하는 밸브인 것은?

① 릴리프 밸브
② 무부하 밸브
③ 감압 밸브
④ 시퀀스 밸브

 ②

무부하 밸브란, 유압 회로 내의 압력이 설정값에 도달할 때 펌프의 유량을 탱크로 방출하여 펌프에 부하가 걸리지 않게 하는 방법으로 동력을 절약하는 밸브이다.

49 다음 중 최고 속도의 100분의 50을 줄인 속도로 운행하여야 하는 경우가 아닌 것은?

① 폭우 · 폭설 · 안개 등으로 가시거리가 100미터 이내인 경우
② 노면이 얼어붙은 경우
③ 비가 내려 노면이 젖은 경우
④ 눈이 20mm 이상 쌓인 경우

정답 ③

「도로교통법 시행규칙」 제19조에 따르면, 최고 속도의 절반을 감속하여 운행하여야 하는 경우에는, 폭우 · 폭설 · 안개 등으로 가시거리가 100미터 이내인 경우, 노면이 얼어붙은 경우, 눈이 20mm 이상 쌓인 경우가 있다. 비가 내려 노면이 젖은 경우는 최고 속도의 100분의 20을 줄인 속도로 운행하여야 하는 경우에 해당한다.

50 유압 실린더의 피스톤 행정이 끝날 때에 발생하는 충격을 흡수하기 위한 목적으로 설치하는 장치인 것은?

① 실(Seal)
② 스로틀 밸브
③ 쿠션 기구
④ 압력 보상 장치

정답 ③

쿠션 기구란, 유압 실린더의 피스톤 행정이 끝날 시 발생하는 충격을 흡수하기 위한 장치로, 실린더의 수명을 연장하며 유압장치의 배관이나 기기 등의 손상을 방지하는 역할도 한다.

51 다음 중 유압 펌프에서 펌프양이 적거나 유압이 낮은 원인에 해당하지 않는 것은?

① 펌프 흡입라인(스트레이너)이 막혀서
② 오일 탱크에 오일이 너무 많아서
③ 기어 옆 부분과 펌프 내벽 사이의 간격이 커서
④ 기어와 펌프 내벽 사이의 간격이 커서

정답 ②

오일 탱크의 오일이 너무 많은 경우 오일의 넘침이 발생하거나 오일 압력이 과도하게 높아진다. 펌프양이 적거나 유압이 낮을 때의 또 다른 원인에는 펌프의 회전 방향이 반대인 경우, 탱크의 유면이 너무 낮은 경우가 있다.

52 다음 중 축전지 터미널의 식별 방법으로 옳지 않은 것은?

① 색깔로 분별
② 부호(+, −)로 분별
③ 굵기로 분별
④ 요철로 분별

정답 ④

┌─────────────────────────────┐
⊕ **핵심 포크** ⊕

축전지 단자의 식별 방법

• 양극은 빨간색, 음극은 검은색의 색깔로 식별
• 양극은 (+), 음극은 (−)의 부호로 식별
• 양극은 지름이 굵고, 음극은 가는 것으로 식별
• 양극은 POS, 음극은 NEG의 문자로 식별
• 부식물이 많은 쪽이 양극인 것으로 식별
└─────────────────────────────┘

53 연소 조건에 대한 다음 설명 중 옳지 않은 것은?

① 산소와의 접촉면이 클수록 타기가 쉽다.
② 발열량이 적은 물질일수록 타기가 쉽다.
③ 열전도율이 적은 물질일수록 타기가 쉽다.
④ 산화되기 쉬운 물질일수록 타기가 쉽다.

정답 ②

물질이 쉽게 연소하기 위해선 적당한 발열량을 갖추고 있어야 한다. 그러므로 발열량이 적은 물질일수록 타기가 쉬운 것이 아니라, 발열량이 큰 물질일수록 타기가 쉽다.

54 다음 중 산업안전보건법상 산업재해의 정의로 옳은 것은?

① 작업자가 작업이나 기타 업무로 인하여 사망 또는 부상하거나 질병에 걸리는 것을 말한다.
② 일상생활 도중 발생하는 사고로, 인적 피해뿐 아니라, 물적 손해도 포함한다.
③ 고의에 의해 물적 시설을 파손한 경우도 산업재해에 포함된다.
④ 운전 중 운전자의 부주의로 교통사고가 발생한 것을 말한다.

정답 ①

핵심 포크

산업재해

노무를 제공하는 사람이 업무에 관계되는 건설물·설비·원재료·가스·증기·분진 등에 의하거나 작업 또는 그 밖의 업무로 인하여 사망 또는 부상하거나 질병에 걸리는 것

55 산업재해 방지 대책을 수립하기 위해 위험 요인을 확인하는 방법으로 가장 적절한 것은?

① 안전 대책 회의
② 재해에 대한 사후 조치
③ 안전점검
④ 경영층의 참여와 안전조직의 진단

정답 ③

작업장의 위험 요인을 확인하는 가장 좋은 방법은, 실제 작업 현장에서 안전점검을 하는 것이 가장 적절하다.

56 감전사고 발생 시 취해야 할 행동 조치로 옳지 않은 것은?

① 피해자 구출 후에 부상 정도가 심한 경우, 응급조치를 한 뒤에 작업을 직접 마무리하도록 보조한다.
② 미처 전원을 끄지 못했을 경우, 고무장갑이나 고무장화를 착용한 뒤에 피해자를 구출하도록 한다.
③ 사고가 일어난 설비의 전기 공급원 스위치를 내린다.
④ 피해자가 지닌 금속체가 전선 등에 접촉되었는지 확인한다.

정답 ①

감전사고가 일어나 사고 피해자가 의식불명인 채로 발견되었을 경우, 발견한 사람이 인공호흡 등의 응급조치를 한 뒤 사고 피해자가 의식을 되찾으면 즉시 병원으로 보내야 한다.

57 작업장에서 별다른 예고 없이 전기가 갑자기 정전되었을 경우, 전기로 작동하는 기계 및 기구에 대한 조치로 옳지 않은 것은?

① 퓨즈의 단선이 있는지 확인한다.
② 정전된 즉시 스위치를 끄도록 한다.
③ 안전을 위해 작업장을 정리정돈 한다.
④ 전기가 들어오는지 확인하기 위해 스위치를 켜둔다.

 ④

작업장의 정전 시 혹은 점검 시에는 감전사고의 위험 때문에 반드시 전원 스위치를 내려야 한다.

58 지게차의 리프트 실린더 작동 회로에서 플로 레귤레이터(슬로우 리턴) 밸브를 사용하는 주된 목적은?

① 리프트 실린더 회로에서 포크 상승 중 중간 정지 시 내부 누유를 방지한다.
② 포크의 정상 하강 시 천천히 내려올 수 있도록 작용한다.
③ 컨트롤 밸브와 리프트 실린더 사이에서 배관 파손 시 적재물 급강하를 방지한다.
④ 적재된 화물을 하강할 때 신속하게 내려올 수 있도록 한다.

 ②

플로 레귤레이터(슬로우 리턴) 밸브는 지게차의 리프트 실린더 작동 회로에 사용하며, 포크를 천천히 하강하도록 작용한다. 컨트롤 밸브와 리프트 실린더 사이에서 배관 파손 시 적재물 급강하를 방지하는 것은 플로 프로텍터(벨로시티 퓨즈)이다.

59 다음 중 무거운 물건을 인력 운반할 때의 유의사항으로 옳지 않은 것은?

① 2명 이상이 작업할 시에는 힘의 균형을 유지한다.
② 기름이 묻은 장갑을 껴 물건이 녹스는 것을 방지한다.
③ 지렛대를 이용하여 운반한다.
④ 무리한 경우엔 기계를 이용하여 운반한다.

 ②

무거운 물건을 운반할 시에는 코팅이 잘 되어 마찰력이 높은 장갑을 착용해야 미끄러짐 없이 운반할 수 있다. 기름이 묻은 장갑을 낀 채 운반할 시 미끄러짐으로 인한 사고 위험이 있다.

60 여과기를 설치 위치에 따라 분류할 때, 다음 중 관로용 여과기에 해당하지 않는 것은?

① 리턴 여과기
② 라인 여과기
③ 흡입 여과기
④ 압력 여과기

 ③

⊕ **핵심 포크** ⊕

유압장치의 여과기

• 탱크용 : 스트레이너, 흡입 여과기
• 관로용 : 리턴 여과기, 라인 여과기, 압력 여과기

CBT 기출복원문제   제2회

01 타이어식 장비에서 핸들의 유격이 클 경우의 원인이 아닌 것은?

① 아이들 암 부싱의 마모
② 타이로드 볼 조인트의 마모
③ 스티어 링 기어 박스의 장착 부위 풀림
④ 스태빌라이저의 마모

 정답 ④

타이어식 장비에서 핸들의 유격이 클 때의 원인으로는, 아이들 암 부싱의 마모, 타이로드 볼 조인트의 마모, 스티어 링 기어 박스의 장착 부위 풀림 등이 있다. 스태빌라이저는 엔진 룸에 장착하여 차체의 롤링을 방지하는 장치이므로, 핸들의 유격과는 관련이 없다.

02 유압 펌프에서 발생한 유압을 저장하고 맥동을 제거하는 장치는?

① 릴리프 밸브
② 어큐뮬레이터
③ 스트레이너
④ 언로딩 밸브

 정답 ②

어큐뮬레이터란, 유압 에너지를 가압 상태로 저장하여 유압을 보상해주는 장치이며, 축압기라고도 부른다.

03 다음 중 연소의 3요소가 아닌 것은?

① 점화원   ② 이산화탄소
③ 가연성 물질   ④ 산소

 정답 ②

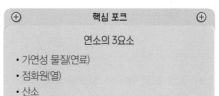

핵심 포크

연소의 3요소

• 가연성 물질(연료)
• 점화원(열)
• 산소

04 다음 중 내연엔진의 구비 조건으로 옳지 않은 것은?

① 열효율이 높을 것
② 저속에서 회전력이 클 것
③ 단위 중량당 출력이 적을 것
④ 점검 및 정비가 쉬울 것

 정답 ③

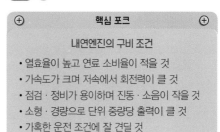

핵심 포크

내연엔진의 구비 조건

• 열효율이 높고 연료 소비율이 적을 것
• 가속도가 크며 저속에서 회전력이 클 것
• 점검 · 정비가 용이하며 진동 · 소음이 작을 것
• 소형 · 경량으로 단위 중량당 출력이 클 것
• 가혹한 운전 조건에 잘 견딜 것

제 **2** 장

CBT 기출복원문제

05 실린더의 내경이 피스톤 행정보다 작은 엔진으로 옳은 것은?

① 장행정 엔진
② 단행정 엔진
③ 정방행정 엔진
④ 스퀘어 엔진

피스톤의 직경이 커지면 피스톤의 왕복 운동 거리가 짧아져 단행정 엔진이고, 피스톤의 직경이 작아지면 피스톤의 왕복 운동 거리가 길어져 장행정 엔진이다.

06 유압 회로 내부의 밸브를 닫았을 때 오일의 속도 에너지가 압력 에너지로 변하여 일시적으로 급격한 압력 증가가 생기는 현상으로 옳은 것은?

① 에어레이션(Aeration)
② 채터링(Chattering)
③ 서지(Surge)
④ 캐비테이션(Cavitation)

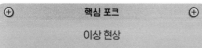

핵심 포크

이상 현상

- 서지(Surge) : 단계별로 발생하는 이상 압력(서지 압력)의 최댓값이 나타나는 현상
- 에어레이션(Aeration) : 공기가 작은 기포의 형태로 오일 내부에 존재하는 것
- 채터링(Chattering) : 밸브 사이에 흐르는 유체에 의해 밸브에 진동이 일어나는 현상
- 캐비테이션(Cavitation) : 유압이 진공에 가까워져 기포가 생기며 찌그러져 고음과 소음이 발생하는 현상

07 건설기계 관리법령상 등록번호표를 부착하지 않았거나 봉인하지 않은 건설기계를 운행하였을 때 부과되는 과태료는?

① 300만 원
② 100만 원
③ 50만 원
④ 10만 원

건설기계 관리법령상 등록번호표를 부착하지 않았거나 봉인하지 않은 건설기계를 운행한 경우 100만 원의 과태료가 부과된다.

08 가스 용기가 발생기와 분리되어 있는 아세틸렌 용접장치의 안전기 설치 위치로 옳은 것은?

① 가스 용접기
② 발생기
③ 가스 용기와 용접 토치 사이
④ 가스 용기와 발생기 사이

핵심 포크

안전기의 설치
(「산업안전보건기준에 관한 규칙」 제289조)

- 사업주는 아세틸렌 용접장치의 취관마다 안전기를 설치해야 한다. 다만, 주관 및 취관에 가장 가까운 분기관마다 안전기를 부착한 경우에는 그렇지 않다.
- 사업주는 가스 용기가 분리되어 있는 아세틸렌 용접장치에 대하여 발생기와 가스 용기 사이에 안전기를 설치하여야 한다.

09 유압 회로에서 유량 제어를 통하여 작업 속도를 조절하는 방식에 해당하지 않는 것은?

① 블리드 온(Bleed – On)
② 블리드 오프(Bleed – Off)
③ 미터 인(Meter – In)
④ 미터 아웃(Meter – Out)

 정답 ①

> **핵심 포크**
>
> **속도 제어 회로**
>
> • 블리드 오프(Bleed – Off) 회로 : 공급 쪽 관로에 바이패스 관로를 설치하여 바이패스로의 흐름을 제어함으로써 속도를 제어하는 회로
> • 미터 인(Meter – In) 회로 : 실린더의 속도를 펌프 송출량에 무관하도록 설정하는 회로
> • 미터 아웃(Meter – Out) 회로 : 실린더 출구의 유량을 제어하여 피스톤의 속도를 제어하는 회로

10 유압 펌프 내에서의 내부 누설은 무엇에 반비례하여 증가하는가?

① 작동유의 온도
② 작동유의 압력
③ 작동유의 점도
④ 작동유의 오염

 정답 ③

오일의 누설은 압력에 비례하고 점도에 반비례한다.

11 건설기계 관리법 시행령상 등록의 경정을 해야 하는 때는 언제인가?

① 등록을 행한 후에 사용 본거지가 변동되었을 때
② 등록을 행한 후에 소재지가 변동되었을 때
③ 등록을 행한 후에 그 등록에 관하여 착오 또는 누락이 있음을 발견한 때
④ 등록을 행한 후에 소유권이 이전되었을 때

 정답 ③

> **핵심 포크**
>
> **등록의 경정**
> (「건설기계 관리법 시행령」 제8조)
>
> 시 · 도지사는 등록을 행한 후에 그 등록에 관하여 착오 또는 누락이 있음을 발견한 때에는 부기로써 경정 등록을 하고, 그 뜻을 지체 없이 등록명의인 및 그 건설기계의 검사대행자에게 통보하여야 한다.

12 타이어식 건설기계의 앞바퀴 정렬에서 토인의 필요성으로 옳지 않은 것은?

① 바퀴가 옆 방향으로 미끄러지는 것을 방지한다.
② 조향 바퀴의 방향성을 부여한다.
③ 조향 바퀴를 평행하게 회전시킨다.
④ 타이어의 이상 마멸을 방지한다.

 정답 ②

앞바퀴 정렬에서 토인은 조향 바퀴의 직진성을 좋게 한다.

제**2**장

CBT 기출복원문제

13 도로교통법상 교통안전표지의 종류를 나열한 것으로 옳은 것은?

① 주의, 규제, 안내, 보조, 통행
② 주의, 규제, 지시, 안내, 보조
③ 주의, 규제, 지시, 안내, 교통
④ 주의, 규제, 지시, 보조, 노면

 ④

교통안전표지에는 주의, 규제, 지시, 보조, 노면표지가 있다.

14 다음 교통안전표지가 나타내는 것은?

① 차간거리 최고 50m
② 차간거리 최저 50m
③ 최저 속도 제한
④ 최고 속도 제한

 ④

핵심 포크	
교통안전표지	
차간거리 확보	최저 속도 제한

15 엔진에서 피스톤의 행정으로 옳은 것은?

① 상사점과 하사점 사이의 총 면적
② 상사점과 하사점 사이의 거리
③ 피스톤의 길이
④ 실린더 벽의 길이

 ②

피스톤의 행정이란, 피스톤이 하사점에서 상사점까지 상승한 거리 혹은, 상사점에서 하사점까지 하강한 거리를 말한다.

16 지게차로 화물을 적재한 채로 경사지에서 주행 시 안전한 운전방법은?

① 내려갈 때에는 저속으로 후진한다.
② 내려갈 때에는 시동을 끈다.
③ 포크를 높이 들어 올리며 주행한다.
④ 내려갈 때에는 변속 레버를 중립으로 한다.

 ①

핵심 포크

지게차 운행 시 유의사항

- 시동 후 5분 정도 지난 후에 운행한다.
- 큰 화물로 인해 전면 시야 확보가 어려울 때에는 후진으로 운행한다.
- 화물을 적재한 채 경사지를 내려갈 때에는 후진으로 운행한다.
- 이동 시 포크는 지면으로부터 20~30cm 정도 들어 올린다.
- 경사지를 오르거나 내려올 시 급회전을 하지 않는다.

17 건설기계 안전기준에 관한 규칙상 건설기계의 높이에 대한 정의로 옳은 것은?

① 좌우 양쪽 끝이 만드는 두 개의 종단 방향의 수직 평면 사이의 최단거리

② 앞뒤 양쪽 끝이 만드는 두 개의 횡단 방향의 수직 평면 사이의 최단거리

③ 가장 위쪽 끝이 만드는 수평면으로부터 지면까지의 최단거리

④ 앞 차축과 뒤 차축 각각의 중심을 지나는 두 개의 횡단 방향 수직면 사이의 최단거리

 ③

> **핵심 포크**
>
> **건설기계 용어의 정의**
> (「건설기계 안전기준에 관한 규칙」 제2조)
>
> • 높이 : 작업장치를 부착한 자체 중량 상태의 건설기계의 가장 위쪽 끝이 만드는 수평면으로부터 지면까지의 최단거리
> • 너비 : 작업장치를 부착한 자체중량 상태의 건설기계의 좌우 양쪽 끝이 만드는 두 개의 종단방향의 수직평면 사이의 최단거리
> • 길이 : 작업장치를 부착한 자체중량 상태인 건설기계의 앞뒤 양쪽 끝이 만드는 두 개의 횡단방향의 수직평면 사이의 최단거리

18 기동 전동기의 전기자 코일을 시험하는 데에 사용하는 시험기로 옳은 것은?

① 저항 시험기

② 전압계 시험기

③ 전류계 시험기

④ 그롤러 시험기

 ④

기동 전동기의 전기자 코일의 시험은 그롤러 시험기로 한다.

19 유압유의 점도가 과도하게 높을 때 나타나는 현상이 아닌 것은?

① 오일의 누설이 증가한다.

② 압력이 상승한다.

③ 압력 손실이 증가한다.

④ 효율이 저하된다.

 ①

오일의 점도가 높은 경우, 오일의 누설은 오히려 감소하게 된다.

> **핵심 포크**
>
> **점도와 점도 지수**
>
> • 점도 : 오일의 점성 척도를 말하며 점도가 높을수록 유동성이 저하되고, 점도가 낮을수록 유동성이 좋아진다.
> • 점도 지수 : 온도 변화에 따른 점도의 값을 말하며, 점도 지수가 클수록 오일의 점도 변화는 작고, 점도 지수가 작을수록 오일의 점도 변화는 크다.

20 소화 설비 선택 시 고려해야 할 사항으로 옳지 않은 것은?

① 화재의 성질

② 작업자의 성격

③ 작업장 환경

④ 작업의 성질

 ②

작업자의 성격은 소화 설비 선택과 무관하다.

21 유압장치에서 먼지나 불순물을 제거하기 위해 사용하는 부품으로 짝지은 것은?

① 스크레이퍼, 필터

② 필터, 어큐뮬레이터

③ 어큐뮬레이터, 스트레이너

④ 필터, 스트레이너

정답

유압장치에서 먼지나 불순물을 제거하는 장치는 필터와 스트레이너이다.

23 다음 중 체크 밸브를 나타내는 것은?

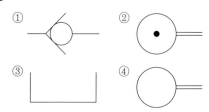

정답 ①

체크 밸브란, 방향 제어 밸브 중 하나로, 유체를 한쪽 방향으로만 흐르게 하는 역류 방지 밸브를 말한다.

22 건설기계 엔진에 사용하는 축전지의 역할 중 가장 중요한 것은?

① 엔진 시동 시 시동장치에 전원을 공급한다.

② 주행 중 발생하는 전기 부하를 담당한다.

③ 주행 중 등화장치에 전류를 공급한다.

④ 주행 중 점화장치에 전류를 공급한다.

정답 ①

⊕ **핵심 포크** ⊕

축전지

- 엔진 시동 시 시동장치에 전원 공급
- 화학 에너지를 전기 에너지로 변환
- 전압은 셀의 수와 셀 1개당 전압에 의해 결정
- 발전기의 출력 및 부하의 불균형 조정
- 발전기가 고장일 때 일시적인 전원 공급

24 유압식 밸브 리프터의 장점에 해당하지 않는 것은?

① 내구성이 좋다.

② 자동으로 밸브의 간극이 조절된다.

③ 간단한 구조로 되어 있다.

④ 밸브의 개폐 시기가 정확하다.

정답 ③

⊕ **핵심 포크** ⊕

유압식 밸브 리프터

- 내구성이 좋다.
- 온도 변화에 관계없이 밸브 간극이 항상 0이 되도록 자동으로 조절한다.
- 밸브 개폐 시기가 정확하며, 밸브 간극의 점검과 조정이 필요 없다.
- 구조가 복잡하다는 단점이 있다.

25 AC 발전기에서 전류가 발생하는 곳은?

① 계자 코일
② 스테이터
③ 레귤레이터
④ 로터

 정답 ②

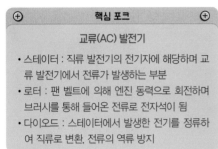

핵심 포크

교류(AC) 발전기

• 스테이터 : 직류 발전기의 전기자에 해당하며 교
류 발전기에서 전류가 발생하는 부분
• 로터 : 팬 벨트에 의해 엔진 동력으로 회전하며
브러시를 통해 들어온 전류로 전자석이 됨
• 다이오드 : 스테이터에서 발생한 전기를 정류하
여 직류로 변환, 전류의 역류 방지

26 축전지의 용량을 결정하는 요인이 아닌 것은?

① 전해액의 양
② 셀당 극판 수
③ 극판의 크기
④ 단자의 크기

 정답 ④

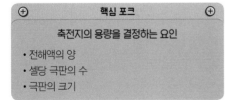

핵심 포크

축전지의 용량을 결정하는 요인

• 전해액의 양
• 셀당 극판의 수
• 극판의 크기

27 다음 중 엔진 오일의 작용으로 옳지 않은 것은?

① 응력 분산 작용
② 밀봉 작용
③ 오일 제거 작용
④ 충격 흡수 작용

 정답 ③

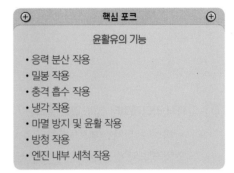

핵심 포크

윤활유의 기능

• 응력 분산 작용
• 밀봉 작용
• 충격 흡수 작용
• 냉각 작용
• 마멸 방지 및 윤활 작용
• 방청 작용
• 엔진 내부 세척 작용

28 시·도지사로부터 등록번호표지 제작 통지 등에 관한 통지서를 받은 건설기계 소유자 등록번호표 제작자에게 제작 신청을 해야 하는 날은 통지서를 받은 날로부터 며칠 이내인가?

① 3일
② 9일
③ 15일
④ 30일

 정답 ①

건설기계 소유자는 등록번호표지 제작 통지서 등을 받은 날로부터 3일 이내에 등록번호표 제작 등을 신청해야 한다.

제 **2** 장

CBT 기출복원문제

29 지게차의 틸트 실린더가 하는 역할은?

① 마스트의 전후 경사각 유지

② 차체의 좌·우회전

③ 포크의 상하 이동

④ 차체의 수평 유지

 ①

틸트 실린더는 틸트 레버에 의해 작동되어 마스트의 전후 경사각을 변동시킨다.

30 압력식 라디에이터 캡에 있는 밸브는?

① 압력 밸브와 메인 밸브

② 압력 밸브와 진공 밸브

③ 입구 밸브와 출구 밸브

④ 입력 밸브와 진공 밸브

 ②

압력식 라디에이터 캡에는 압력 밸브와 진공 밸브가 설치되어 있다.

> ⊕ **핵심 포크** ⊕
>
> **라디에이터 캡**
> • 압력 밸브는 냉각장치 내부의 압력을 일정하게 유지하여 물의 비등점을 높여 물의 과열을 방지하는 역할을 한다.
> • 진공 밸브는 과랭 시 라디에이터 내부의 진공으로 인한 코어의 손상을 방지해주는 역할을 한다. 냉각장치 내부 압력이 규정보다 높을 때에는 공기 밸브가 열리고, 규정보다 낮아지면 진공 밸브가 열린다.

31 4행정 사이클 엔진의 윤활 방식 중 피스톤과 피스톤 핀까지 윤활유를 압송하여 윤활하는 방식은?

① 전 비산식

② 압송 비산식

③ 전 압력식

④ 전 압송식

 ④

오일펌프에 의해 강제적으로 윤활부에 압송하는 방식을 전 압송식이라고 한다.

32 벨트에 대한 유의사항으로 옳지 않은 것은?

① 벨트가 감겨 돌아가는 부분에는 커버나 덮개를 설치하도록 한다.

② 벨트의 이음쇠는 돌기가 없는 구조로 되어 있어야 한다.

③ 지면으로부터 2m 이내에 있는 벨트는 덮개를 설치하지 않는다.

④ 벨트를 걸거나 벗길 때에는 반드시 기계를 정지한 채로 해야 한다.

 ③

지면으로부터 2m 이내는 작업자의 행동반경에 해당하므로 작동 전에 벨트의 커버나 덮개를 반드시 설치한 다음 제거하지 말아야 한다.

33 다음 중 도로교통법을 위반한 경우는?

① 낮에 어두운 터널 속을 통과할 때 전조등을 점등했다.

② 교차로 가장자리 10m 지점에 주차했다.

③ 노면이 얼어붙은 곳에서 최고 속도의 100분의 20을 줄인 속도로 운행하였다.

④ 밤에 교통이 빈번한 도로에서 전조등을 계속 하향하였다.

 ③

노면이 얼어붙은 곳에서는 최고 속도의 100분의 50을 줄인 속도로 운행하여야 한다.

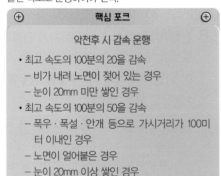

핵심 포크

악천후 시 감속 운행

• 최고 속도의 100분의 20을 감속
 – 비가 내려 노면이 젖어 있는 경우
 – 눈이 20mm 미만 쌓인 경우
• 최고 속도의 100분의 50을 감속
 – 폭우 · 폭설 · 안개 등으로 가시거리가 100미터 이내인 경우
 – 노면이 얼어붙은 경우
 – 눈이 20mm 이상 쌓인 경우

34 가스 용접 시 사용하는 산소용 호스의 색깔은?

① 청색

② 황색

③ 적색

④ 녹색

 ④

가스 용접 시 사용하는 산소용 용기와 호스의 색깔은 녹색이다.

35 유압 모터의 특징에 대한 다음 설명 중 옳지 않은 것은?

① 관성력이 크다.

② 소형 경량으로 큰 출력을 낼 수 있다.

③ 속도나 방향 제어에 용이하다.

④ 무단변속이 용이하다.

 ①

핵심 포크

유압 모터의 장점

• 관성력이 적어 급속 정지가 쉬움
• 소형 · 경량으로 큰 출력을 낼 수 있음
• 속도나 방향 제어에 용이함
• 무단변속이 용이함
• 작동이 신속 · 정확함
• 변속, 역전의 제어도 용이함

36 다음 중 수공구 사용 방법을 옳지 않은 것은?

① 정확한 힘으로 조여야 할 때는 토크 렌치를 사용한다.

② KS 품질 규격에 맞는 것을 사용한다.

③ 적절한 것이 없다면 유사한 것을 사용하여도 된다.

④ 무리한 공구 취급을 하지 않는다.

 ③

작업 시에는 적절한 공구를 사용해야 작업 능률도 오르며, 안전하다.

제**2**장

CBT 기출복원문제

37 추락 위험이 있는 장소에서 작업 시 지켜야 할 안전사항으로 가장 적절한 것은?

① 일반 공구를 사용한다.
② 안전띠나 로프를 사용한다.
③ 고정식 사다리를 사용한다.
④ 이동식 사다리를 사용한다.

 ②

추락 위험이 있는 작업장에서는 추락 위험을 막기 위해 안전띠나 로프를 반드시 사용한다.

38 편도 4차로 일반도로에서 4차로가 버스 전용 차로일 때, 건설기계가 통행해야 할 차로는?

① 3차로
② 2차로
③ 1차로
④ 한적한 차로

 ①

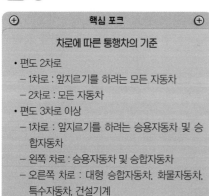

핵심 포크

차로에 따른 통행차의 기준

• 편도 2차로
– 1차로 : 앞지르기를 하려는 모든 자동차
– 2차로 : 모든 자동차
• 편도 3차로 이상
– 1차로 : 앞지르기를 하려는 승용자동차 및 승합자동차
– 왼쪽 차로 : 승용자동차 및 승합자동차
– 오른쪽 차로 : 대형 승합자동차, 화물자동차, 특수자동차, 건설기계

39 디젤 엔진의 연료장치 구성품이 아닌 것은?

① 연료 필터
② 연료 공급 펌프
③ 예열 플러그
④ 분사 노즐

 ③

연료장치의 구성품에는, 연료 분사 펌프, 연료 필터, 연료 탱크, 분사 노즐, 연료 공급 펌프 등이 있다.

40 건설기계 소유자 또는 점유자가 건설기계를 도로에 계속하여 방치하거나 정당한 사유 없이 타인의 토지에 버려두었을 경우에 대한 처분으로 옳은 것은?

① 1년 이하의 징역 또는 5백만 원 이하의 벌금
② 1년 이하의 징역 또는 1천만 원 이하의 벌금
③ 2년 이하의 징역 또는 1천만 원 이하의 벌금
④ 2년 이하의 징역 또는 2천만 원 이하의 벌금

 ②

건설기계를 도로에 계속하여 버려두거나 정당한 사유 없이 타인의 토지에 버려두었을 경우 1년 이하의 징역 또는 1천만 원 이하의 벌금이 부과된다.

41 라디에이터 캡의 스프링이 손상되었을 경우 발생하는 현상은?

① 냉각수의 순환이 불량해진다.
② 냉각수의 순환이 빨라진다.
③ 냉각수의 비등점이 높아진다.
④ 냉각수의 비등점이 낮아진다.

 정답 ④

핵심 포크

라디에이터 캡의 손상
• 압력식 라디에이터 캡 스프링의 손상 : 압력 밸브의 밀착 불량으로 냉각수의 비등점이 낮아진다.
• 실린더 헤드 균열 혹은 개스킷 손상 : 압축가스가 누출되어 라디에이터 캡 쪽으로 기포가 생기면서 연소 가스가 누출된다.

42 다음 중 중량물 운반 시 유의사항으로 옳지 않은 것은?

① 무거운 물건을 상승시킨 채 오랫동안 방치하지 않도록 한다.
② 화물을 운반할 경우 운전 반경 내를 확인한다.
③ 크레인은 규정 용량을 초과하지 않는다.
④ 화물이 흔들릴 경우 사람이 승차하여 붙잡도록 한다.

정답 ④

중량물 운반 작업 시 사람이 절대 화물을 붙잡지 않도록 해야 한다.

43 다음 중 유압장치에 사용하는 펌프가 아닌 것은?

① 원심 펌프
② 플런저 펌프
③ 베인 펌프
④ 기어 펌프

 정답 ①

핵심 포크

유압 펌프
• 유압 펌프의 구분 : 펌프의 1회전당 유압유의 이송량을 변동할 수 없는 정용량형 펌프, 변동할 수 있는 가변용량형 펌프로 구분한다.
• 유압 펌프의 종류
  – 플런저 펌프
  – 베인 펌프
  – 기어 펌프
  – 피스톤 펌프

44 건설기계 관리법령상 건설기계의 주요 구조 변경 및 개조의 범위에 해당하지 않는 것은?

① 원동기의 형식 변경
② 동력 전달장치의 형식 변경
③ 기종 변경
④ 유압장치의 형식 변경

정답 ③

건설기계 관리법령상 구조 변경을 할 수 없는 경우에는, 건설기계의 기종 변경, 육상 작업용 건설기계 규격의 증가 혹은 적재함의 용량 증가를 위한 구조 변경이 있다.

45 다음 중 클러치의 필요성으로 옳지 않은 것은?

① 기어 변속 시 엔진의 동력을 차단하기 위해
② 전진 및 후진을 하기 위해
③ 관성 운동을 하기 위해
④ 엔진 시동 시 엔진을 무부하 상태로 하기 위해

 정답 ②

클러치는 기어 변속을 위해, 관성 주행을 위해, 엔진 시동 시 무부하 상태로 하기 위해 필요한 장치이다.

46 화재 소화 방식의 종류 중 주된 작용이 질식 소화에 해당하는 것은?

① 소방 호스를 이용한 소화
② 가연물 제거를 통한 소화
③ 강화액 소화기를 이용한 소화
④ 이산화탄소 소화기를 이용한 소화

 정답 ④

질식소화란 물리적 소화방법에 하나로, 산소공급원을 차단하여 소화하는 방법이다. 그러므로 이산화탄소를 통해 산소 농도를 줄이는 것도 질식소화의 방법이라고 할 수 있다. 물을 이용한 소화는 냉각 소화, 가연물 제거를 통한 소화는 제거에 의한 소화, 강화액 소화기 등을 통한 소화는 화학적 소화에 해당한다.

47 산업안전보건법령상 안전보건표지에서 다음 중 색채와 용도를 다르게 짝지은 것은?

① 빨간색 – 금지, 경고
② 노란색 – 위험
③ 녹색 – 안내
④ 파란색 – 지시

 정답 ②

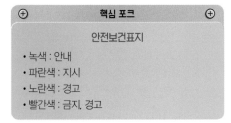

핵심 포크

안전보건표지

• 녹색 : 안내
• 파란색 : 지시
• 노란색 : 경고
• 빨간색 : 금지, 경고

48 플라이휠과 압력판 사이에 설치되어 변속기 압력축을 통해 변속기에 동력을 전달하는 장치는?

① 클러치판
② 릴리스 포크
③ 릴리스 레버
④ 클러치 스프링

 정답 ①

클러치판은 압력판과 플라이휠 사이에서 엔진의 동력을 마찰력에 의해 변속기에 전달하는 역할을 한다. 압력판은 클러치 스프링의 장력으로 클러치판을 밀어서 플라이휠에 압착시키는 역할을 한다.

49 검사 유효기간 만료 후에 건설기계를 계속 운행하고자 할 때 받아야 하는 검사는?

① 수시검사
② 계속검사
③ 정기검사
④ 신규 등록 검사

  정답 ③

검사 유효기간이 만료된 후에 건설기계를 계속 운행하려면 정기검사를 받아야 한다.

50 디젤 엔진의 전기장치에 없는 것은?

① 계자 코일
② 정류자
③ 스파크 플러그
④ 솔레노이드 스위치

 정답 ③

디젤 엔진은 압축 착화 방식이므로 가솔린 엔진과는 달리 점화장치가 없다.

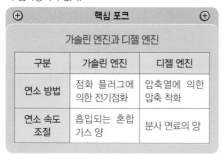

구분	가솔린 엔진	디젤 엔진
연소 방법	점화 플러그에 의한 전기점화	압축열에 의한 압축 착화
연소 속도 조절	흡입되는 혼합 가스 양	분사 연료의 양

51 유압으로 작동되는 작업장치에서 작업 중 힘이 떨어졌을 때 점검해야 할 밸브로 가장 적절한 것은?

① 카운터 밸런스 밸브
② 메인 릴리프 밸브
③ 유압 제어 밸브
④ 압력 제어 밸브

  정답 ②

릴리프 밸브는 펌프의 토출구 쪽에 위치하여 회로 전체의 압력을 제어하는 밸브이다. 유압 회로의 최고 압력을 제한하면서 유압을 설정 압력으로 일정하게 유지시킨다.

52 수공구 사용 시 유의사항으로 옳지 않은 것은?

① 수공구의 사용법을 숙지한 뒤 사용한다.
② 공구를 사용하고 나면 정해진 장소에 관리 및 보관한다.
③ 무리한 공구 취급을 해서는 안 된다.
④ 볼트를 풀 때는 토크 렌치를 사용한다.

 정답 ④

토크 렌치는 볼트 등을 조일 때 그 조이는 힘을 측정하기 위하여 사용하는 렌치로, 볼트나 너트 조임력을 규정 값에 정확히 맞도록 하기 위해 사용한다.

53 타이어식 건설기계에서 조향 바퀴의 토인을 조정하는 장치는?

① 타이로드
② 웜 기어
③ 피트먼 암
④ 스태빌라이저

 정답 ①

핵심 포크

타이로드

타이로드는 타이어식 건설기계에서 조향 바퀴의 토인을 조정하는 것으로, 끝부분에 타이로드 엔드가 좌우에 하나씩 설치되어 있고, 토인 교정을 위해 길이를 조절할 수 있게 되어 있다.

54 피스톤과 실린더 사이의 간극이 너무 클 때 일어나는 현상으로 옳은 것은?

① 연료 소비율 증가
② 엔진 출력 향상
③ 실린더 소결
④ 압축 압력 증대

 정답 ①

피스톤과 실린더 사이의 간극이 너무 클 경우, 블로바이 현상에 의한 압축 압력이 저하되며 피스톤 슬랩 현상으로 인해 엔진 출력이 낮아진다. 또한, 피스톤 링의 기능 저하로 인해 연소실로 오일이 유입하면서 연소되어 연료 소비율이 증가하게 된다.

55 작동 중인 엔진의 엔진 오일에 가장 많이 포함되어 있는 이물질은?

① 산화물
② 먼지
③ 금속 가루
④ 카본

 정답 ④

작동 중인 엔진의 엔진 오일은 엔진 내부를 통과하면서 연료 분사로 연소된 산물과 먼지가 피스톤 등이 마모되어 생긴 금속 찌꺼기 등과 결합하여 쌓인 카본을 제거하여 오일 팬 바닥에 침전시키는 기능을 한다.

56 디젤 엔진의 노킹 현상 방지 방법으로 옳지 않은 것은?

① 압축비를 높인다.
② 착화 지연 시간을 짧게 한다.
③ 연소실 벽의 온도를 낮춘다.
④ 착화성이 좋은 연료를 사용한다.

 정답 ③

디젤 엔진의 노킹 현상을 방지하기 위해서는, 압축비를 높여 실린더 내부의 압력과 온도를 상승시키고, 냉각수의 온도를 높여 연소실 벽의 온도를 높게 유지해야 한다. 또한, 착화 지연 시간을 짧게 하고 착화성이 좋은(세탄가가 높은) 연료를 사용한다.

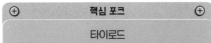

57 작업장 내부의 안전수칙으로 옳은 것은?

① 높은 곳에서 작업 시 훅을 놓치지 않도록 잘 잡고 체인블록을 사용한다.
② 기름을 닦은 걸레나 인화성 물질은 철재 상자에 보관하도록 한다.
③ 차가 잭에 의해 들어 올려져 있을 때에는 직원 외의 차내 출입을 금지한다.
④ 공구나 부속품을 닦을 때에는 휘발유를 이용한다.

 ②

작업 후 사용했던 공구나 걸레 등은 공구상자 또는 지정된 상자나 보관장소에 정리하여 보관하도록 한다.

58 공구 관리에 대한 유의사항으로 가장 거리가 먼 것은?

① 사용한 공구는 항상 깨끗이 한 후 보관해야 한다.
② 공구별로 보관할 장소를 지정하여 보관하도록 한다.
③ 공구의 수량은 항상 최소 보유량 이하로 유지해야 한다.
④ 공구 점검 후에 파손된 공구는 교체하도록 한다.

 ③

작업장에서 공구 보유량은 항상 점검해야 하는 사항이며, 작업자의 수에 따른 공구의 적정 수량을 파악하여 공구의 재고를 관리해야 한다.

59 작업장에 사다리식 통로를 설치하는 조건으로 옳지 않은 것은?

① 사다리가 넘어지거나 미끄러지는 것을 방지하기 위한 조치를 해야 한다.
② 발판의 간격을 일정하게 해야 한다.
③ 구조가 견고해야 한다.
④ 사다리식 통로의 길이가 10m 이상일 때에는 추락 방지 그물망을 설치한다.

 ④

「산업안전보건기준에 관한 규칙」 제24조에 의하면 사다리식 통로의 길이가 10미터 이상인 경우 5미터 이내마다 계단참을 설치해야 한다. 또한, 발판과 벽과의 사이는 15cm 이상의 간격을 유지해야 한다.

60 타이어식 건설기계에서 전후 주행이 되지 않을 때 점검해야 할 부분으로 옳지 않은 것은?

① 변속장치
② 타이로드 엔드
③ 주차 브레이크 잠김 여부
④ 유니버설 조인트

 ②

타이로드 엔드는 타이로드 끝부분에 좌우에 하나씩 설치되어 있는 볼과 소켓으로 된 조인트이다. 이는 조향 바퀴의 조정을 위해서 설치된 것으로, 전후 주행이 되지 않는 경우와는 연관이 없다.

제**2**장

CBT 기출복원문제

CBT 기출복원문제   제3회

01 술에 취한 상태의 기준은 혈중 알코올 농도가 최소 몇 % 이상일 때인가?

① 0.01
② 0.03
③ 0.06
④ 0.08

 정답 ②

도로교통법상 운전이 금지되는 술에 취한 상태의 기준은 혈중 알코올 농도가 0.03% 이상일 때이다.

02 다음 중 베인 펌프에 대한 설명으로 옳지 않은 것은?

① 싱글형과 더블형이 있다.
② 베인 펌프는 1단으로만 설계된다.
③ 토크가 안정되어 소음이 적다.
④ 날개로 펌프 운동을 한다.

 정답 ②

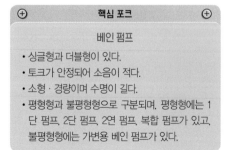

⊕   **핵심 포크**   ⊕

베인 펌프

- 싱글형과 더블형이 있다.
- 토크가 안정되어 소음이 적다.
- 소형·경량이며 수명이 길다.
- 평형형과 불평형형으로 구분되며, 평형형에는 1단 펌프, 2단 펌프, 2연 펌프, 복합 펌프가 있고, 불평형형에는 가변용 베인 펌프가 있다.

03 1톤 이상 지게차의 정기검사 주기는?

① 4년
② 3년
③ 2년
④ 1년

 정답 ③

1톤 이상인 지게차의 정기검사는 검사 유효기간인 2년마다 받아야 한다.

04 배터리 전해액처럼 강산이나 알칼리 등의 액체를 취급할 때 가장 적합한 안전복은?

① 불연성 재질로 된 안전복
② 나일론 재질로 된 안전복
③ 고무 재질로 된 안전복
④ 면 재질로 된 안전복

 정답 ③

배터리 전해액처럼 강한 산성, 알칼리 등의 액체를 취급할 때에는 고무 재질로 된 복장이 가장 좋다.

05 국제노동기구(ILO)에 의한 상해의 분류 중 응급조치 상해는 며칠간 치료를 받은 다음 부터 정상 작업에 임할 수 있는 정도를 말하는가?

① 1일 미만
② 5일 미만
③ 2주 미만
④ 30일 미만

정답 ①

핵심 포크

상해의 분류

- 영구 전노동 불능 상해 : 부상 결과 근로 기능을 완전히 잃은 부상
- 영구 일부 노동 불능 상해 : 부상 결과 신체의 일부가 영구히 노동 기능을 상실
- 일시 전노동 불능 상해 : 일정 기간 정규 노동에 종사할 수 없음
- 일시 일부 노동 불능 상해 : 부상 다음날 또는 그 이후에 정규 노동에 종사할 수 없는 휴업재해 이외의 상해
- 구급처치 상해 : 응급처치 또는 의료조치를 받아 부상당한 다음날 정상으로 작업할 수 있는 정도의 상해

---

06 건설기계 작동유 탱크의 역할이 아닌 것은?

① 오일 내부 이물질의 침전 작용을 한다.
② 유온을 적정하게 유지한다.
③ 작동유를 저장한다.
④ 유압을 적정하게 유지한다.

정답 ④

유압을 적정하게 유지하는 것은 유압 밸브의 역할이다.

---

07 다음 중 정기검사에 불합격한 건설기계의 정비명령 기간으로 옳은 것은?

① 4개월 이내
② 5개월 이내
③ 6개월 이내
④ 7개월 이내

정답 ③

건설기계 관리법에 따르면, 시·도지사는 검사에 불합격한 건설기계에 대하여 6개월 이내의 기간을 정해 해당 건설기계 소유자에게 검사를 완료한 날로부터 10일 이내에 정비명령을 해야 한다.

※ 이전 시험에선 이렇게 출제되었으나, 2021년 2월부터 개정된 법에 따르면 6개월에서 1개월로 변경되었다.

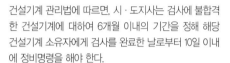

---

08 엔진의 회전수를 나타낼 때 RPM이란?

① 분당 엔진 회전수
② 초당 엔진 회전수
③ 시간당 엔진 회전수
④ 주행거리당 엔진 회전수

정답 ①

엔진의 RPM은 엔진의 1분당 회전수를 의미한다.

09 다음 회로에서 퓨즈에는 몇 A가 흐르는가?

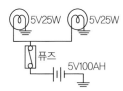

① 30A

② 20A

③ 10A

④ 5A

제시된 회로는 병렬연결이며 5V, 25W이다. 따라서 전류를 구하는 공식은, 25W=5×I(전류), I=5A가 되는데, 병렬로 연결되었기 때문에 전류는 10A가 된다.

10 다음 중 납산 축전지의 전해액을 만드는 방법으로 옳은 것은?

① 황산과 물을 1:1의 비율로 동시에 붓는다.

② 증류수에 황산을 조금씩 부으면서 젓는다.

③ 황산에 물을 조금씩 부으면서 유리막대로 젓는다.

④ 축전지에 필요한 양의 황산을 직접 붓는다.

전해액을 만들기 위해 묽은 황산과 증류수를 혼합할 때에는 비중이 1,280이 되도록 하며, 안전을 위해 반드시 증류수에 황산을 부어야 한다. 그 반대는 위험하다.

11 다음 중 윤활유의 기능으로 모두 옳은 것은?

① 마찰 증대, 냉각 작용, 스러스트 작용, 응력 분산

② 마멸 방지, 수분 흡수, 밀봉 작용, 마찰 증대

③ 마찰 감소, 스러스트 작용, 밀봉 작용, 냉각 작용

④ 마찰 감소, 마멸 방지, 밀봉 작용, 냉각 작용

윤활유의 기능에는 마찰 감소 및 마모 방지 작용, 밀봉 작용, 냉각 작용, 세척 작용, 방청 작용, 충격 흡수 및 소음 방지 작용이 있다.

12 디젤 엔진에서 진동이 발생하는 원인이 아닌 것은?

① 분사 압력의 불균형

② 분사량의 불균형

③ 분사 시기의 불균형

④ 프로펠러 샤프트의 불균형

디젤 엔진에서 진동이 발생하는 원인에는 분사 압력의 불균형, 분사량의 불균형, 분사 시기의 불균형, 실린더별 분사 간격의 불균형, 각 피스톤별 중량 차의 불균형이 있다.

13 다음 중 밤에 도로에서 차를 운행하는 경우 등의 등화로 옳지 않은 것은?

① 자동차 : 자동차 안전기준에 의한 전조등, 차폭등, 미등

② 자동차 등외의 모든 차 : 시·도경찰청장이 정하여 고시하는 등화

③ 원동기 장치 자전거 : 전조등, 미등

④ 견인되는 차 : 미등, 차폭등, 번호등

정답 ①

핵심 포크

밤에 도로에서 차를 운행하는 경우 등의 등화 (「도로교통법 시행령」 제19조)

- 자동차 : 전조등, 차폭등, 미등, 번호등, 실내조명등(승합자동차 및 여객자동차 운송 사업용 승용자동차만 해당)
- 원동기 장치 자전거 : 전조등, 미등
- 견인되는 차 : 미등, 차폭등, 번호등
- 노면전차 : 전조등, 차폭등, 미등 및 실내조명등
- 자동차 등외의 모든 차 : 시·도경찰청장이 정하여 고시하는 등화

14 안전보건표지 중 안내표지에 해당하지 않는 것은?

① 녹십자 표지

② 응급구호 표지

③ 출입 금지

④ 비상구

정답 ③

안전보건표지에서 출입 금지는 안내표지가 아니라 금지표지에 해당한다.

15 제시된 공유압 기호가 나타내고 있는 것은?

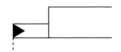

① 공기압 파일럿(외부)

② 공기압 파일럿(내부)

③ 유압 파일럿(외부)

④ 유압 파일럿(내부)

정답 ③

제시된 그림은 유압 파일럿(외부)의 공유압 기호에 해당한다.

핵심 포크

유압 파일럿의 기호

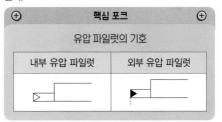

내부 유압 파일럿	외부 유압 파일럿

16 기동 회로에서 12V 축전지일 때, 전력 공급선의 전압 강하의 정상 수치는?

① 0.8V 이하

② 0.6V 이하

③ 0.4V 이하

④ 0.2V 이하

정답 ④

12V 축전지일 때 기동 회로의 전압 시험에서 전압 강하의 정상적인 수치는 0.2V 이하이다.

17 다음 중 열에너지를 기계적 에너지로 변환하는 장치는?

① 전동기
② 엔진
③ 밸브
④ 모터

 정답 ②

엔진은 열에너지를 기계적 에너지로 변환하는 장치로, 엔진의 열효율이 높다는 것은 일정한 연료로 큰 출력을 얻는 것을 말한다.

18 건설기계의 연료 주입구는 배기관의 끝으로부터 몇 cm 이상 떨어져 있어야 하는가?

① 30cm
② 25cm
③ 20cm
④ 15cm

 정답 ①

「건설기계 안전기준에 관한 규칙」 제132조에 따르면, 연료 주입구는 배기관의 끝으로부터 30cm 이상 떨어져 있어야 하며, 노출된 전기단자 및 전기개폐기로부터 20cm 이상 떨어져 있어야 한다. 또한, 연료 주입구 부근에는 사용하는 연료의 종류를 표시하고 연료 등의 용제에 의하여 쉽게 지워지지 않아야 한다.

19 다음 중 건설기계 조종사 면허의 취소 사유에 해당하는 것은?

① 면허의 효력 정지 기간 중 건설기계를 조종한 경우
② 과실로 인하여 부상자 또는 직업성 질병자가 동시에 5명이 발생한 경우
③ 건설기계로 1천만 원 이상의 재산 피해를 냈을 경우
④ 과실로 인하여 5명에게 부상을 입힌 경우

 정답 ①

면허의 효력 정지 기간 중 건설기계를 조종했을 경우는 면허 취소 사유에 해당한다.

20 크랭크축의 비틀림 진동에 대한 다음 설명 중 옳지 않은 것은?

① 회전 부분의 질량이 클수록 커진다.
② 각 실린더의 회전력 변동이 클수록 커진다.
③ 크랭크축이 길수록 커진다.
④ 강성이 클수록 커진다.

 정답 ④

⊕ **핵심 포크** ⊕

크랭크축

• 크랭크축은 피스톤과 커넥팅 로드의 왕복 운동을 회전 운동으로 바꾸어 클러치와 플라이휠에 전달하는 역할을 하며, 엔진 작동 중 폭발 압력에 의해 휨, 비틀림, 전단력을 받으며 회전한다.
• 크랭크축의 진동은 엔진 진동 중에서 비중이 크며, 회전 부분의 질량이 클수록, 각 실린더의 회전력 변동이 클수록, 크랭크축이 길수록 커진다.

21 다음 중 유압기기의 단점으로 옳지 않은 것은?

① 화재에 위험하다.

② 온도에 따른 오일의 점도 변화로 기계의 작동 속도가 변한다.

③ 진동이 크다.

④ 회로 구성이 어렵고 누설되는 경우가 있다.

 정답 ③

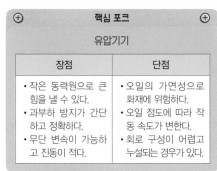

핵심 포크	
유압기기	
장점	단점
• 작은 동력원으로 큰 힘을 낼 수 있다. • 과부하 방지가 간단하고 정확하다. • 무단 변속이 가능하고 진동이 적다.	• 오일의 가연성으로 화재에 위험하다. • 오일 점도에 따라 작동 속도가 변한다. • 회로 구성이 어렵고 누설되는 경우가 있다.

22 다음 중 가스 누설 검사에 가장 적합한 것은?

① 비눗물

② 증류수

③ 성냥불

④ 아세톤

 정답 ①

가스 누설 검사에는 비눗물을 사용하는 것이 가장 안전하고 간편하다.

23 연삭기의 안전수칙으로 옳지 않은 것은?

① 보안경과 방진마스크를 착용한다.

② 숫돌과 받침대의 간격을 가능한 넓게 유지한다.

③ 숫돌 덮개 설치 후 작업

④ 숫돌 측면 사용 제한

 정답 ②

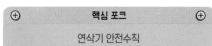

핵심 포크

연삭기 안전수칙

• 연삭숫돌과 받침대의 간격은 3mm 이내로 유지한다.
• 소음이나 진동이 심하면 즉시 점검한다.
• 연삭기 덮개의 노출 각도는 90°이거나 전체 원주의 1/4을 초과하면 안 된다.
• 작업 시 연삭숫돌의 측면을 사용하여 작업해서는 안 된다.
• 작업 시 연삭숫돌 정면으로부터 150° 정도 비켜서서 작업해야 한다.
• 연삭숫돌을 교체한 뒤에는 3분 이상 시운전해야 한다.

24 전조등의 구성품에 해당하지 않는 것은?

① 반사경

② 렌즈

③ 플래셔 유닛

④ 전구

 정답 ③

플래셔 유닛이란, 전류를 일정한 주기로 단속(斷續)하여 점멸시켜 램프를 점멸시키는 장치이다.

25 다음 중 수온 조절기의 종류가 아닌 것은?

① 바이메탈 형식
② 벨로즈 형식
③ 펠릿 형식
④ 마몬 형식

정답 ④

수온 조절기의 종류에는 바이메탈, 벨로즈, 펠릿 형식이 있으나, 현재는 펠릿형만 사용한다.

26 대형 지게차의 마스트를 기울이는 도중 갑자기 시동이 정지되었을 때 작동하여 그 상태를 유지하는 밸브는?

① 스로틀 밸브
② 감속 밸브
③ 스풀 밸브
④ 틸트록 밸브

정답 ④

핵심 포크

틸트록 밸브

• 엔진이 정지되었을 때 작동하여 마스트가 돌발적으로 전방으로 기우는 것을 방지한다.
• 주차 브레이크 작동 시 동력 차단장치가 자동 작동하는 장치를 내장하여 안정성을 향상시킨다.
• 자동잠금 가스 실린더의 후드가 갑자기 닫히는 것을 방지한다.
• 안전밸브의 유압호스가 손상된 것으로 인한 화물의 추락을 방지한다.

---

27 디젤 엔진에서 압축 압력이 저하되는 가장 큰 원인은?

① 기어 오일의 성능 저하
② 피스톤 링의 마모
③ 엔진 오일의 과다
④ 냉각수의 부족

정답 ②

피스톤 링은 압축가스가 새는 것을 막아주는 기밀 작용을 하는데, 피스톤 링이 마모되면 이 기능이 저하되어 엔진의 압축 압력이 저하되는 현상이 발생한다.

28 다음 중 노킹 현상이 발생했을 때 디젤 엔진에 미치는 영향으로 옳지 않은 것은?

① 엔진이 과랭된다.
② 엔진의 출력이 저하된다.
③ 흡기 효율이 저하된다.
④ 엔진에 손상이 발생할 수 있다.

정답 ①

핵심 포크

노킹 현상이 디젤 엔진에 미치는 영향

• 엔진의 출력이 저하된다.
• 엔진의 흡기 효율이 저하된다.
• 엔진에 손상이 발생할 수 있다.
• 연소실의 온도가 상승한다.
• 엔진이 과열된다.

---

29 다음 중 축전지 터미널의 일반적인 식별 방법에 해당하지 않는 것은?

① 굵기로 구분한다.

② 색깔로 구분한다.

③ (+), (−) 표시로 구분한다.

④ 터미널의 요철로 구분한다.

 ④

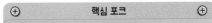

핵심 포크

축전지 단자의 식별 방법

- 양극은 빨간색, 음극은 검은색의 색깔로 식별
- 양극은 (+), 음극은 (−)의 부호로 식별
- 양극은 지름이 굵고, 음극은 가는 것으로 식별
- 양극은 POS, 음극은 NEG의 문자로 식별
- 부식물이 많은 쪽이 양극인 것으로 식별

30 도로교통법상 주행 중 차마의 진로를 변경해서는 안 되는 장소는?

① 4차로 도로

② 규정 속도가 시속 30km 이하인 주행도로

③ 특별히 진로 변경이 금지된 곳

④ 교통이 복잡한 도로

 ③

도로교통법에 의하면 차마의 운전자는 안전표지가 설치되어 특별히 진로 변경이 금지된 곳에서는 차마의 진로를 변경해서는 안 된다. 다만, 도로의 파손이나 도로공사 등으로 인해 장애물이 있는 경우는 예외다.

31 다음 중 토크 컨버터의 회전력이 최댓값이 됐을 때를 의미하는 것은?

① 유체 충돌 손실비

② 토크 변환비

③ 스톨 포인트

④ 한계 회전력

 ③

스톨 포인트(Stall Point)란, 터빈의 회전 속도(NT)를 펌프의 회전 속도(NP)로 나눈 값이 0인 것을 말한다. 이러한 속도비가 0일 경우에 스톨 포인트 또는 드래그 포인트라고 하며, 이때의 토크비가 가장 크고 회전력은 최대가 된다.

32 교류 발전기에서 다이오드가 높은 전압으로부터 보호하는 구성품은?

① 정류기

② 콘덴서

③ 스테이터

④ 로터

 ②

콘덴서는, 음극의 전하를 저장했다가 필요한 조건에 맞아 떨어지면 방출하는 장치로, 다이오드는 축전지로부터 발전기로 전류가 역류하는 것을 방지하여 이러한 장치들을 발전기의 높은 전압으로부터 보호한다.

제 **2** 장

CBT 기출복원문제

33 압력식 라디에이터 캡에 대한 다음 설명 중 옳은 것은?

① 냉각장치의 내부 압력이 부압이 되면 진공 밸브가 열린다.
② 냉각장치의 내부 압력이 규정보다 낮을 때 공기 밸브가 열린다.
③ 냉각장치의 내부 압력이 부압이 되면 공기 밸브가 열린다.
④ 냉각장치의 내부 압력이 규정보다 낮을 때 진공 밸브가 열린다.

 정답 ①

라디에이터 캡의 진공 밸브는 과랭 시 라디에이터 내부의 진공으로 인한 코어의 손상을 방지하는데, 압력식 라디에이터 캡은 냉각장치의 내부 압력이 부압이 되면 진공 밸브가 열린다.

34 다음 중 일반적인 안전보호구의 구비 조건으로 옳지 않은 것은?

① 햇볕에 잘 열화되어야 한다.
② 위험 요인에 대해 충분한 방호 성능을 갖추어야 한다.
③ 재료의 품질이 양호해야 한다.
④ 착용이 간편해야 한다.

 정답 ①

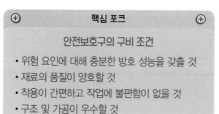

핵심 포크

안전보호구의 구비 조건

• 위험 요인에 대해 충분한 방호 성능을 갖출 것
• 재료의 품질이 양호할 것
• 착용이 간편하고 작업에 불편함이 없을 것
• 구조 및 가공이 우수할 것

35 유압 작동유의 점도가 과도하게 낮을 때 나타나는 현상으로 옳은 것은?

① 유동 저항이 증가한다.
② 유압 실린더의 속도가 느려진다.
③ 출력이 증가한다.
④ 압력이 상승한다.

 정답 ②

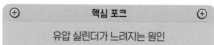

핵심 포크

유압 실린더가 느려지는 원인

• 유압 작동유의 점도가 너무 낮음
• 피스톤 링의 마모
• 회로 내부에 공기 혼입
• 유압이 너무 낮음

36 작업 후 지게차를 주차할 때 포크의 위치로 적절한 것은?

① 지면으로부터 80cm 떨어뜨린다.
② 지면으로부터 50cm 떨어뜨린다.
③ 지면으로부터 20cm 떨어뜨린다.
④ 지면에 밀착한다.

 정답 ④

지게차 주차 시에는 보행자의 안전을 위해 포크를 반드시 지면에 밀착하여 주차하도록 한다. 이때, 포크의 끝이 지면에 닿도록 마스트를 앞으로 기울인다.

37 4행정 사이클 엔진에 주로 사용하는 오일펌프는?

① 플런저식과 베인식
② 로터리식과 나사식
③ 기어식과 로터리식
④ 기어식과 나사식

 정답 ③

오일펌프의 종류에는 기어식, 로터리식, 플런저식, 베인식 등이 있으며, 4행정 사이클 엔진에서 주로 사용하는 것은 기어식과 로터리식이다.

38 다음 중 수동 변속기가 장착된 건설기계에서 기어의 이상 소음이 발생하는 원인에 해당하지 않는 것은?

① 웜과 웜 기어의 마모
② 기어의 과도한 백 래시
③ 변속기 베어링의 마모
④ 변속기의 오일 부족

 정답 ①

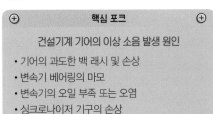

핵심 포크

건설기계 기어의 이상 소음 발생 원인
• 기어의 과도한 백 래시 및 손상
• 변속기 베어링의 마모
• 변속기의 오일 부족 또는 오염
• 싱크로나이저 기구의 손상
• 입력축과 출력축의 베어링 마멸

39 다음 중 변속기의 필요성에 해당하지 않는 것은?

① 장비의 후진 시 필요하다.
② 구동 바퀴의 회전 속도에 대한 엔진의 회전 속도를 알맞게 변경한다.
③ 엔진의 회전력을 증대시킨다.
④ 시동 시 장비를 무부하 상태로 만든다.

 정답 ②

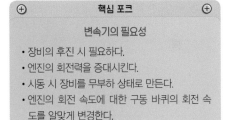

핵심 포크

변속기의 필요성
• 장비의 후진 시 필요하다.
• 엔진의 회전력을 증대시킨다.
• 시동 시 장비를 무부하 상태로 만든다.
• 엔진의 회전 속도에 대한 구동 바퀴의 회전 속도를 알맞게 변경한다.

40 다음 중 전조등 회로의 연결 방법으로 옳은 것은?

① 병렬연결
② 직렬연결
③ 직 · 병렬연결
④ 단식 배선

 정답 ①

일반적인 등화 장치의 회로에서는 직렬연결이 사용되지만, 전조등의 회로에서는 병렬연결이 사용된다.

제 **2** 장

CBT 기출복원문제

41 정기검사 신청을 받은 검사대행자가 검사일시 및 장소를 통지해야 하는 기한으로 옳은 것은?

① 15일 이내
② 10일 이내
③ 5일 이내
④ 3일 이내

정답 ③

건설기계 관리법령상 정기검사의 신청을 받은 자는 정기검사의 신청을 받은 날로부터 5일 이내에 검사일시 및 장소를 지정하여 신청자에게 통지해야 한다.

42 다음 중 건설기계의 출장검사가 허용되는 경우에 해당하지 않는 것은?

① 최고 속도가 시속 35km 미만인 건설기계
② 자체 중량이 40톤을 초과하거나 축중이 10톤을 초과하는 건설기계
③ 너비가 2.0m를 초과하는 건설기계
④ 도서 지역에 있는 건설기계

정답 ③

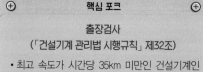

⊕ **핵심 포크** ⊕

출장검사
(「건설기계 관리법 시행규칙」 제32조)

• 최고 속도가 시간당 35km 미만인 건설기계인 경우
• 자체 중량이 40톤을 초과하거나 축중이 10톤을 초과하는 건설기계인 경우
• 너비가 2.5m를 초과하는 건설기계인 경우
• 도서 지역에 있는 경우

43 다음 중 유압 회로에 사용하는 유압 밸브의 역할에 해당하지 않는 것은?

① 일의 크기를 제어
② 일의 방향을 제어
③ 일의 속도를 제어
④ 일의 관성을 제어

정답 ④

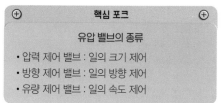

⊕ **핵심 포크** ⊕

유압 밸브의 종류

• 압력 제어 밸브 : 일의 크기 제어
• 방향 제어 밸브 : 일의 방향 제어
• 유량 제어 밸브 : 일의 속도 제어

44 2행정 사이클 디젤 엔진의 소기 방식에 해당하지 않는 것은?

① 단류 소기식
② 복류 소기식
③ 루프 소기식
④ 횡단 소기식

정답 ②

4행정 사이클 디젤 엔진에는 소기장치가 따로 없지만, 2행정 사이클 엔진에는 크랭크실의 압력 공기가 소기 작용을 한다. 2행정 사이클 엔진의 소기 방식에는 단류 소기식, 루프 소기식, 횡단 소기식이 있다.

45 다음 중 수랭식 냉각 방식에서 냉각수를 순환시키는 방식에 해당하지 않는 것은?

① 진공 순환식
② 자연 순환식
③ 강제 순환식
④ 밀봉 압력식

정답

냉각장치의 냉각 방식에는 공랭식(자연 통풍식, 강제 통풍식)과 수랭식(자연 순환식, 강제 순환식)이 있다. 밀봉 압력식은 강제 순환식에 해당한다.

46 다음 중 지게차의 화물 적재 및 운반 시 유의사항으로 옳지 않은 것은?

① 포크를 지면으로부터 약 80cm 정도 들어 올리고 주행하도록 한다.
② 운반 중 마스트를 뒤로 약 6℃ 정도 기울인다.
③ 화물을 적재한 채로 경사지를 주행할 때는 화물이 언덕 위로 향하도록 한다.
④ 포크가 화물이 적재된 팔레트 속에 정확히 들어가도록 조작한다.

정답

지게차에 화물을 적재하고 주행 시 포크를 너무 높이 든 채로 주행하지 않도록 한다. 포크를 수평으로 하여 지면으로부터 10cm 정도 들어 올린 뒤에 화물의 안정성을 확인하고, 마스트를 충분히 뒤로 기울여 포크를 지면으로부터 20cm 정도 들어 올려 운반한다.

47 모터의 플런저가 구동축의 직각 방향으로 설치된 유압 모터는?

① 캠형 플런저 모터
② 레이디얼형 플런저 모터
③ 액시얼형 플런저 모터
④ 블래더형 플런저 모터

정답

유압 모터 중에서 레이디얼형 플런저 모터는 플런저가 구동축의 직각 방향으로 설치되어 원형을 이루고 있는 모터이다.

48 불안전한 환경이나 방호장치의 결함으로부터 발생하는 산업재해의 원인은?

① 인적 원인
② 교육적 원인
③ 물적 원인
④ 기술적 원인

정답

핵심 포크		
산업재해의 원인		
직접적 원인	물적 원인	불안전한 상태
	인적 원인	불안전한 행동
	천재지변	불가항력
간접적 원인	교육적 원인	개인적 결함
	기술적 원인	
	관리적 원인	사회적 환경, 유전적 요인

49 드릴 작업에서 드릴이 공작물과 함께 회전하기 쉬운 때는?

① 구멍을 중간쯤 뚫었을 때
② 작업이 처음 시작될 때
③ 드릴 핸들에 약간의 힘을 주었을 때
④ 구멍 뚫기 작업이 거의 마무리될 때

정답 ④

드릴 작업 시 드릴 구멍 가공이 끝날 때쯤에는 공작물이 따라서 회전할 수 있기 때문에 무리한 이송을 하지 않고 주의해야 한다.

50 다음 중 산업안전보건법에 따른 중대재해에 해당하지 않는 것은?

① 3개월 이상의 요양이 필요한 부상자가 동시에 2명 이상 발생한 재해
② 부상자 혹은 직업성 질병자가 6개월 이상의 요양이 필요한 재해
③ 사망자가 1명 이상 발생한 재해
④ 부상자 또는 직업성 질병자가 동시에 10명 이상 발생한 재해

정답 ②

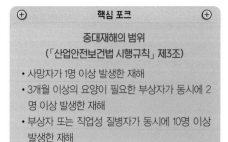

⊕ **핵심 포크** ⊕

중대재해의 범위
(「산업안전보건법 시행규칙」 제3조)

• 사망자가 1명 이상 발생한 재해
• 3개월 이상의 요양이 필요한 부상자가 동시에 2명 이상 발생한 재해
• 부상자 또는 직업성 질병자가 동시에 10명 이상 발생한 재해

51 건설기계 운전 중 온도 게이지가 'H'에 근접했을 때 작업자가 해야 할 조치로 가장 적절한 것은?

① 윤활유를 즉시 보충하고 작업을 계속한다.
② 작업을 계속한다.
③ 즉시 작업을 중단하고 냉각수 계통을 점검한다.
④ 작업을 잠시 중단하고 휴식을 취한 뒤에 다시 작업한다.

정답 ③

건설기계 작업 중 온도 게이지가 'H'에 근접하면 작업을 즉시 중단하고 냉각수 계통을 점검해야 한다.

52 전기자 철심을 두께가 0.35~1.0mm인 얇은 철판을 각각 절연하여 겹쳐 만드는 주된 이유는?

① 와전류를 감소시키기 위해
② 자력선의 통과를 차단하기 위해
③ 열 발산을 방지하기 위해
④ 코일의 발열 방지를 위해

정답 ①

와전류란, 도체에 걸린 자기장이 시간적으로 변화할 때, 전자기 유도에 의해 도체에 생기는 소용돌이 형태의 전류를 말한다. 와전류에 의해 발생하는 전력 손실을 줄이기 위해 전기자 철심을 각각 절연된 철판을 겹쳐 만든다.

53 다음 중 유압 실린더의 종류에 해당하지 않는 것은?

① 복동식 실린더 더블로드형
② 복동식 실린더 싱글로드형
③ 단동식 실린더 배플형
④ 단동식 실린더 램형

 ③

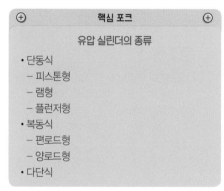

핵심 포크

유압 실린더의 종류

- 단동식
  - 피스톤형
  - 램형
  - 플런저형
- 복동식
  - 편로드형
  - 양로드형
- 다단식

54 각 유압 실린더를 일정한 순서로 순차 작동시키고자 할 때 사용하며, 순차 작동 밸브라고도 부르는 밸브는?

① 언로드 밸브
② 시퀀스 밸브
③ 릴리프 밸브
④ 감압 밸브

 ②

압력 제어 밸브 중 시퀀스 밸브는 두 개 이상의 분기회로에서 유압 회로의 압력에 의해 유압 액추에이터의 작동 순서를 제어하는 밸브이다.

55 수공구 사용 방법에 대해 다음 중 옳지 않은 것은?

① 작업에 적절한 공구를 사용한다.
② 해머의 타격면이 넓고 얇아진 것을 사용한다.
③ 해머의 쐐기 유무를 확인한다.
④ 스패너는 너트에 잘 맞는 것을 사용한다.

 ②

해머 사용 시 쐐기를 박아서 자루가 단단한 것을 사용해야 하며, 타격면이 닳아 경사지거나 얇아진 것을 사용해서는 안 된다.

56 유압 계통에서 릴리프 밸브의 스프링 장력이 약화되었을 때 발생하는 현상은?

① 노킹 현상
② 블로바이 현상
③ 슬랩 현상
④ 채터링 현상

 ④

채터링 현상이란, 릴리프 밸브의 볼(Ball)이 밸브 시트(Valve Seat)를 때려 소음을 발생시키는 현상으로, 릴리프 밸브의 스프링 장력이 약화될 때 발생한다.

57 건설기계 장비 작업 중 냉각수 경고등이 점등되었을 때 운전자가 해야 할 조치로 가장 적절한 것은?

① 라디에이터를 교환한다.
② 오일양을 확인한다.
③ 작업을 즉시 중지하고 점검 및 정비를 받는다.
④ 작업이 모두 끝나면 즉시 냉각수를 보충한다.

 ③

냉각수 경고등이 점등되었을 때에는 작업을 즉시 중단하고 점검하여 고장이 있는 부분을 수리해야 한다.

58 화재 때 화점에 분사하여 산소를 차단하고 전기화재에 적합한 소화기는?

① 이산화탄소 소화기
② 증발 소화기
③ 분말 소화기
④ 포말 소화기

 ①

산소공급원을 차단하는 소화 방법을 질식소화라고 하는데, 질식소화에 사용하는 소화기에는 이산화탄소, 분말, 포말 소화기가 있다. 이 중 전기화재에는 이산화탄소 소화기를 사용한다.

59 디젤 엔진의 연소실에서 연료가 공급되는 상태에 대한 다음 설명 중 옳은 것은?

① 분사 노즐에 의해 연료가 안개와 같이 분사된다.
② 가솔린 엔진과 동일한 연료 공급 펌프에 의해 공급된다.
③ 기화기와 같은 기구에 의해 연료가 공급된다.
④ 액체 상태로 공급된다.

 ①

디젤 엔진의 연소실에는 연료가 연소실 내부에 고루 분포하도록 하고, 쉽게 착화되도록 하기 위해 안개와 같은 형태로 분사된다.

60 다음 중 건설기계 작업 시 유의사항으로 옳지 않은 것은?

① 작업 시 항상 보행자의 접근에 주의해야 한다.
② 주행 시 가능한 한 평탄한 지면으로 주행한다.
③ 운전석을 떠날 경우에는 엔진을 정지시켜야 한다.
④ 후진 시에는 후진한 뒤에 보행자나 장애물 등을 확인하도록 한다.

 ④

건설기계의 후진 시에는 반드시 후진하기 전에 보행자나 장애물 등을 확인한 뒤에 후진하도록 한다.

CBT 기출복원문제　　제4회

01 다음 중 유압 모터의 종류에 포함되지 않는 것은?

① 플런저형

② 터빈형

③ 베인형

④ 기어형

 ②

유압 모터의 종류에는 플런저형(피스톤형), 베인형, 기어형 등이 있다. 유압 모터에는 터빈을 사용하지 않는다.

02 디젤 엔진의 연소실 중 연료 소비율이 낮으며, 연소 압력이 가장 높은 것은?

① 공기실식

② 와류실식

③ 예연소실식

④ 직접 분사실식

 ④

⊕	**핵심 포크**	⊕

직접 분사실식 연소실의 장점

• 실린더 헤드의 구조가 간단하고 열변형이 적음

• 와류 손실이 없음

• 연소실 표면적이 작아 냉각 손실이 적음

• 연료 소비량이 다른 형식에 비해 적음

03 벨트의 교체 시 엔진의 상태로 옳은 것은?

① 정지 상태

② 저속 상태

③ 중속 상태

④ 고속 상태

 ①

벨트의 회전부위는 사고로 인한 재해가 가장 많이 발생하는 만큼 위험하기 때문에, 벨트의 교체나 장력 측정 시에는 반드시 회전이 완전히 멈춘 상태에서 해야 한다.

04 가스 용접 시 사용하는 산소용 호스의 색깔은?

① 녹색

② 황색

③ 적색

④ 청색

정답 ①

⊕	**핵심 포크**	⊕

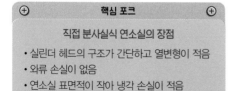

용접 가스의 용기와 호스의 색깔

구분	산소	아세틸렌
용기	녹색	황색
호스	녹색	적색

05 유압장치에서 기어 모터에 대한 다음 설명 중 옳지 않은 것은?

① 유압유에 이물질이 혼합되어도 고장 발생이 적다.
② 구조가 간단하고 가격이 저렴하다.
③ 출력 토크가 일정하고 무단 변속기로서 상당히 가혹한 조건에도 사용한다.
④ 일반적으로 평기어를 사용하나 헬리컬 기어도 사용한다.

정답 ③

```
⊕        핵심 포크        ⊕

기어형 모터
• 유압유에 이물질이 혼합되어도 고장 발생이 적음
• 구조가 간단하고 가격이 저렴함
• 일반적으로 평기어를 사용하나 헬리컬 기어도 사용함
• 정방향의 회전이나 역방향의 회전이 자유로움
• 전효율은 70% 이하로 좋지는 않음
```

06 기동 전동기의 구성품 중 자력선을 형성하는 것은?

① 브러시
② 계자 코일
③ 전기자
④ 슬립링

정답 ②

기동 전동기의 계자 코일은 계자 철심에 감겨 전류가 흐르면 자력을 일으키는 코일이다.

07 유압장치에서 금속가루 등의 불순물을 제거하기 위해 사용하는 부품으로 짝지은 것은?

① 스크레이퍼와 필터
② 여과기와 어큐뮬레이터
③ 어큐뮬레이터와 스트레이너
④ 필터와 스트레이너

정답 ④

유압 작동유에 먼지나 금속가루 등의 불순물이 있으면 유압기기의 슬라이드 부분의 마모가 일어나고 각 구동부의 운동에 저항으로 작용한다. 그러한 불순물을 제거하기 위해 필터와 스트레이너를 사용한다.

```
⊕        핵심 포크        ⊕

필터와 스트레이너
• 필터 : 배관이나 복귀 회로, 바이패스 회로 등에 설치하며 불순물을 여과
• 스트레이너 : 유압 펌프 흡입구 쪽에 설치하여 오일 탱크로부터 불순물이 혼입되는 것을 방지
```

08 교류 발전기에서 다이오드의 역할은?

① 여자 전류를 조정하고, 역류를 방지한다.
② 전류를 조정하고, 교류 전기를 정류한다.
③ 전압을 조정하고, 교류 전기를 정류한다.
④ 교류 전기를 정류하고, 역류를 방지한다.

정답 ④

교류 발전기에서 다이오드는 스테이터 코일에서 발생한 교류 전기를 정류하여 직류로 변환시키며, 축전지로부터 발전기로 전류가 역류하는 것을 방지한다.

09 다음 중 유압 모터의 특징으로 가장 거리가 먼 것은?

① 정 · 역회전 변화가 불가능하다.
② 무단 변속이 용이하다.
③ 소형으로 큰 힘을 낼 수 있다.
④ 전동 모터에 비해 급속정지가 쉽다.

 ①

> **핵심 포크**
>
> **유압 모터의 장점**
> • 속도나 방향 제어가 용이하다.
> • 무단 변속이 용이하다.
> • 소형 · 경량으로서 큰 힘을 낼 수 있다.
> • 전동 모터에 비해 급속정지가 쉽다.

10 신개발 건설기계의 시험이나 연구 목적을 제외한 건설기계의 임시운행 기간은 며칠 이내인가?

① 30일
② 20일
③ 15일
④ 10일

정답 ③

건설기계 관리법 시행규칙에 따르면, 건설기계를 미등록한 상태에서 임시운행 시 그 운행기간은 15일 이내이며, 신개발 건설기계의 시험 및 연구 목적인 경우에는 3년 이내이다.

11 다음 교통안전표지가 나타내고 있는 것은?

① 회전 교차로
② 좌 · 우회전
③ 유턴
④ 양측방 통행

 ②

> **핵심 포크**
>
> **회전 교차로와 양측방 통행 표지**
>
> | 회전 교차로 | 양측방 통행 |
> | --- | --- |
> |  | |

12 다음 중 안전보호구를 선택할 때의 유의사항으로 옳지 않은 것은?

① 사용 목적에 구애받지 않아야 한다.
② 착용이 용이하고 작업 시 불편하지 않아야 한다.
③ 작업에 방해되지 않아야 한다.
④ 보호구 성능 기준에 적합하고 보호 성능이 보장되어야 한다.

 ①

안전보호구는 사용 목적 또는 작업에 적합한 것이어야 한다.

13 다음 유압 기호가 나타내고 있는 것은?

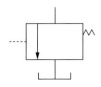

① 시퀀스 밸브
② 감압 밸브
③ 릴리프 밸브
④ 무부하 밸브

 ④

핵심 포크

유압 기호

시퀀스 밸브	릴리프 밸브
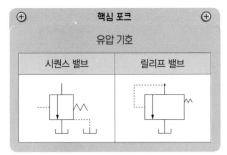	

14 건설기계의 유압장치를 설명한 것으로 가장 적절한 것은?

① 오일의 연소 에너지를 통해 동력을 생산한다.
② 오일을 통해 전기를 생산한다.
③ 오일의 유체 에너지를 통해 기계적인 일을 한다.
④ 기체를 액체로 전환하기 위해 압축한다.

 ③

유압장치란, 일반적으로 유체의 압력 에너지를 이용하여 기계적인 일을 하도록 하는 장치를 말한다.

15 다음 중 건설기계의 구조 변경 가능 범위에 해당하지 않는 것은?

① 적재함의 용량 증가를 위한 변경
② 수상작업용 건설기계 선체의 형식 변경
③ 조종장치의 형식 변경
④ 건설기계의 깊이, 너비, 높이 변경

 ①

핵심 포크

건설기계의 구조 변경 범위
• 원동기 및 전동기의 형식 변경
• 동력 전달장치, 제동장치, 주행장치, 유압장치, 조종장치, 조향장치, 작업장치의 형식 변경
• 건설기계의 길이 · 너비 · 높이 등의 변경
• 수상작업용 건설기계의 선체의 형식 변경
• 타워크레인 설치 기초 및 전기장치의 형식 변경

16 다음 중 축전지의 전해액으로 옳은 것은?

① 해면상납
② 묽은 황산
③ 물
④ 과산화납

 ②

납산 축전지의 전해액은 묽은 황산이며, 전해액의 자연 감소 시 증류수를 보충한다. 해면상납은 납산 축전지의 음극판을 이루고 있으며, 과산화납은 양극판을 이루고 있다.

17 다음 중 밀폐된 장소에서 엔진을 가동할 시 가장 주의해야 할 사항은?

① 작업 시간
② 배출가스 중독
③ 진동으로 인한 직업성 질병
④ 소음으로 인한 추락

 ②

엔진을 가동하면 배출가스가 발생하므로 밀폐된 장소에서는 배출가스의 중독으로 인한 질식 사고에 주의해야 한다. 그렇기 때문에 옥내에서 작업 시에는 반드시 환풍 장치를 제대로 갖추어야 한다.

18 편도 4차로 일반도로에서 4차로가 버스 전용 차로 일 때에 건설기계가 통행해야 할 차로는?

① 한적한 차로
② 4차로
③ 3차로
④ 2차로

 ③

핵심 포크

차로에 따른 통행차의 기준

• 편도 2차로
　– 1차로 : 앞지르기를 하려는 모든 자동차
　– 2차로 : 모든 자동차
• 편도 3차로 이상
　– 1차로 : 앞지르기를 하려는 승용자동차 및 승합자동차
　– 왼쪽 차로 : 승용자동차 및 승합자동차
　– 오른쪽 차로 : 대형 승합자동차, 화물자동차, 특수자동차, 건설기계

19 다음 중 화재 및 폭발 우려가 있는 가스 발생 장치 작업장에 작업 시 지켜야 할 유의사항으로 옳지 않은 것은?

① 인화성 물질을 사용해서는 안 된다.
② 점화원이 될 수 있는 기재를 사용해서는 안 된다.
③ 화기를 사용해서는 안 된다.
④ 불연성 재료를 사용해서는 안 된다.

 ④

화재 및 폭발 우려가 있는 작업장에서는 사고 위험에 대비하여 불연성 재료를 사용하도록 해야 한다. 이와 반대로 가연성 및 인화성 물질을 사용해서는 안 된다.

20 다음 중 지게차에 화물을 적재한 채 창고나 공장을 출입할 시 유의사항으로 옳지 않은 것은?

① 차폭이나 출입구의 폭은 확인할 필요가 없다.
② 주위 장애물을 확인 후 이상이 없을 때 출입한다.
③ 화물이 출입구 높이에 닿지 않도록 한다.
④ 운전자의 신체를 차체 바깥으로 내밀어서는 안 된다.

 ①

화물을 적재한 지게차로 창고나 공장을 출입할 때에는 천장, 상부 장애물, 출입문의 폭 등을 확인하여 안전을 확보해야 한다. 또한, 부득이하게 포크를 올려서 출입하는 경우에는 출입구 높이에 주의하도록 한다.

제**2**장

CBT 기출복원문제

21 다음 중 도로교통법상 모든 차량의 운전자가 서행해야 하는 장소에 해당하지 않는 곳은?

① 가파른 비탈길의 내리막
② 편도 2차로 이상의 다리 위
③ 도로가 구부러진 부근
④ 비탈길의 고갯마루 부근

 정답 ②

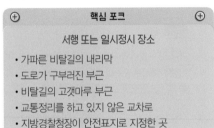

핵심 포크

서행 또는 일시정지 장소

• 가파른 비탈길의 내리막
• 도로가 구부러진 부근
• 비탈길의 고갯마루 부근
• 교통정리를 하고 있지 않은 교차로
• 지방경찰청장이 안전표지로 지정한 곳

22 유압장치의 정상적인 작동을 위한 일상점검 방법으로 옳은 것은?

① 오일 냉각기 점검 및 세척
② 유압 컨트롤 밸브 세척 및 교체
③ 유압 펌프 점검 및 교체
④ 오일양 점검 및 필터의 교체

 정답 ④

유압장치의 일상점검 방법에는, 오일의 변질 상태 점검, 소음 및 호스의 누유 여부 점검, 오일 누설 여부 점검, 오일양 점검 및 필터의 교체가 있다.

23 유압장치에서 방향 제어 밸브에 대한 다음 설명 중 옳지 않은 것은?

① 유체의 흐름 방향을 한쪽으로만 허용
② 액추에이터의 속도 제어
③ 유압 실린더 및 유압 모터의 작동 방향 변환
④ 유체의 흐름 방향 제어

 정답 ②

유압장치에서 액추에이터의 속도를 제어하는 것은 방향 제어 밸브가 아니라 유량 제어 밸브이다.

24 다음 중 제동장치와 유압장치의 작동 원리가 바탕을 두고 있는 이론은?

① 파스칼의 원리
② 가속도 법칙
③ 보일의 법칙
④ 열역학 제1법칙

 정답 ①

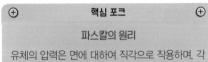

핵심 포크

파스칼의 원리

유체의 압력은 면에 대하여 직각으로 작용하며, 각 점의 압력은 모든 방향으로 같다. 그러므로 밀폐된 용기 내의 액체 일부에 가해진 압력은 유체 각 부분에 동시에 같은 크기로 전달된다는 원리이다.

25 다음 중 엔진 오일이 연소실로 올라오는 이유로 가장 적절한 것은?

① 크랭크축의 마모
② 커넥팅 로드의 마모
③ 피스톤 링의 마모
④ 피스톤 핀의 마모

 ③

오일이 연소실로 올라오는 원인에는 피스톤 링 및 실린더 벽의 마모가 있다. 그러므로 피스톤 링과 실린더 벽이 마모되면 오일이 연소실로 올라와 연소되어 연료 소비량이 증가하게 된다.

26 다음 중 디젤 엔진의 연료 필터에 설치된 오버플로 밸브(Overflow Valve)의 기능으로 옳지 않은 것은?

① 운전 중 연료 계통의 공기 배출 작용
② 분사 노즐의 연료 분사 시기 제어
③ 연료 공급 펌프의 소음 발생 방지
④ 연료 필터의 엘리멘트 보호

 ②

⊕ **핵심 포크** ⊕

오버플로 밸브의 기능

• 연료 계통의 공기 배출
• 연료 공급 펌프의 소음 발생 방지
• 연료 필터의 엘리멘트 보호

27 4행정 엔진에서 1사이클을 완료할 때 크랭크축의 회전수는?

① 6회전
② 4회전
③ 3회전
④ 2회전

 ④

4행정 사이클 엔진은 흡기, 압축, 연소, 배기의 행정을 1사이클로 하여 크랭크축이 2회전 할 때 1회의 사이클이 이루어지는 엔진이다.

28 다음 중 성능이 불량하거나 사고가 자주 발생하는 건설기계의 안정성 등을 점검하기 위해 실시하는 검사는?

① 수시검사
② 정기검사
③ 구조 변경 검사
④ 예비검사

정답 ①

⊕ **핵심 포크** ⊕

건설기계 검사의 종류

• 신규 등록 검사 : 건설기계를 신규로 등록할 때 실시
• 정기검사 : 건설공사용 건설기계로서 3년의 범위에서 검사 유효 기간이 끝난 후에 계속 운행하려는 경우에 실시
• 수시검사 : 성능이 불량하거나 사고가 자주 발생하는 건설기계의 안정성 등을 점검하기 위해 수시로 실시
• 구조 변경 검사 : 건설기계의 주요 구조를 변경하거나 개조한 경우 실시

제 **2** 장

CBT 기출복원문제

29 다음 중 건설기계를 등록하기 전에 임시운행하는 사유에 해당하지 않은 경우는?

① 수출을 위해 건설기계를 선적지로 운행하는 경우
② 신개발 건설기계를 시험 · 연구의 목적으로 운행하는 경우
③ 등록신청을 위해 건설기계를 등록지로 운행하는 경우
④ 건설기계 구매 전에 이상 유무 확인을 위해 예비 운행하는 경우

정답 ④

┌──────────────────────────────┐
│ ⊕ **핵심 포크** ⊕ │
│ │
│ **미등록 건설기계의 임시운행** │
│ │
│ • 신규 등록 검사 및 확인검사를 받기 위해 검사 │
│   장소로 운행하는 경우 │
│ • 수출을 하기 위하여 등록 말소한 건설기계를 점 │
│   검 · 정비의 목적으로 운행하는 경우 │
│ • 판매 또는 전시를 위하여 건설기계를 일시적으 │
│   로 운행하는 경우 │
└──────────────────────────────┘

30 다음 중 건설기계 등록번호표의 표시 내용이 아닌 것은?

① 등록번호
② 등록관청
③ 장비의 연식
④ 기종

정답 ③

건설기계관리법 시행규칙에 따르면, 등록번호표에는 등록관청, 용도, 기종 및 등록번호를 표시해야 한다.

31 다음 중 라디에이터에 대한 설명으로 옳지 않은 것은?

① 냉각 효율을 높이기 위해 방열판이 설치된다.
② 공기 흐름 저항이 커야 냉각 효율이 높다.
③ 라디에이터의 재료 대부분은 알루미늄 합금이 사용된다.
④ 단위 면적당 방열량이 커야 한다.

정답 ②

┌──────────────────────────────┐
│ ⊕ **핵심 포크** ⊕ │
│ │
│ **라디에이터의 구비 조건** │
│ │
│ • 공기의 흐름 저항이 작아야 한다. │
│ • 단위 면적당 발열량이 커야 한다. │
│ • 가볍고 작으며, 강도가 커야 한다. │
│ • 냉각수의 흐름 저항이 작아야 한다. │
└──────────────────────────────┘

32 다음 중 소화 작업의 기본 요소가 아닌 것은?

① 연료를 기화시킨다.
② 점화원을 제거시킨다.
③ 산소 공급원을 차단한다.
④ 가연 물질을 제거한다.

정답 ①

소화 작업 시 연료를 기화시키면 화재가 악화될 위험이 있다.

33 다음 중 전기 기기에 의한 감전사고를 방지하기 위해 필요한 설비로 가장 중요한 것은?

① 고압계 설비
② 방폭등 설비
③ 접지 설비
④ 대지 전위 상승 설비

정답 ③

건설현장에서 이동식 전기기계, 전기 기구에 의한 감전사고를 방지하기 위해 가장 중요한 것은 접지 설비이다.

34 다음 중 유압 펌프가 작동할 때 소음이 발생하는 원인으로 옳지 않은 것은?

① 펌프 흡입관 접합부로부터 공기 유입
② 스트레이너가 막혀 흡입 용량이 너무 작아짐
③ 릴리프 밸브에서의 오일 누유
④ 펌프 축의 편심 오차가 큼

정답 ③

> ⊕ **핵심 포크** ⊕
>
> **유압 펌프에서 소음이 발생하는 원인**
>
> • 펌프 흡입관 접합부로부터 공기 유입
> • 스트레이너가 막혀 흡입 용량이 너무 작아짐
> • 펌프 축의 편심 오차가 너무 큼
> • 오일의 양이 부족
> • 오일 내부의 공기 혼입
> • 오일의 점도가 너무 높음
> • 펌프의 회전 속도가 너무 빠름
> • 필터의 여과 입도수(Mesh)가 너무 높음

35 다음 중 유류 화재 시 소화 방법으로 적절하지 않은 것은?

① 다량의 물을 붓는다.
② ABC소화기를 사용한다.
③ B급 화재 소화기를 사용한다.
④ 모래를 뿌린다.

정답 ①

기름으로 인한 화재 발생 시 물을 부으면 기름과 물이 섞이지 않고 기름이 더 확산되기 때문에 화재가 번질 위험이 있다.

36 건설기계 운전자가 작업 중 고의로 인명피해를 입히는 사고를 일으켰을 경우에 대한 처분은?

① 면허 효력 정지 45일
② 면허 효력 정지 60일
③ 면허 효력 정지 90일
④ 면허 취소

정답 ④

> ⊕ **핵심 포크** ⊕
>
> **건설기계 조종사 면허의 취소 및 정지**
>
> • 고의로 인명피해를 입힌 경우 : 취소
> • 과실로 중대재해가 발생한 경우 : 취소
>   – 사망자가 1명 이상 발생한 재해
>   – 3개월 이상의 요양이 필요한 부상자가 동시에 2명 이상 발생한 재해
>   – 부상자 또는 직업성 질병자가 동시에 10명 이상 발생한 재해
> • 그 밖의 인명피해를 입힌 경우
>   – 사망 1명마다 면허 효력 정지 45일
>   – 중상 1명마다 면허 효력 정지 15일
>   – 경상 1명마다 면허 효력 정지 5일

제**2**장
CBT 기출복원문제

37 유압장치에 사용하는 오일 실(Seal)의 종류 중 O – 링이 갖추어야 할 조건으로 옳은 것은?

① 오일의 입·출입이 가능해야 한다.
② 작동 시 마모가 커야 한다.
③ 체결력이 작아야 한다.
④ 압축 변형이 작아야 한다.

정답 ④

핵심 포크

⊕ ⊕

O – 링의 구비 조건

• 오일 누유를 방지할 수 있어야 한다.
• 운동체의 마모를 적게 해야 한다.
• 체결력이 커야 한다.
• 탄성이 양호하고, 압축 변형이 작아야 한다.
• 사용 온도의 범위가 넓어야 한다.
• 내노화성이 좋아야 한다.
• 상대 금속을 부식시키지 말아야 한다.

38 지게차의 포크를 하강시킬 때의 방법으로 가장 적절한 것은?

① 가속 페달을 밟지 않고, 리프트 레버를 앞으로 민다.
② 가속 페달을 밟고 리프트 레버를 앞으로 민다.
③ 가속 페달을 밟지 않고, 리프트 레버를 뒤로 당긴다.
④ 가속 페달을 밟고 리프트 레버를 앞으로 민다.

정답 ①

지게차의 포크를 상승시킬 때에는 가속 페달을 밟는다. 반대로 하강시킬 때에는 가속 페달을 밟지 않는다.

39 다음 중 펌프가 오일을 토출하지 않을 때의 원인으로 옳지 않은 것은?

① 오일이 부족하다.
② 토출측 배관의 체결볼트가 이완되었다.
③ 오일 탱크의 유면이 낮다.
④ 흡입관으로 공기가 유입된다.

정답 ②

토출측 배관의 체결볼트가 이완된 것은 펌프가 오일을 토출하지 않을 때의 원인이 아니라, 오일 누설의 원인에 해당한다.

40 다음 중 시속 15km 이하의 건설기계가 갖추지 않아도 되는 조명은?

① 전조등
② 제동등
③ 번호등
④ 후부반사판

정답 ③

핵심 포크

⊕ ⊕

타이어식 건설기계의 조명장치

• 최고 주행 속도가 시속 15km 미만인 건설기계 : 전조등, 제동등, 후부반사기, 후부반사판 혹은 후부반사지
• 최고 주행 속도가 시속 15km 이상 50km 미만인 건설기계 : 위에 해당하는 조명장치, 방향 지시등, 번호등, 후미등, 차폭등
• 시속 50km 이상 운전 가능한 건설기계 : 위에 해당하는 조명장치, 후퇴등, 비상점멸 표시등

41 다음 중 진동장해에 대한 예방 대책으로 옳지 않은 것은?

① 방진장갑과 귀마개를 착용한다.
② 실외 작업을 한다.
③ 진동 업무를 자동화한다.
④ 저진동 공구를 사용한다.

정답 ②

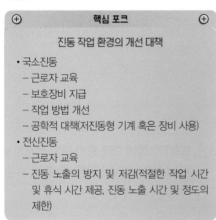

핵심 포크

진동 작업 환경의 개선 대책

• 국소진동
  – 근로자 교육
  – 보호장비 지급
  – 작업 방법 개선
  – 공학적 대책(저진동형 기계 혹은 장비 사용)
• 전신진동
  – 근로자 교육
  – 진동 노출의 방지 및 저감(적절한 작업 시간 및 휴식 시간 제공, 진동 노출 시간 및 정도의 제한)

42 다음 중 소화 설비 선택 시 고려해야 할 사항으로 옳지 않은 것은?

① 작업자의 성격
② 작업장의 환경
③ 작업의 성질
④ 화재의 성질

정답 ①

소화 설비의 선택 시 고려해야 할 사항에는, 작업장의 환경, 작업의 성질, 화재의 성질 등이 있으며, 작업자의 성격은 고려 사항이 아니다.

43 다음 중 도로교통법에 따른 긴급자동차에 해당하지 않는 것은?

① 위독 환자의 수혈을 위한 혈액 운송 차량
② 응급 전신·전화 수리 공사에 사용되는 자동차
③ 긴급한 경찰 업무수행에 사용되는 자동차
④ 학생 운송 전용 버스

정답 ④

도로교통법에 따른 긴급자동차에는 소방차, 구급차, 혈액 공급차량, 그 밖에 대통령령으로 정하는 그 본래의 긴급한 용도로 사용되고 있는 자동차가 해당된다.

44 커먼레일 디젤 엔진의 연료장치 시스템에서 출력 요소는?

① 인젝터
② 엔진 ECU
③ 공기 유량 센서
④ 브레이크 스위치

정답 ①

핵심 포크

커먼레일 디젤 엔진

입력 요소	출력 요소
• 냉각 수온 센서 • 가속 페달 센서 • 연료 온도 센서 • 크랭크 포지션 센서 • 부스터 압력 센서 • 연료 압력 센서 • 에어 플로 센서 • T.D.C 센서	• 인젝터 • 레일 압력 조절 밸브 • 냉각장치 • 보조 히터 장치 • 스로틀 플랩 장치 • 예열장치 • E.R.G 제어장치

45 특별표지판을 부착해야 할 대형 건설기계에 해당하지 않는 것은?

① 총중량이 45톤인 건설기계

② 높이가 6m인 건설기계

③ 길이가 15m인 건설기계

④ 너비가 2.8m인 건설기계

정답

등록번호가 표시된 면에 특별표지를 부착해야 하는 대형 건설기계에는, 높이가 4.0미터를 초과하는 건설기계, 너비가 2.5미터를 초과하는 건설기계, 길이가 16.7미터를 초과하는 건설기계, 총중량이 40톤을 초과하는 건설기계가 해당된다.

46 다음 중 자체중량에 의한 자유 낙하 등을 방지하기 위해 회로에 배압을 유지하는 밸브는?

① 카운터 밸런스 밸브

② 릴리프 밸브

③ 감압 밸브

④ 체크 밸브

정답

⊕ **핵심 포크** ⊕

카운터 밸런스 밸브

카운터 밸런스 밸브는 한 방향의 흐름에 대하여는 규제된 저항에 의해 배압으로서 작동하는 제어 유동 밸브이고, 그 반대 방향의 유동에 대하여는 자동 유동의 밸브로 실린더가 중력으로 인하여 제어 속도 이상으로 낙하하는 것을 방지하는 압력 제어 밸브이다.

47 유압 계통에 사용하는 오일의 점도가 너무 낮을 경우 나타나는 현상이 아닌 것은?

① 오일의 누설 증가

② 시동 저항 증가

③ 유압 회로 내부의 압력 저하

④ 펌프 효율 저하

정답

오일의 점도는 끈적거리는 정도를 나타내는 것으로, 엔진 시동 시 저항이 증가되는 경우는 오일의 점도가 너무 높을 때 나타나는 현상이다.

48 도로교통법에 따른 승차 또는 적재의 방법과 제한에서 운행상의 안전기준을 넘어 승차 및 적재가 가능한 경우는?

① 관할 시·군수의 허가를 받은 경우

② 동·읍 면장의 허가를 받은 경우

③ 도착지를 관할하는 경찰서장의 허가를 받은 경우

④ 출발지를 관할하는 경찰서장의 허가를 받은 경우

정답

⊕ **핵심 포크** ⊕

승차 또는 적재의 방법과 제한

모든 차의 운전자는 승차 인원, 적재중량 및 적재 용량에 관하여 대통령령으로 정하는 운행상의 안전기준을 넘어서 승차시키거나 적재한 상태로 운전하여서는 안 된다. 다만, 출발지를 관할하는 경찰서장의 허가를 받은 경우에는 그렇지 않다.

49 건설기계 조종사 면허가 취소되거나 효력 정지 처분을 받은 후에도 건설기계를 계속하여 조종한 자에 대한 벌칙은?

① 100만 원 이하의 과태료
② 300만 원 이하의 과태료
③ 500만 원 이하의 과태료
④ 1년 이하의 징역 또는 1천만 원 이하의 벌금

 ④

건설기계 관리법의 벌칙에 대한 조항에 따르면, 건설기계 조종사 면허가 취소되거나 건설기계 조종사 면허의 효력 정지 처분을 받은 후에도 건설기계를 계속하여 조종한 자는 1년 이하의 징역 또는 1천만 원 이하의 벌금에 처한다.

50 다음 중 디젤 엔진과 관련이 없는 것은?

① 착화
② 예열 플러그
③ 점화
④ 세탄가

 ③

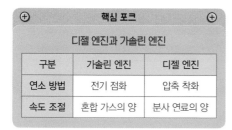

핵심 포크

디젤 엔진과 가솔린 엔진

구분	가솔린 엔진	디젤 엔진
연소 방법	전기 점화	압축 착화
속도 조절	혼합 가스의 양	분사 연료의 양

51 유압이 진공에 가까워져 기포가 생기고 이로 인해 국부적인 고압이나 소음이 발생하는 현상은?

① 베이퍼 록
② 캐비테이션
③ 맥동
④ 페이드

 ②

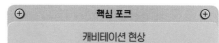

핵심 포크

캐비테이션 현상

작동유 속에 기포가 생겨 유압장치 내부에 국부적인 높은 압력과 소음 및 진동을 발생하는 현상으로, 효율 저하와 수명 단축을 일으킨다.

52 디젤 엔진의 예열장치에서 코일형 예열 플러그와 비교한 쉴드형 예열 플러그에 대한 설명 중 옳지 않은 것은?

① 예열 플러그 하나가 단선되어도 나머지는 작동된다.
② 기계적 강도 및 가스에 의한 부식에 약하다.
③ 예열 플러그들 사이의 회로는 병렬로 결선되어 있다.
④ 발열량이 크고 열용량도 크다.

 ②

기계적 강도 및 가스에 의한 부식에 약한 것은 코일형 예열 플러그에 대한 설명이다.

53 유압장치 중 유압 에너지의 저장, 충격 흡수 등에 이용되는 장치는?

① 펌프

② 축압기

③ 스트레이너

④ 오일 탱크

 정답 ②

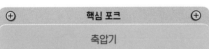

핵심 포크

축압기

축압기는 유압유의 압력 에너지를 저장하는 용기로서, 비상용 유압원 및 보조 유압원으로 사용된다. 또한, 일정한 압력의 유지와 점진적 압력의 증대를 일으키는 역할을 하며, 서지 압력의 흡수, 펌프 맥동의 흡수 작용까지 한다.

54 다음 중 유압장치에서 작동 및 움직임이 있는 곳의 연결관으로 적절한 것은?

① 강 파이프

② PVC 호스

③ 구리 파이프

④ 플렉시블 호스

 정답 ④

브레이크액의 유압 전달 혹은 상대적으로 움직이는 부분, 작동 및 움직임이 있는 부분에는 플렉시블 호스(Flexible Hose)를 사용하고, 외부의 손상에 튜브를 보호하기 위하여 보호용 리브를 부착하기도 한다.

55 건설기계 사업을 영위하고자 하는 자가 등록 신청을 해야 하는 사람은?

① 자치구의 구청장

② 국토교통부장관

③ 건설기계 폐기업자

④ 전문 건설기계 정비업자

 정답 ①

건설기계 관리법에 따르면, 건설기계사업을 하려는 자(지방자치단체는 제외)는 대통령령으로 정하는 바에 따라 사업의 종류별로 시장·군수 또는 구청장(자치구의 구청장)에게 등록하여야 한다. 또한, 이에 따라 사업의 등록을 하려는 자는 국토교통부령으로 정하는 기준을 갖추어야 한다.

56 다음 중 해머 작업 시 유의사항으로 옳지 않은 것은?

① 자루가 단단한 것을 사용한다.

② 장갑을 끼지 않는다.

③ 해머로 타격할 때에는 처음부터 강한 힘을 가한다.

④ 작업에 알맞은 무게의 해머를 사용한다.

 정답 ③

핵심 포크

해머 사용 시 유의 사항

• 쐐기를 박아 자루가 단단한 것을 사용한다.

• 장갑을 끼지 않는다.

• 작업에 알맞은 무게의 해머를 사용한다.

• 열처리된 재료는 해머로 때리지 않는다.

• 타격 시 처음에는 작게 휘두르고, 점차 크게 휘두른다.

• 기름 묻은 손으로 자루를 잡지 않는다.

57 타이어식 건설기계에서 전후 주행이 되지 않을 경우 점검해야 할 곳으로 옳지 않은 것은?

① 변속장치
② 타이로드 엔드
③ 주차 브레이크 잠김 여부
④ 유니버설 조인트

타이로드 엔드는 타이로드 끝부분에 좌우에 하나씩 설치되어 있는 볼과 소켓으로 된 조인트이다. 이는 조향 바퀴의 조정을 위해서 설치된 것으로, 전후 주행이 되지 않는 경우와는 연관이 없다.

58 지게차의 리프트 실린더 작동 회로에서 플로 레귤레이터(슬로우 리턴) 밸브를 사용하는 주된 목적은?

① 리프트 실린더 회로에서 포크 상승 중 중간 정지 시 내부 누유를 방지한다.
② 컨트롤 밸브와 리프트 실린더 사이에서 배관 파손 시 적재물 급강하를 방지한다.
③ 포크의 정상 하강 시 천천히 내려올 수 있도록 작용한다.
④ 적재된 화물을 하강할 때 신속하게 내려올 수 있도록 한다.

플로 레귤레이터(슬로우 리턴) 밸브는 지게차의 리프트 실린더 작동 회로에 사용하며, 포크를 천천히 하강하도록 작용한다. 컨트롤 밸브와 리프트 실린더 사이에서 배관 파손 시 적재물 급강하를 방지하는 것은 플로 프로텍터(벨로시티 퓨즈)이다.

59 다음 중 지게차 주행 시 유의사항으로 옳지 않은 것은?

① 노면의 상태에 충분한 주의를 하여야 한다.
② 적하장치에 사람을 태워서는 안 된다.
③ 화물을 싣고 주행할 때는 절대 속도를 내서는 안 된다.
④ 포크의 끝을 바깥으로 경사지게 한다.

지게차 주행 시 포크의 끝을 올려야 하며, 화물 적재 여부와 관계없이 포크를 올린 상태에서 포크 밑에 서 있거나 걸어 다니지 말아야 한다.

60 다음 중 드라이버 사용 방법으로 옳지 않은 것은?

① 전기 작업 시 자루가 금속으로 되어 있는 것을 사용한다.
② 작은 공작물이라도 한손으로 잡지 않고 바이스 등으로 고정하고 사용한다.
③ 날 끝이 수평이어야 하며 둥글거나 빠진 것은 사용하지 않도록 한다.
④ 날 끝의 폭과 깊이가 나사와 같은 것을 사용한다.

전기 작업 시 감전사고에 대비하여 자루는 비전도체 재료(고무, 플라스틱, 나무)로 된 것을 사용하도록 한다.

CBT 기출복원문제　　제5회

01 풀리에 벨트를 걸거나 벗길 때 안전하게 하기 위한 작동 상태는?

① 중속 상태　　② 역회전 상태

③ 정지 상태　　④ 고속 상태

 정답 ③

벨트를 풀리에서 걸거나 풀 때에는 안전을 위해 반드시 기계의 회전을 정지시킨 상태에서 해야 한다.

02 다음 그림의 교통안전표지는 무엇인가?

① 최고 속도 제한 표지

② 최저 속도 제한 표지

③ 차간거리 최저 50m

④ 차간거리 최고 50m

 정답 ①

핵심 포크

교통안전표지

최저 속도 제한	차간거리 확보

03 다음 중 유압의 압력을 올바르게 나타낸 것은?

① 압력=단면적/가해진 힘

② 압력=가해진 힘/단면적

③ 압력=단면적×가해진 힘

④ 압력=가해진 힘-단면적

 정답 ②

핵심 포크

유압의 압력

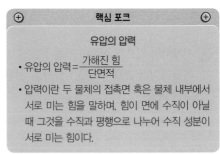

• 유압의 압력$=\dfrac{\text{가해진 힘}}{\text{단면적}}$

• 압력이란 두 물체의 접촉면 혹은 물체 내부에서 서로 미는 힘을 말하며, 힘이 면에 수직이 아닐 때 그것을 수직과 평행으로 나누어 수직 성분이 서로 미는 힘이다.

04 다음 중 연소의 3요소에 해당하지 않는 것은?

① 산소(공기)　　② 점화원

③ 가연성 물질　　④ 이산화탄소

 정답 ④

핵심 포크

연소의 3요소

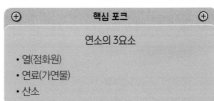

• 열(점화원)

• 연료(가연물)

• 산소

05 폐기 요청을 받은 건설기계를 폐기하지 않거나 등록번호표를 폐기하지 않은 자에 대한 벌칙으로 옳은 것은?

① 300만 원 이하의 과태료
② 500만 원 이하의 과태료
③ 1년 이하의 징역 또는 1천만 원 이하의 벌금
④ 2년 이하의 징역 또는 2천만 원 이하의 벌금

정답 ③

건설기계 관리법에 의하면, 폐기 요청을 받은 건설기계를 폐기하지 않거나 등록번호표를 받지 않은 자는 1년 이하의 징역 또는 1천만 원 이하의 벌금에 처하게 된다.

06 공유압 기호 중 그림이 나타내고 있는 것은?

① 공기압 동력원
② 유압 동력원
③ 원동기
④ 전동기

정답 ②

핵심 포크		
공유압 기호		
공기압 동력원	전동기	원동기

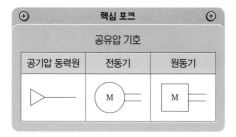

07 유압기기 점검 중 작동유가 누출되었을 때 취해야 할 조치를 올바르게 짝지은 것은?

① 부품을 교체하고 유압기기 전체를 재점검한다.
② 부품을 플러싱하고 유압기기 전체를 교체한다.
③ 부품을 열화하고 유압기기 전체를 재점검한다.
④ 부품을 재점검하고 유압기기 전체를 교체한다.

정답 ①

유압기기를 점검하였을 때 부품에서 작동유가 누출되었을 경우, 이음부를 더 조여주거나 부품을 교체한다. 또한, 재발을 방지하기 위해 유압기기 전체를 재점검하도록 한다.

08 산업안전보건법령상 안전보건표지에서의 색채와 그 용도가 다르게 짝지어진 것은?

① 빨간색 – 금지, 경고
② 파란색 – 지시
③ 녹색 – 안내
④ 노란색 – 위험

정답 ④

핵심 포크	
안전보건표지	

• 녹색 : 안내
• 파란색 : 지시
• 노란색 : 경고
• 빨간색 : 금지, 경고

제**2**장
CBT 기출복원문제

09 다음 안전보건표지가 나타내는 것으로 옳은 것은?

① 급성 독성 물질 경고
② 낙하물 경고
③ 폭발성 물질 경고
④ 고압 전기 경고

 ④

경고표지		
급성 독성 물질 경고	낙하물 경고	폭발성 물질 경고

10 지게차에서 리프트 실린더의 상승 동력이 부족한 원인과 가장 거리가 먼 것은?

① 유압펌프의 불량
② 틸트 록 밸브의 밀착 불량
③ 리프트 실린더의 유압유 누출
④ 오일 필터의 막힘

 ②

틸트 록 밸브는 지게차의 마스트를 기울이는 도중에 시동이 정지되었을 때 그 상태를 유지시켜 주는 밸브를 말한다. 그러므로 리프트 실린더의 상승 동력 부족과는 관련이 없다.

11 지게차의 일반적인 조향 방식으로 옳은 것은?

① 작업 조건에 따라 변경할 수 있다.
② 허리꺾기 조향 방식이다.
③ 뒷바퀴 조향 방식이다.
④ 앞바퀴 조향 방식이다.

 ③

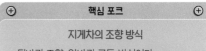

지게차의 조향 방식

• 뒷바퀴 조향, 앞바퀴 구동 방식이다.
• 완충장치가 없어 도로 조건이 나쁘면 불리하다.
• 최소 회전 반경이 약 1.8∼2.7m, 안쪽 바퀴의 조향각은 65∼75°이다.

12 회로의 전압이 12V이고, 저항이 6Ω일 때에 전류의 값은?

① 4A
② 3A
③ 2A
④ 1A

 ③

전류는 전압을 저항으로 나눈 값이므로, 전류의 값을 구하면, $\frac{12}{6}$=2이다. 따라서 전류의 값은 2A가 된다.

13 다음 중 건설기계의 등록을 말소할 수 있는 사유에 해당하지 않는 경우는?

① 건설기계를 장기간 운행하지 않게 된 경우
② 건설기계를 수출하는 경우
③ 건설기계를 폐기한 경우
④ 건설기계를 교육·연구 목적으로 사용하는 경우

정답 ①

핵심 포크

등록을 말소할 수 있는 경우

· 건설기계를 수출하는 경우
· 건설기계를 폐기한 경우
· 거짓이나 그 밖의 부정한 방법으로 등록을 한 경우
· 건설기계가 천재지변 또는 이에 준하는 사고 등으로 사용할 수 없게 되거나 멸실된 경우
· 건설기계의 차대가 등록 시의 차대와 다른 경우
· 건설기계를 교육·연구 목적으로 사용하는 경우 등

14 안전보건표지 중 적색 원형으로 만들어지는 것은?

① 안내표지
② 지시표지
③ 경고표지
④ 금지표지

정답 ④

경고표지는 적색 마름모 및 노란 삼각형, 지시표지는 파란 원형, 안내표지는 녹색 원형 및 사각형이다.

15 가동 중인 엔진에서 화재가 발생하였을 때 취해야 할 조치로 다음 중 가장 적절한 것은?

① 엔진을 급가속하여 팬의 강한 바람을 일으켜 불을 끈다.
② 엔진 시동 스위치를 끈 후 ABC소화기를 사용한다.
③ 포말 소화기를 사용하고 엔진 시동 스위치를 끈다.
④ 화재 원인을 분석한 뒤 모래를 뿌린다.

정답 ②

엔진 가동 중에 화재가 발생하였다면 즉시 시동을 꺼서 전원 공급을 차단한 후에 ABC소화기를 사용해 화재를 진압하도록 한다. ABC소화기는 A급 화재, B급 화재, C급 화재에 모두 사용이 가능하다.

16 정기검사 신청을 받은 검사대행자가 검사 일시 및 장소를 통지해야 하는 기간은?

① 3일 이내
② 5일 이내
③ 10일 이내
④ 15일

정답 ②

검사 신청을 받은 시·도지사 또는 검사대행자는 신청을 받은 날로부터 5일 이내에 검사 일시와 검사 장소를 지정하여 신청인에게 통보하여야 한다. 이때, 검사 장소는 건설기계 소유자의 신청에 의해 변경될 수 있다.

17 다음 중 유압 실린더의 작동 속도가 느릴 경우의 원인으로 옳은 것은?

① 릴리프 밸브의 설정 압력이 높을 때
② 운전석에 있는 가속 페달을 작동시켰을 때
③ 유압 회로 내부의 유량이 부족할 때
④ 엔진 오일 교환 시기가 지났을 때

 ③

핵심 포크

유압 실린더의 작동 속도가 느린 원인
• 유압 회로 내부의 유량 부족 및 공기 혼입
• 피스톤 링의 마모
• 유압유의 너무 높은 점도

---

18 다음 중 안전보건표지의 안내표지에 해당하지 않는 것은?

① 비상구
② 응급구호 표지
③ 출입금지
④ 녹십자 표지

 ③

안전보건표지에는 금지표지, 경고표지, 지시표지, 안내표지가 있다. 출입금지는 이 중 금지에 해당하며, 나머지는 안내표지에 해당한다.

19 지게차 유압 탱크의 유량 점검 시 포크의 위치로 가장 적절한 것은?

① 포크를 중간 높이에 둔다.
② 포크를 최대한으로 높인다.
③ 최대 적재량의 하중으로 포크는 지면에서 떨어진 높이에 둔다.
④ 포크를 지면에 내려놓는다.

 ④

지게차의 유압 오일양 점검은 주차 상태에서 실시한다. 지게차 주차 시에는 안전을 위해 포크를 지면에 내려놓아야 한다.

20 다음 중 철길 건널목 통과 방법에 대한 설명으로 옳지 않은 것은?

① 철길 건널목에 일시정지 표지가 없는 경우에는 서행하며 통과하도록 한다.
② 철길 건널목에서는 반드시 일시정지 후 안전을 확인하고 통과하도록 한다.
③ 철길 건널목 부근에서는 주정차를 해서는 안 된다.
④ 철길 건널목에서는 앞지르기를 해서는 안 된다.

 ①

도로교통법에 의하면, 모든 차 또는 노면전차의 운전자는 철길 건널목 앞에서는 우선 일시정지하여 안전을 확인한 후에 통과해야 하며, 건널목의 차단기가 내려져 있거나 내려지고 있는 경우 그 건널목으로 들어가서는 안 된다. 또한, 건널목을 통과하는 도중에 고장 등의 이유로 건널목 안에서 운행할 수 없게 된 경우에는 즉시 승객을 대피시키고 비상 신호기 등을 사용해 철도공무원이나 경찰공무원에게 알려야 한다.

21 다음 중 엔진에서 압축가스가 누설되어 압축 압력이 저하되는 원인에 해당하는 것은?

① 냉각 팬 벨트의 유격 과대
② 실린더 헤드 개스킷의 불량
③ 매니폴드 개스킷의 불량
④ 물 펌프의 불량

정답 ②

실린더 헤드 개스킷이란, 압축된 연소 가스의 누설 방지 및 물 또는 오일 등의 실린더 내부 유입을 방지하는 역할을 하는 장치이다. 엔진에서 실린더 헤드 개스킷의 불량이나 엔진 균열이 발생하면 냉각 계통으로 배기가스가 누설되는 원인이 된다.

22 냉각장치에서 압력식 라디에이터 캡을 사용하는 이유로 가장 적절한 것은?

① 압력 밸브가 고장 나서
② 냉각수의 비등점을 높이려고
③ 엔진의 온도를 높이려고
④ 엔진의 온도를 낮추려고

정답 ②

핵심 포크

압력식 라디에이터 캡

압력식 라디에이터 캡이란, 냉각수 주입구의 덮개로서 냉각 계통을 밀폐시켜 내부 온도 및 압력을 조정하여 냉각 효과를 상승시키는 것을 말한다. 이때, 압력식 라디에이터 캡은 냉각수의 끓는점인 비등점을 높여 냉각 효과를 상승시킨다.

23 다음 중 유압유의 구비 조건에 해당하지 않는 것은?

① 인화점과 발화점이 높아야 한다.
② 비압축성이어야 한다.
③ 점도 지수가 커야 한다.
④ 체적 탄성 계수가 적어야 한다.

정답 ④

핵심 포크

유압유의 구비 조건

- 발화점이 높아야 한다.
- 비압축성이어야 한다.
- 점도 지수가 커야 한다.
- 체적 탄성 계수가 커야 한다.
- 윤활성과 산화 안정성이 좋아야 한다.
- 적당한 점도와 유동성을 가져야 한다.
- 밀도가 작고 비중이 적당해야 한다.
- 열팽창계수가 작아야 한다.

24 운전자가 차체 바깥으로 팔을 내밀어 45° 밑으로 펴거나 상하로 흔들고 있을 때 나타내는 신호는?

① 정지 신호
② 후진 신호
③ 서행 신호
④ 앞지르기 신호

정답 ③

도로교통법 시행령에 의하면, 서행 신호는 운전자가 차체 바깥으로 팔을 내밀어 45° 밑으로 펴거나 상하로 흔드는 방법으로 신호를 보낸다. 또한, 자동차 안전기준에 따라 장치된 제동등을 깜박이는 것으로 신호를 보낼 수도 있다.

25 건설기계 등록번호표를 가리거나 훼손하여 알아보기 곤란하게 한 자나 그러한 건설기계를 운행한 자에게 부과하는 과태료로 옳은 것은?

① 100만 원 이하
② 300만 원 이하
③ 500만 원 이하
④ 1000만 원 이하

정답 ①

핵심 포크

100만 원 이하의 과태료를 부과하는 경우

• 등록번호표를 가리거나 훼손하여 알아보기 곤란하게 한 자나 그러한 건설기계를 운행한 자
• 등록번호표를 부착·봉인하지 않거나 등록번호표를 새기지 않은 자
• 등록번호표를 부착·봉인하지 않은 건설기계를 운행한 자 등

26 스패너 작업 시 지켜야 할 유의사항으로 옳지 않은 것은?

① 너트가 스패너에 깊이 물리도록 하여 조금씩 앞으로 당기는 식으로 풀고 조인다.
② 스패너의 입이 너트의 치수에 맞는 것을 사용한다.
③ 자루에 파이프를 이어서 사용해서는 안 된다.
④ 스패너와 너트 사이에 유격이 있을 경우 쐐기를 넣고 사용한다.

정답 ④

스패너와 너트는 치수가 서로 맞아 유격이 거의 없는 것으로 사용해야 하며 쐐기 등을 사용하면 사고가 발생할 수 있다.

27 건설기계 형식에 관한 승인을 얻거나 그 형식을 신고한 자는 당사자 간에 별도의 계약이 없는 경우 건설기계를 판매한 날로부터 무상으로 건설기계를 정비해주어야 하는 기간은?

① 12개월
② 9개월
③ 6개월
④ 3개월

정답 ①

건설기계 관리법 시행규칙에 따르면, 건설기계 형식에 관한 승인을 얻거나 그 형식을 신고한 자는 건설기계를 판매한 날로부터 12개월 동안 무상으로 건설기계의 정비 및 정비에 필요한 부품을 공급해야 한다.

28 타이어 트레드에 대한 다음 설명 중 옳지 않은 것은?

① 트레드가 마모되면 열의 발산에 문제가 생긴다.
② 트레드가 마모되면 구동력과 선회력이 저하된다.
③ 트레드가 마모될수록 지면과의 접촉 면적이 늘어나 마찰력이 증대되면서 제동 성능이 좋아진다.
④ 타이어 공기압이 높으면 트레드의 양단부보다 중앙부의 마모가 더 크다.

정답 ③

트레드가 마모될수록 지면과의 접촉 면적은 커지지만, 타이어의 열 발산이 저하되고 마찰력이 감소되어 제동 성능도 저하된다.

29 엔진 오일에 대한 다음 설명 중 가장 적절한 것은?

① 엔진 시동 후 유압 경고등이 꺼지면 엔진을 멈추고 점검한다.
② 겨울보다 여름에는 높은 점도의 오일을 사용한다.
③ 엔진 오일에는 거품이 많은 것이 좋다.
④ 엔진 오일 순환 상태는 오일 레벨 게이지로 확인한다.

 ②

엔진 오일의 경우, 여름에는 점도가 높은 것을 사용하고, 겨울에는 점도가 낮은 것을 사용한다. 여름에는 기온이 높아 오일의 점도가 너무 낮아지면 윤활유의 유막이 파괴되어 밀봉 작용이나 마멸 방지 작용의 성능이 저하된다.

30 다음 중 건설기계 등록번호표의 색상 구분으로 옳지 않은 것은?

① 자가용 번호표는 녹색판에 흰색 문자이다.
② 영업용 번호표는 주황색판에 흰색 문자이다.
③ 임시운행 번호표는 흰색판에 주황색 문자이다.
④ 관용 번호표는 흰색판에 검은색 문자이다.

 ③

건설기계 관리법 시행규칙에 따르면, 임시운행 번호표의 규격은 목판 재질로 된 흰색 페인트판에 검은색 문자이다.

31 다음 중 체인블록을 이용한 중량물 운반 시 가장 안전한 방법은?

① 화물을 내릴 때에는 하중 부담을 줄이기 위해 최대한 빠른 속도로 작업한다.
② 운반 시 반드시 최단거리 코스로 빠른 시간 내에 운반해야 한다.
③ 작업의 효율을 위해 두께가 가는 체인을 사용한다.
④ 체인이 느슨한 상태에서 갑자기 잡아당기면 사고 위험이 있으니 시간적 여유를 가지고 작업한다.

 ④

⊕ **핵심 포크** ⊕

중량물 운반 시 안전수칙

• 중량물 운반 시 체인블록이나 호이스트 등을 사용한다.
• 체인블록 사용 시 체인이 느슨한 상태에서 급격히 잡아당기지 않는다.
• 중량물 운반 시 사람이 승차하여 화물을 붙잡도록 해서는 안 된다.

32 다음 중 디젤 엔진의 장점이 아닌 것은?

① 소음 및 진동이 적다.
② 연료 소비율이 낮다.
③ 열효율이 높다.
④ 화재의 위험이 적다.

 ①

디젤 엔진의 장점에는, 연료 소비율이 낮다는 점, 열효율이 높다는 점, 인화점이 높아 화재의 위험이 적다는 점이 있다. 반면에 소음 및 진동이 크다는 단점이 있다.

33 다음 중 1kW를 PS로 환산한 값으로 옳은 것은?

① 735

② 1000

③ 1.36

④ 0.75

정답 ③

1PS는 735W이므로, 1kW를 1PS로 나누면 그 값을 알 수 있다. 따라서 1kW를 PS로 환산한 값은 다음과 같다.
1kW=1000W, 1PS=735W

$$\frac{1000}{735}=1.36$$

34 다음 중 축전지의 전압은 변함없이 용량만을 늘리는 방법으로 옳은 것은?

① 직렬연결법

② 병렬연결법

③ 직 · 병렬연결법

④ 논리회로 연결법

정답 ②

축전지의 직렬연결의 경우, 전압은 축전지 개수의 2배가 되고, 용량은 일정하다. 그리고 병렬연결의 경우에는 축전지의 용량이 개수의 2배가 되고 전압은 일정하다.

35 토크 컨버터의 구성품 중 엔진과 연결되어 같은 회전수로 회전하는 것은?

① 펌프

② 스테이터

③ 터빈

④ 변속기 입력축

정답 ①

핵심 포크

토크 컨버터의 구성품

• 펌프 : 크랭크샤프트에 연결되어 엔진과 같은 회전수로 회전
• 스테이터 : 오일의 방향을 변환하여 회전력을 증가시킴
• 터빈 : 변속기 입력축 스플라인에 결합하여 펌프를 따라 회전

36 다음 중 프라이밍 펌프를 통해 디젤 엔진의 연료장치 내부에 있는 공기를 배출하기 어려운 곳은?

① 연료 펌프

② 공급 펌프

③ 분사 노즐

④ 분사 펌프

정답 ③

분사 노즐은 펌프로부터 전달된 고압의 연료를 안개 모양으로 연소실 내부에 분사하는 장치로, 연료장치 내부에 있는 공기를 배출하는 것과는 관련이 없다.

37 다음 중 유압장치에서 사용하지 않는 것은?

① 기어 펌프
② 베인 펌프
③ 피스톤 펌프
④ 분사 펌프

 ④

분사 펌프는 유압장치에서 사용하는 것이 아니라, 연료 장치에 사용하는 펌프이다.

38 다음 중 정기검사에 불합격한 건설기계의 정비명령 기간으로 옳은 것은?

① 4개월 이내
② 5개월 이내
③ 6개월 이내
④ 7개월 이내

 ③

건설기계 관리법에 따르면, 시 · 도지사는 검사에 불합격한 건설기계에 대하여 6개월 이내의 기간을 정해 해당 건설기계 소유자에게 검사를 완료한 날로부터 10일 이내에 정비명령을 해야 한다.

※ 이전 시험에선 이렇게 출제되었으나, 2021년 2월부터 개정된 법에 따르면 6개월에서 1개월로 변경되었다.

39 다음 중 수공구 사용 시 안전사고의 발생 원인으로 옳지 않은 것은?

① 사용 방법이 미숙하였다.
② 수공구의 성능을 확인한 후 사용하였다.
③ 사용 공구의 점검과 정비를 소홀히 하였다.
④ 힘에 맞지 않는 수공구를 사용하였다.

 ②

┌─────────────────────────────┐
⊕   **핵심 포크**   ⊕

수공구 사용 시 안전수칙

• 작업 목적, 규격에 맞는 공구를 선택한다.
• 무리한 힘과 충격을 가하지 않고, 사용 전에 손에 묻은 물이나 기름을 잘 닦는다.
• 공구의 사용 방법을 잘 숙지하고 결함이 없는지 점검해야 한다.
└─────────────────────────────┘

40 다음 중 예열 플러그가 심하게 오염되었을 때의 원인으로 옳은 것은?

① 엔진의 과열
② 플러그 용량의 과다
③ 냉각수의 부족
④ 불완전연소 혹은 노킹 현상

 ④

예열 플러그란 디젤 엔진의 착화 성능을 높여주는 시동 보조장치로, 불완전연소나 노킹 현상이 일어났을 때 오염된다.

제**2**장

CBT 기출복원문제

41 다음 중 유압장치의 장점에 해당하지 않는 것은?

① 과부하의 방지에 용이하다.
② 운동 방향을 쉽게 변경할 수 있다.
③ 구조가 간단하여 고장 원인의 발견이 쉽다.
④ 작은 동력원으로도 큰 힘을 낼 수 있다.

정답 ③

유압장치는 구조가 복잡하여 고장 원인의 발견이 어렵다는 단점을 가지고 있다.

42 다음 중 지게차의 체인 장력을 조정하는 방법으로 옳지 않은 것은?

① 손으로 체인을 눌러보고 양쪽이 다르면 조정 너트로 조정한다.
② 체인 장력 조정 후 로크 너트를 고정시켜서는 안 된다.
③ 좌우 체인이 동시에 평행한지 확인한다.
④ 포크를 지면으로부터 10~15cm 올린 후 조정한다.

정답 ②

⊕ **핵심 포크** ⊕

지게차의 체인 장력 조정
• 좌우 체인이 동시에 평행한지 확인한다.
• 포크를 지면으로부터 10~15cm 올린 후 조정한다.
• 손으로 체인을 눌러보고 양쪽이 다르면 조정 너트로 조정한다.
• 체인 장력을 조정한 뒤에 로크 너트를 고정시켜야 한다.

43 유압 펌프에서 펌프양이 적거나 유압이 낮은 원인으로 옳지 않은 것은?

① 기어와 펌프 내벽 사이의 간격이 커서
② 오일 탱크에 오일이 너무 많아서
③ 기어 옆 부분과 펌프 내벽 사이의 간격이 커서
④ 펌프 흡입라인(스트레이너)이 막혀서

정답 ②

오일 탱크의 오일이 너무 많은 경우 오일의 넘침이 발생하거나 오일 입력이 과도하게 높아진다. 펌프양이 적거나 유압이 낮을 때의 또 다른 원인에는 펌프의 회전 방향이 반대인 경우, 탱크의 유면이 너무 낮은 경우가 있다.

44 실드빔 형식의 전조등을 사용하는 건설기계 장비에서 전조등 밝기가 흐려 야간운전에 어려움이 있을 경우 조치 방법으로 옳은 것은?

① 전조등을 교체한다.
② 전구를 교체한다.
③ 렌즈를 교체한다.
④ 반사경을 교체한다.

정답 ①

실드빔형 전조등은 렌즈, 반사경, 필라멘트가 일체형이기 때문에 교체 시에는 전조등 전체를 교체해야 한다는 특징이 있다.

45 다음 중 축전지 터미널에 부식이 발생하였을 때 나타나는 현상과 가장 거리가 먼 것은?

① 전압 강하가 발생한다.
② 엔진 크랭킹이 잘되지 않는다.
③ 기동 전동기의 회전력이 작아진다.
④ 시동 스위치가 손상된다.

정답 ④

축전지의 터미널이 부식되었을 경우, 축전지의 충전이 불량해지면서 출력에 영향을 미치지만, 그로 인해 시동 스위치가 손상되는 일은 없다.

46 수동 변속기가 장착된 건설기계에서 기어의 이상 소음이 발생하는 이유에 해당하지 않는 것은?

① 변속기 오일의 부족
② 기어 백 래시가 과다
③ 웜과 웜 기어의 마모
④ 변속기 베어링의 마모

정답 ③

핵심 포크

건설기계 변속기의 이상 소음 발생 원인
• 변속기 오일의 부족 및 오염
• 기어 백 래시가 과다
• 변속기 기어 및 베어링의 마모
• 클러치의 유격이 과다
• 싱크로나이저 기구의 손상

47 다음 중 베이퍼 록 현상의 발생 원인에 해당하지 않는 것은?

① 라이닝과 드럼의 간극이 너무 큰 경우
② 드럼이 과열된 경우
③ 잔압이 저하된 경우
④ 브레이크를 지나치게 조작한 경우

정답 ①

핵심 포크

베이퍼 록 현상의 발생 원인
• 라이닝과 드럼의 간극이 좁아 끌림에 의한 가열
• 마스터 실린더, 브레이크 슈 리턴 스프링의 손상에 의한 잔압 저하
• 긴 내리막길에서 과도한 브레이크 사용
• 비등점이 낮은 브레이크 오일 사용
• 오일에 수분 함유 과다

48 지게차로 화물을 적재한 채로 경사지에서 주행할 때의 안전상 올바른 운전 방법은?

① 내려갈 때에는 시동을 끄고 차력으로 주행한다.
② 내려갈 때에는 변속 레버를 중립으로 두고 주행한다.
③ 내려갈 때에는 저속 후진한다.
④ 포크를 높이 들고 주행한다.

정답 ③

핵심 포크

경사지에서의 주행
• 내리막길에서는 변속 레버를 저속에 놓고 서서히 주행한다.
• 화물 운반 시 내리막에서는 후진, 오르막에서는 전진한다.

49 운전자가 업무상 필요한 주의를 게을리하거나 중대한 과실로 다른 사람의 건조물을 손괴한 경우 도로교통법상에 따른 벌칙으로 옳은 것은?

① 2년 이하의 징역이나 500만 원 이하의 벌금
② 2년 이하의 금고나 500만 원 이하의 벌금
③ 1년 이하의 금고나 1천만 원 이하의 벌금
④ 1년 이하의 징역이나 1천만 원 이하의 벌금

정답 ②

도로교통법에 의하면, 차 또는 노면전차의 운전자가 업무상 필요한 주의를 게을리하거나 중대한 과실로 다른 사람의 건조물이나 그 밖의 재물을 손괴한 경우에는 2년 이하의 금고나 500만 원 이하의 벌금에 처하게 된다.

50 전기화재에 적합하며, 화재 때 화점에 분사하여 산소를 차단하는 소화기는?

① 이산화탄소 소화기
② 포말 소화기
③ 증발 소화기
④ 분말 소화기

정답 ①

전기화재 시에는 이산화탄소 소화기가 적합하다. 이산화탄소 소화기는 이산화탄소를 고압으로 압축·액화시킨 것으로, 산소 공급원을 차단하는 질식소화에 해당하는 소화기이다.

51 냉각장치에서 라디에이터의 구비 조건에 해당하지 않는 것은?

① 단위 면적당 방열량이 커야 한다.
② 가볍고 작으며, 강도가 커야 한다.
③ 냉각수의 흐름 저항이 적어야 한다.
④ 공기의 흐름 저항이 커야 한다.

정답 ④

핵심 포크

라디에이터의 구비 조건
• 공기의 흐름 저항이 작아야 한다.
• 단위 면적당 발열량이 커야 한다.
• 가볍고 작으며, 강도가 커야 한다.
• 냉각수의 흐름 저항이 작아야 한다.

52 다음 중 감전사고 예방을 위한 유의사항으로 옳지 않은 것은?

① 전력선에 물체를 접촉시키지 않는다.
② 코드를 뺄 때에는 반드시 플러그의 몸체를 잡고 뺀다.
③ 220V는 단상이고 저압이므로 감전되더라도 생명에는 지장이 없다.
④ 젖은 손으로 전기기기를 만지지 않는다.

정답 ③

110V보다 220V로 감전되었을 때의 사망률이 훨씬 높다. 일반적으로 사용하는 220V일지라도 감전사고의 위험을 예방하기 위해 주의를 기울여야 한다.

53 건설기계 관리법령상 건설기계를 도로에 계속 방치하거나 정당한 사유 없이 타인의 토지에 방치한 자에 대한 벌칙은?

① 1백만 원 이하의 벌금

② 2백만 원 이하의 벌금

③ 1년 이하의 징역 또는 1천만 원 이하의 벌금

④ 2년 이하의 징역 또는 1천만 원 이하의 벌금

 정답 ③

건설기계를 도로에 계속하여 버려두거나 정당한 사유 없이 타인의 토지에 버려두었을 경우 1년 이하의 징역 또는 1천만 원 이하의 벌금이 부과된다.

54 다음 중 벨트에 대한 안전수칙으로 옳지 않은 것은?

① 지면으로부터 2m 이내에 있는 벨트는 덮개를 제거하도록 한다.

② 벨트가 풀리에 감겨 돌아가는 부분에는 커버나 덮개를 설치해야 한다.

③ 벨트를 걸 때나 벗길 때에는 기계를 정지한 상태에서 실시해야 한다.

④ 벨트의 이음쇠에는 돌기가 없는 구조로로 한다.

 정답 ①

지면으로부터 2m 이내는 작업자의 행동반경에 해당하므로 작동 전에 벨트의 커버나 덮개를 반드시 설치한 다음 제거하지 말아야 한다.

55 4행정 디젤 엔진의 흡입 행정 시 실린더 내부에 흡입되는 것은?

① 연료

② 공기

③ 질소

④ 혼합가스

 정답 ②

4행정 디젤 엔진의 흡입 행정에선 피스톤이 하강하면서 실린더 내부로 공기가 흡입된다.

56 엔진을 정지한 상태에서 전류계의 지시침이 (−) 방향을 향하고 있을 때의 원인으로 옳지 않은 것은?

① 배선에서 누전되고 있다.

② 시동 시 엔진의 예열장치를 작동시키고 있다.

③ 전조등 스위치가 점등 위치에서 방전되고 있다.

④ 발전기에서 축전지로 충전되고 있다.

 정답 ④

발전기에서 축전지로 정상적인 충전이 이루어지고 있을 경우에는 전류계의 지시침이 (+) 방향을 향하게 된다. 지시침이 (−) 방향을 향하고 있는 경우에는 충전이 제대로 이루어지지 않는 경우에 해당한다.

제**2**장

CBT 기출복원문제

57 디젤 엔진 작동 후 충분한 시간이 지나도 냉각수의 온도가 정상적으로 상승하지 않을 경우의 원인으로 다음 중 옳은 것은?

① 물 펌프가 고장 났다.
② 라디에이터 코어가 막혔다.
③ 냉각 팬의 벨트가 헐거운 상태이다.
④ 수온 조절기가 열린 채로 고장 났다.

 정답 ④

수온 조절기가 열린 채 고장이 난 경우, 디젤 엔진 작동 후 충분한 시간이 지나도 냉각수의 온도가 정상적으로 상승하지 않아 과랭의 원인이 된다. 반대로 수온 조절기가 닫힌 채 고장이 난 경우에는 과열의 원인이 된다.

58 파워 스티어링에서 핸들이 무거워 조향하기 어려운 상태일 때의 원인으로 다음 중 옳은 것은?

① 볼 조인트의 교체 시기가 되었다.
② 조향 펌프에 오일이 부족하다.
③ 핸들의 유격이 크다.
④ 바퀴가 습지에 있다.

정답 ②

파워 스티어링은 오일의 유압에 의해 작동되는 것으로, 오일이 누설되는 등에 의해 부족해지면 스티어링 휠을 돌리는 힘이 필요 이상으로 들고, 심할 경우 오일펌프가 손상되기 때문에 주기적인 점검이 필요하다.

59 금속 간의 마찰을 방지하기 위한 방안으로 마찰계수를 저하시키기 위하여 사용되는 윤활유 첨가제는?

① 점도 지수 향상제
② 방청제
③ 유성 향상제
④ 유동점 강하제

정답 ③

핵심 포크

유성 향상제의 사용 목적

• 유성 향상제는 마찰면의 하중이 낮고 온도가 실온보다 많이 상승하지 않을 때 사용하며, 유막이 끊어지는 경계 윤활의 마찰을 저하시키기 위해 사용한다.
• 유성 향상제의 성분으로 지방유, 에스테르, 알코올 등을 사용한다.

60 다음 중 지게차 주행 시 유의해야 할 사항으로 옳지 않은 것은?

① 적하장치에 사람을 승차시켜서는 안 된다.
② 화물을 적재한 채 주행할 때에는 절대 속도를 내서는 안 된다.
③ 포크의 끝을 바깥으로 경사지게 한다.
④ 노면의 상태에 충분한 주의를 기울여야 한다.

 정답 ③

지게차를 주행할 때에는 화물 적재 시 포크의 끝이 정면을 향해 나란해야 하고, 공차 시 포크를 서로 중앙으로 밀착시켜 사고의 위험에 예방한다.

CBT 기출복원문제   제6회

01 전시, 사변 등 국가 비상사태에 건설기계를 등록할 경우 등록을 해야 하는 기간은?

① 5일 이내   ② 10일 이내
③ 15일 이내   ④ 20일 이내

 ①

건설기계 관리법 시행령에 따르면, 전시, 사변 등 국가 비상사태에 건설기계를 등록할 경우 5일 이내에 등록신청을 해야 한다.

02 등록되지 않은 건설기계를 사용하거나 운행한 경우에 대한 벌칙은?

① 300만 원 이하의 벌금
② 500만 원 이하의 벌금
③ 1년 이하의 징역 또는 1천만 원 이하의 벌금
④ 2년 이하의 징역 또는 2천만 원 이하의 벌금

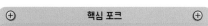 ④

┌─────────────────────────────┐
⊕   **핵심 포크**   ⊕

2년 이하의 징역 또는 2천만 원 이하의 벌금

• 등록되지 않은 건설기계를 사용하거나 운행한 자
• 등록이 말소된 건설기계를 사용하거나 운행한 자
• 등록을 하지 않고 건설기계 사업을 하거나 거짓으로 등록을 한 자
• 시정명령을 이행하지 않은 자 등
└─────────────────────────────┘

03 건설기계의 시동 전동기가 회전이 되지 않을 경우 점검할 사항으로 다음 중 옳지 않은 것은?

① 배선의 단선 여부
② 팬 벨트의 이완 여부
③ 축전지의 방전 여부
④ 배터리 단자의 접촉 여부

 ②

팬 벨트는 냉각장치에서 냉각 팬을 회전시키는 벨트를 말한다.

┌─────────────────────────────┐
⊕   **핵심 포크**   ⊕

시동 전동기가 회전하지 않는 원인

• 배선과 스위치 손상으로 인한 접촉 불량
• 축전지의 과방전
• 정류자와 브러시의 접촉 불량
• 엔진 내부 피스톤의 고착
• 배터리의 낮은 출력
• 시동 전동기의 손상
• 브러시 스프링이 너무 강함
• 전기자 코일의 단락
└─────────────────────────────┘

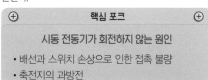

04 타이어식 건설기계의 좌석 안전띠는 속도가 시속 몇 km 이상일 때 설치해야 하는가?

① 15km   ② 20km
③ 25km   ④ 30km

 ④

타이어식 건설기계의 좌석 안전띠는 속도가 시속 30km 이상일 때 설치해야 한다.

05 다음 중 주정차 금지 장소에 해당하지 않는 것은?

① 횡단보도
② 교차로
③ 경사로의 정상 부근
④ 건널목

정답 ③

핵심 포크

주·정차 금지 장소

- 교차로의 가장자리나 도로의 모퉁이로부터 5미터 이내인 곳
- 안전지대가 설치된 도로에서는 그 안전지대의 사방으로부터 각각 10미터 이내인 곳
- 버스여객자동차의 정류지임을 표시하는 기둥이나 표지판 또는 선이 설치된 곳으로부터 10미터 이내인 곳
- 건널목의 가장자리 또는 횡단보도로부터 10미터 이내인 곳
- 소방용수시설 또는 비상소화장치가 설치된 곳이나 소방시설로서 대통령으로 정하는 시설이 설치된 곳으로부터 5미터 이내
- 시 · 도경찰청장이 지정한 곳
- 어린이 보호구역

06 다음 중 유체의 에너지를 이용해 기계적인 일로 변환하는 기기는?

① 유압 펌프　　② 유압 모터
③ 오일 탱크　　④ 원동기

정답 ②

유압 모터란 유체 에너지를 기계적 에너지로 변환하는 기기이다.

07 다음 중 유압유의 흐름을 한쪽으로만 허용하고 반대 방향의 흐름을 제어하는 밸브는?

① 체크 밸브
② 카운터 밸런스 밸브
③ 릴리프 밸브
④ 매뉴얼 밸브

정답 ①

체크 밸브란, 유압 회로에서 유압유의 흐름을 한쪽으로만 허용하고 반대 방향의 흐름을 제어하여 역류를 방지하고 회로 내의 잔류 압력을 유지하는 밸브이다.

08 오일펌프에서 토출량이 적거나 유압이 낮은 원인으로 옳지 않은 것은?

① 엔진 오일의 낮은 점도
② 기어와 펌프 내벽 사이의 간격이 큼
③ 펌프 흡입라인의 막힘
④ 오일 탱크의 오일 과다

정답 ④

오일 탱크의 오일이 과다하면 오일이 넘치는 현상이 발생한다.

핵심 포크

유압이 낮아지는 원인

- 엔진 오일의 낮은 점도
- 크랭크축, 캠축 베어링의 과다 마멸로 간격이 커짐
- 오일 여과기가 막힘
- 오일 팬의 오일양 부족
- 유압 조절 밸브 스프링 장력이 약하거나 파손
- 오일펌프의 마멸 또는 윤활 회로에서의 누유

09 다음 중 디젤 엔진의 고장 원인으로 가장 거리가 먼 것은?

① 각 피스톤의 중량차가 크다.
② 각 실린더의 분사 압력과 분사량이 다르다.
③ 윤활 펌프의 유압이 높다.
④ 분사 시기와 분사 간격이 다르다.

  ③

디젤 엔진의 고장 원인

• 연료 분사량이 적음
• 노킹 현상이 일어남
• 연료 분사 펌프의 기능이 불량함
• 운동부의 마찰, 고착 및 펌프류의 동력 등의 증대
• 압축 불량, 연료 분사 시기, 상태 및 흡배기 밸브 불량으로 인한 불완전연소
• 실린더에 공급되는 연료량의 부족
• 실린더 내에 압력이 낮을 때

10 지게차의 포크가 한쪽으로 기울어지는 원인으로 가장 적절한 것은?

① 한쪽 실린더의 작동유가 부족하다.
② 한쪽 롤러가 마모되었다.
③ 한쪽 리프트 체인이 늘어졌다.
④ 한쪽 리프트 실린더가 마모되었다.

 ③

지게차의 한쪽 리프트 체인이 늘어질 경우 포크가 한쪽으로 기울어지게 된다.

11 지게차의 하부 장치에 대한 다음 설명 중 옳은 것은?

① 판스프링 장치가 있다.
② 스프링 장치가 없다.
③ 탠덤 드라이브 장치가 있다.
④ 코일 스프링 장치가 있다.

정답 ②

지게차에서는 롤링이 생기면 적재된 화물이 떨어지기 때문에 자동차와는 달리 스프링을 사용하지 않는다.

12 다음 중 유압 회로 내에 기포가 발생하면 나타나는 현상과 관련이 없는 것은?

① 작동유의 누설 저하
② 공동 현상
③ 오일 탱크의 오버 플로
④ 소음 증가

정답 ①

유압 회로 내에 기포가 발생하였을 때 작동유는 분리되기 쉽고 누설되기 쉽게 된다.

캐비테이션 발생 또는 유압 손실이 클 때

• 소음 및 진동 발생
• 액추에이터의 효율 저하
• 엔진 내부에 부분적으로 높은 압력 발생
• 체적 효율의 저하
• 저압부의 기포가 과포화 상태
• 급격한 압력파 형성 등

13 디젤 엔진에서 에어클리너가 막혔을 때 나타나는 현상은?

① 배기색은 희고, 출력은 증가된다.
② 배기색은 희고, 출력은 저하된다.
③ 배기색은 검고, 출력은 증가된다.
④ 배기색은 검고, 출력은 저하된다.

정답 ④

연소실의 연료 공급에 비해 공기가 적으면 불완전연소가 일어나 배기색은 검고 출력은 저하된다.

> ⊕ **핵심 포크** ⊕
> **에어클리너(공기청정기)**
> 연소에 필요한 공기를 실린더로 흡입할 때, 먼지 등을 여과하여 피스톤 등의 마모를 방지하는 장치이다.

14 다음 중 사고의 직접적인 원인으로 가장 적절한 것은?

① 유전적 요인
② 작업자의 성격 결함
③ 불안전한 행동과 상태
④ 사회적 환경 요인

정답 ③

> ⊕ **핵심 포크** ⊕
> **사고의 원인**
>
> | | | |
> |---|---|---|
> | 직접적 원인 | 물적 원인 | 불안전한 상태 |
> | | 인적 원인 | 불안전한 행동 |
> | | 천재지변 | 불가항력 |
> | 간접적 원인 | 교육적 원인 | 개인적 결함 |
> | | 기술적 원인 | |
> | | 관리적 원인 | 사회적 환경, 유전적 요인 |

15 공유압 기호 중 그림이 나타내고 있는 것은?

① 공기압 동력원
② 원동기
③ 전동기
④ 유압 동력원

정답 ②

> ⊕ **핵심 포크** ⊕
> **공유압 기호**
>
> | 공기압 동력원 | 전동기 | 유압 동력원 |
> |---|---|---|
> |  | | |

16 다음 중 밀폐된 용기 내 액체의 일부에 힘을 가했을 때 나타나는 작용으로 옳은 것은?

① 홈 부분에만 세게 작용한다.
② 모든 부분에 다르게 작용한다.
③ 모든 부분에 같게 작용한다.
④ 돌출부에는 세게 작용한다.

정답 ③

> ⊕ **핵심 포크** ⊕
> **파스칼의 원리**
> 파스칼의 원리란, 밀폐된 용기에 채워진 유체의 일부에 압력을 가했을 때에 유체 내부의 모든 부분에 같은 크기로 전달된다는 원리이다.

17 다음 중 스패너의 사용법으로 옳지 않은 것은?

① 볼트 및 너트를 푸는 경우에는 밀어서 힘이 작용하도록 한다.

② 기름이 묻은 공구 핸들은 잘 닦아서 사용한다.

③ 너트와 규격이 맞는 것을 사용한다.

④ 볼트 및 너트를 풀거나 조일 때에는 렌치를 몸 쪽으로 당긴다.

정답 ①

스패너 사용 시 볼트와 너트를 푸는 경우에는 앞으로 잡아당겨 사용하도록 한다.

⊕ **핵심 포크** ⊕

스패너 작업 시 유의사항

• 스패너의 자루에 파이프를 잇거나 끼워서 사용하지 않는다.

• 볼트 및 너트와 규격이 맞는 것을 사용한다.

• 볼트 및 너트를 풀거나 조일 때에는 스패너를 잘 끼운 다음 앞쪽으로 당겨서 사용한다.

18 지게차 화물 운반 작업 시 가장 적절한 것은?

① 마스트를 4° 정도 뒤로 경사시켜 운반

② 댐퍼를 13° 정도 뒤로 경사시켜 운반

③ 바이브레이터를 8° 정도 뒤로 경사시켜 운반

④ 샤퍼를 6° 정도 뒤로 경사시켜 운반

정답 ①

지게차에 화물을 적재하고 운반 시 화물의 안정성을 위해 마스트를 뒤로 4° 정도 경사시켜 운반하도록 한다.

19 다음 안전보건표지가 나타내고 있는 것은?

① 산화성 물질 경고

② 화기 금지

③ 인화성 물질 경고

④ 금연

정답 ②

⊕ **핵심 포크** ⊕

안전보건표지

산화성 물질 경고	인화성 물질 경고	금연

20 다음 중 엔진 시동 전에 점검해야 할 사항으로 가장 적절한 것은?

① 충전장치

② 유압계의 지침

③ 실린더의 오염 정도

④ 엔진 오일양과 냉각수량

정답 ④

엔진 오일의 양과 냉각수량의 점검은 엔진 시동 전에 점검해야 할 사항이며, 나머지는 엔진 시동 후에 점검하는 사항들이다.

제**2**장

CBT 기출복원문제

21 다음 중 납산 축전지에 증류수를 자주 보충하게 되는 원인에 해당하는 것은?

① 극판의 황산화
② 과방전
③ 과충전
④ 충전 부족

정답 ③

축전지에 증류수를 붓는 주기가 잦은 이유는 과충전으로 인해 황산 농도가 짙어졌기 때문이다.

핵심 포크

납산 축전지의 잦은 증류수 보충 원인

• 과충전
• 축전지 케이스의 손상이나 누출
• 전압 조정기의 불량

22 다음 중 엔진에서 팬 벨트의 장력이 너무 강한 경우 나타나는 현상은?

① 충전 부족 현상 발생
② 발전기 베어링의 손상
③ 엔진의 과열
④ 엔진의 과랭

정답 ②

팬 벨트란, 크랭크축의 동력을 물 펌프와 발전기에 전달하는 벨트를 말하며, V－벨트라고도 한다. 엔진의 팬 벨트 장력이 너무 강하면 발전기 베어링이 손상되는 원인이 된다.

23 다음 중 전기화재에 해당하는 것은?

① D급 화재
② C급 화재
③ B급 화재
④ A급 화재

정답 ②

핵심 포크

화재의 종류

• A급 화재 : 연소 후 재를 남기는 일반적 화재
• B급 화재 : 유류에 의한 화재
• C급 화재 : 전기에 의한 화재
• D급 화재 : 금속에 의한 화재

24 도로교통법상 악천후에 의해 가시거리가 100m 이내일 때 최고 속도의 감속으로 옳은 것은?

① 100분의 20
② 100분의 40
③ 100분의 50
④ 100분의 80

정답 ③

핵심 포크

악천후 시 감속 운행

• 최고 속도의 100분의 20을 감속
  – 비가 내려 노면이 젖어 있는 경우
  – 눈이 20mm 미만 쌓인 경우
• 최고 속도의 100분의 50을 감속
  – 폭우 · 폭설 · 안개 등으로 가시거리가 100미터 이내인 경우
  – 노면이 얼어붙은 경우
  – 눈이 20mm 이상 쌓인 경우

25 다음 중 유압 작동유의 점도가 너무 높을 때 나타나는 현상으로 옳은 것은?

① 내부 누설이 증가한다.
② 마찰 및 마모가 감소한다.
③ 펌프의 효율이 증가한다.
④ 동력 손실이 증가한다.

정답 ④

유압 작동유의 점도가 너무 높을 경우 유동성이 떨어져 동력 손실이 증가하게 된다.

26 아세틸렌 용접 시 가스 누설 검사를 하는 방법으로 다음 중 가장 적절한 것은?

① 물 검사
② 촛불 검사
③ 기름 검사
④ 비눗물 검사

정답 ④

핵심 포크

가스 용접 작업 시 유의사항

• 토치에는 기름이 묻지 않도록 하며 반드시 작업대 위에 놓는다.
• 봄베는 산소 용기의 보관 온도가 40℃ 이하로 해야 한다.
• 봄베 주둥이의 쇠나 몸통에 오일 및 그리스를 바르지 않는다.
• 산소 용접 시 역류나 역화가 있다면 즉시 산소 밸브부터 잠근다.
• 용접 시 아세틸렌 밸브를 열고 점화한 다음 산소 밸브를 연다.
• 운반 시 전용 운반 차량을 이용한다.

27 다음 중 앞지르기를 할 수 있는 경우로 옳지 않은 것은?

① 앞차의 좌측에 다른 차가 나란히 진행하고 있다.
② 앞차가 양보 신호를 한다.
③ 앞차가 우측으로 진로를 변경하고 있다.
④ 앞차가 바로 앞차와의 안전거리를 확보하고 있다.

정답 ①

핵심 포크

앞지르기가 금지되는 시기

• 앞차의 좌측에 다른 차가 앞차와 나란히 가고 있는 경우
• 앞차가 다른 차를 앞지르고 있거나 앞지르려고 하는 경우
• 도로교통법에 따른 명령에 따라 정지하거나 서행하고 있는 차
• 경찰공무원의 지시에 따라 정지하거나 서행하고 있는 차
• 위험을 방지하기 위하여 정지하거나 서행하고 있는 차

28 운전이 금지되는 술에 취한 상태의 혈중 알코올 농도 기준으로 옳은 것은?

① 0.01% 이상
② 0.03% 이상
③ 0.08% 이상
④ 0.1% 이상

정답 ②

도로교통법상 운전이 금지되는 술에 취한 상태의 기준은 운전자의 혈중 알코올 농도가 0.03% 이상인 경우이다.

29 다음 중 유압 모터의 일반적인 특징으로 가장 적절한 것은?

① 운동량을 자동으로 직선 조작할 수 있다.
② 각도에 제한 없이 왕복 각운동을 한다.
③ 넓은 범위에서 무단 변속이 용이하다.
④ 운동량을 직선으로 속도 조절이 용이하다.

정답 ③

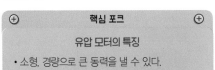

핵심 포크

유압 모터의 특징

• 소형, 경량으로 큰 동력을 낼 수 있다.
• 무단 변속으로 회전수를 조정할 수 있다.
• 정회전 및 역회전이 가능하다.
• 회전체의 관성력이 작아 응답성이 빠르다.

30 건설기계 장비 작업 시 냉각수 경고등이 점등되었을 때 운전자가 해야 할 조치로 다음 중 가장 적절한 것은?

① 작업을 중지하고 점검 및 정비를 받는다.
② 라디에이터를 교체한다.
③ 오일양을 점검한다.
④ 작업이 모두 끝나면 바로 냉각수를 보충한다.

정답 ①

냉각수 경고등이 점등된 경우는 냉각수가 부족한 상태이므로, 바로 작업을 중지하여 점검 및 정비를 받도록 해야 한다. 냉각수 경고등이 점등되는 또 다른 원인에는, 냉각 계통 물 호스의 파손, 라디에이터 캡이 열린 채로 운행이 있다.

31 엔진의 회전수를 나타낼 때 rpm에 대하여 옳은 것은?

① 초당 엔진 회전수
② 분당 엔진 회전수
③ 10분간 엔진 회전수
④ 시간당 엔진 회전수

정답 ②

rpm은 revolution per minute으로 엔진의 분당 회전수를 말한다.

32 다음 중 유압 작동유의 점도가 너무 낮을 때 나타나는 현상은?

① 동력 손실 증가
② 유동 저항의 증가로 인한 압력 손실 증대
③ 오일의 내부 누설 증대
④ 소음 및 공동 현상 발생

정답 ③

핵심 포크

유압유의 점도

점도가 너무 낮을 경우	점도가 너무 높을 경우
• 오일의 내부 누설 증대 • 압력 유지의 곤란 • 기기의 마모 증대 • 유압 펌프, 모터 등의 용적 효율 저하 • 압력 발생 저하로 정확한 작동 불가	• 동력 손실 증가로 기계의 효율 저하 • 소음 및 공동 현상 발생 • 유동 저항의 증가로 인한 압력 손실 증대 • 내부 마찰 증대에 의한 온도 상승 • 유압 기기 작동의 불활발

33 기계시설 작업장에서 지켜야 할 안전 유의사항으로 옳지 않은 것은?

① 작업장 바닥은 작업자들의 보행에 방해를 주지 않도록 청결하게 유지한다.
② 작업장 통로는 작업자의 안전을 위해 정리정돈을 한다.
③ 기계의 기어, 벨트, 체인 같은 회전 부분은 위험하니 반드시 커버를 덮어씌운다.
④ 엔진, 발전기, 용접기 등의 장비는 한곳에 모아서 배치한다.

 ④

작업장에서 사용하는 장비는 작업자의 동선을 고려하여 고루 배치해야 한다. 한곳에 모두 배치할 경우 작업 효율이 떨어질 뿐 아니라, 화재 발생 시 장비가 일제히 소실될 위험이 있다.

34 다음 중 기계 및 기계장치 취급 시 사고 발생 원인에 해당하지 않는 것은?

① 정리정돈 및 조명장치가 잘 되어 있지 않은 경우
② 안전장치 및 보호장치가 잘 되어 있지 않은 경우
③ 기계 및 기계장치가 넓은 장소에 설치된 경우
④ 불량 공구를 사용한 경우

 ③

기계 및 기계장치가 넓은 장소에 설치된 경우가 아니라, 좁은 장소에 설치된 경우 사고 발생의 원인이 된다.

35 작업장에서 작업복을 착용하는 이유로 가장 적절한 것은?

① 작업자의 직급을 식별하기 위해서
② 재해 및 사고로부터 신체를 보호하기 위해서
③ 작업자의 복장 통일을 위해서
④ 작업의 능률을 높이기 위해서

 ②

안전보호구를 착용하는 이유는 작업자의 안전을 위해서이다.

> **⊕ 핵심 포크 ⊕**
>
> **작업복의 구비 조건**
> • 작업자의 신체에 맞고 가벼워야 한다.
> • 소매나 바지자락이 말려들어가지 않고 너풀거리지 않아야 한다.
> • 고온 작업 등에서도 작업복을 벗지 말아야 한다.
> • 기름 묻은 작업복은 세척해야 한다.

36 진공식 제동 배력장치에 대한 설명으로 옳은 것은?

① 체크 밸브를 통해 보내진 마스터 실린더 오일에 의해 진공 밸브가 열린다.
② 릴레이 밸브 피스톤 컵이 파손되어도 브레이크는 듣는다.
③ 릴레이 밸브의 다이어프램이 파손되면 브레이크가 듣지 않는다.
④ 진공 밸브가 새면 브레이크가 전혀 듣지 않는다.

 ②

진공식 제동 배력장치는 고장으로 인해 진공에 의한 브레이크가 듣지 않아도 유압에 의한 브레이크는 약간 듣는다.

37 유압 작동유의 온도가 상승하였을 때 나타나는 현상이 아닌 것은?

① 밸브류의 기능 저하

② 점도 저하

③ 오일의 누설 저하

④ 펌프의 효율 저하

 ③

유압 작동유의 온도가 상승할 경우 오일의 누설이 저하되는 것이 아니라 증가된다.

38 다음 중 두 개 이상의 분기 회로에서 실린더나 모터의 작동 순서를 결정하는 자동 제어 밸브는?

① 시퀀스 밸브

② 파일럿 체크 밸브

③ 리듀싱 밸브

④ 릴리프 밸브

 ①

핵심 포크

제어 밸브

• 파일럿 체크 밸브 : 체크 밸브의 일종으로, 출구 측 압력에 의해 닫힌 포펫을 파일럿 압력으로 밀어 올려 작동유가 역류되도록 하는 밸브
• 리듀싱 밸브 : 유압 회로에서 입구 압력을 감압하여 유압 실린더 출구의 설정 압력으로 유지하는 밸브
• 릴리프 밸브 : 유압 회로의 최고 압력을 제한하는 밸브로 설정 압력으로 유압을 유지하여 계통을 보호한다.

39 디젤 엔진의 연료 탱크에서 분사 노즐까지 연료의 순환 순서로 옳은 것은?

① 연료 탱크 → 분사 펌프 → 연료 필터 → 연료 공급 펌프 → 분사 노즐

② 연료 탱크 → 연료 공급 펌프 → 분사 펌프 → 연료 필터 → 분사 노즐

③ 연료 탱크 → 연료 필터 → 분사 펌프 → 연료 공급 펌프 → 분사 노즐

④ 연료 탱크 → 연료 공급 펌프 → 연료 필터 → 분사 펌프 → 분사 노즐

 ④

핵심 포크

연료장치

• 연료 탱크
• 연료 공급 펌프 : 연료 탱크의 연료를 분사 펌프 저압부까지 공급하는 펌프
• 연료 필터 : 연료 공급 펌프와 분사 펌프 사이에 설치되어 연료 내 불순물 제거
• 연료 분사 펌프 : 연료를 압축하여 분사 순서에 맞추어 노즐로 압송시키는 펌프
• 분사 노즐 : 실린더 헤드에 설치되어 분사 펌프로부터 고압의 연료를 받아 실린더 내에 분사

40 12V용 납산 축전지의 방전 종지 전압은?

① 10.5V   ② 8.75V

③ 7V   ④ 5.25V

정답 ①

1개의 셀당 방전 종지의 전압은 1.75V이며, 12V용 납산 축전지에는 6개의 셀이 있으므로, 1.75×6=10.5V가 된다.

41 다음 중 축전지 터미널의 일반적인 식별법에 해당하지 않는 것은?

① 적색과 흑색 등의 색깔로 식별한다.
② 터미널의 요철로 식별한다.
③ (+), (−)의 표시로 구분한다.
④ 굵고 가는 것으로 식별한다.

정답 ②

핵심 포크

축전지 단자의 식별 방법
- 양극은 빨간색, 음극은 검은색의 색깔로 식별
- 양극은 (+), 음극은 (−)의 부호로 식별
- 양극은 지름이 굵고, 음극은 가는 것으로 식별
- 양극은 POS, 음극은 NEG의 문자로 식별
- 부식물이 많은 쪽이 양극인 것으로 식별

42 다음 중 건설기계 조종사 면허의 취소 사유에 해당하는 것은?

① 건설기계로 1천만 원 이상의 재산 피해를 냈을 경우
② 과실로 인하여 1명을 3개월 이상의 부상을 입힌 경우
③ 면허의 효력 정지 기간 중 건설기계를 조종한 경우
④ 과실로 인하여 10명에게 경상을 입힌 경우

정답 ③

면허의 효력 정지 기간 중 건설기계를 조종한 경우는 면허 취소 사유에 해당한다. 그 밖의 건설기계의 조종 중 고의 또는 과실로 중대한 사고를 일으킨 경우 등이 있다.

43 다음 중 유압장치의 수명 연장을 위해 가장 중요한 요소는?

① 오일의 양 점검 및 필터 교체
② 유압 컨트롤 밸브의 세척 및 교환
③ 오일 쿨러의 점검 및 세척
④ 유압 펌프의 점검 및 교환

정답 ①

핵심 포크

유압장치의 취급
- 유압장치는 워밍업 후 작업하도록 한다.
- 오일양이 부족하지 않도록 점검 및 보충한다.
- 추운 날씨에는 충분한 준비 운전 후 작업하도록 한다.
- 종류가 다른 오일은 혼합하지 않는다.
- 작동유에 이물질이 포함되지 않도록 관리 및 취급해야 한다.

44 다음 중 인력에 의한 운반 작업 방법으로 옳지 않은 것은?

① 긴 물건은 앞쪽을 위로 올린다.
② 무리한 몸가짐으로 물건을 들지 않는다.
③ 공동 운반에서는 서로 협조를 하여 작업한다.
④ 드럼통과 LPG 봄베는 굴려서 운반한다.

정답 ④

작업용 가스가 담긴 용기는 폭발 위험이 있기 때문에 절대 굴려서 운반하지 않으며, 인력으로 모자랄 경우 지정된 운반 차량으로 운반하도록 한다.

제**2**장

CBT 기출복원문제

45 다음 중 압력의 단위에 해당하지 않는 것은?

① kPa

② bar

③ N · m

④ kgf/cm²

 ③

건설기계 작동유의 압력을 나타내는 단위는 kgf/cm²이며, 그 외의 압력 단위로는 kPa, bar, psi, mmHg 등이 있다. N · m은 일의 단위이다.

46 엔진의 연소실 방식에서 흡기 가열식 예열장치를 사용하는 것은?

① 예연소실식

② 직접 분사식

③ 공기실식

④ 와류실식

 ②

디젤 엔진의 연소실 종류 중 직접 분사식은 실린더 헤드와 피스톤 헤드로 만들어진 단일 연소실 내에 직접 연료를 분사하는 방식으로, 흡기 가열식 예열장치를 사용한다.

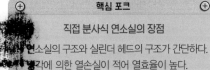

핵심 포크

직접 분사식 연소실의 장점

연소실의 구조와 실린더 헤드의 구조가 간단하다.

•각에 의한 열손실이 적어 열효율이 높다.

• 연료 소비율이 낮다.

47 다음 중 겨울철에 연료 탱크의 연료를 가득 채우는 이유로 가장 적절한 것은?

① 연료 게이지에 고장이 발생해서

② 연료가 적으면 증발하여 손실되어서

③ 연료가 적으면 동결되어서

④ 공기 중의 수분이 응축되어 물이 생겨서

 ④

겨울철에 기온이 내려가면 연료 탱크 안의 습기가 응축되어 물방울이 생겨 연료에 유입될 수 있다. 그러므로 작업 후 연료 탱크에 연료를 가득 채워 이를 방지한다.

48 다음 중 건설기계에 사용하는 전조등의 성능을 유지하기 위한 방법으로 가장 적절한 것은?

① 축전지와 직결시킨다.

② 단선으로 한다.

③ 복선식으로 구성한다.

④ 굵은 선으로 교체한다.

 ③

복선식 배선은 전조등 회로와 같이 비교적 큰 전류가 흐르는 곳에 사용하는 것으로, 접지 쪽에도 전선을 사용하여 확실히 접지하는 방식을 말한다. 건설기계의 전조등은 이처럼 퓨즈와 병렬로 연결된 복선식으로 구성한다.

49 다음 중 윤활유의 성질에서 가장 중요한 것은?

① 점도
② 습도
③ 온도
④ 밀도

정답 ①

점도는 윤활유 흐름의 저항을 나타내는 것으로 윤활유의 성질 중 가장 기본이 되는 성질이다.

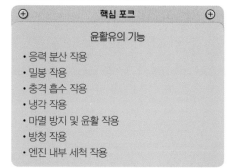

⊕ **핵심 포크** ⊕

윤활유의 기능

• 응력 분산 작용
• 밀봉 작용
• 충격 흡수 작용
• 냉각 작용
• 마멸 방지 및 윤활 작용
• 방청 작용
• 엔진 내부 세척 작용

50 디젤 엔진에서 사용하는 에어클리너에 대한 다음 설명 중 옳지 않은 것은?

① 에어클리너가 막히면 배기색은 검은색이 된다.
② 에어클리너가 막히면 연소가 나빠진다.
③ 에어클리너는 실린더의 마멸과 관계없다.
④ 에어클리너가 막히면 출력이 감소한다.

정답 ③

에어클리너가 막힐 경우 불완전연소로 인하여 카본 형성이 증가하기 때문에 실린더 벽, 피스톤 링 등의 마멸을 촉진시킨다.

51 건설기계 장비의 시동이 되지 않을 때, 점검해야 할 사항으로 다음 중 옳지 않은 것은?

① 기동 전동기의 고장 여부 점검
② 축전지의 (+)선 접촉 상태 점검
③ 발전기 성능 점검
④ 마그네트 스위치 점검

정답 ③

건설기계 엔진의 시동이 되지 않을 경우 점검해야 할 사항에는, 배터리 충전 상태, 연료량, 기동 전동기의 고장 여부, 회로의 연결 상태 등이 있다.

52 타이어 트레드에 대한 다음 설명 중 옳지 않은 것은?

① 타이어 공기압이 높으면 트레드의 양단부보다 중앙부의 마모가 더 크다.
② 트레드가 마모될수록 지면과의 접촉 면적이 늘어나 마찰력이 증대되면서 제동 성능이 좋아진다.
③ 트레드가 마모되면 열의 발산에 문제가 생긴다.
④ 트레드가 마모되면 구동력과 선회력이 저하된다.

정답 ②

트레드가 마모될수록 지면과의 접촉 면적은 커지지만, 타이어의 열 발산이 저하되고 마찰력도 감소되어 제동 성능이 저하된다.

53 다음 중 유압 모터의 종류에 포함되지 않는 것은?

① 베인형

② 플런저형

③ 기어형

④ 터빈형

 정답 ④

유압 모터의 종류에는 플런저형(피스톤형), 베인형, 기어형 등이 있다. 유압 모터에는 터빈을 사용하지 않는다.

54 작업장에서 예고 없이 전기가 정전되었을 경우 전기 기구에 대한 조치 방법으로 옳지 않은 것은?

① 안전을 위해 작업장을 정리해 놓는다.

② 전기가 들어오는지 확인하기 위해 스위치를 켜둔다.

③ 즉시 스위치를 끈다.

④ 퓨즈의 단선 여부를 점검한다.

 정답 ②

작업장의 전기가 정전되었을 때에는 감전사고의 예방을 위해 스위치를 반드시 끄고, 퓨즈의 단선 여부를 점검하도록 한다.

55 다음 중 유압 에너지의 저장, 충격, 흡수 등에 이용되는 장치는?

① 축압기

② 오일 탱크

③ 스트레이너

④ 펌프

정답 ①

> **⊕ 핵심 포크 ⊕**
>
> **축압기**
>
> 축압기는 유압유의 압력 에너지를 저장하는 용기로서, 비상용 유압원 및 보조 유압원으로 사용된다. 또한, 일정한 압력의 유지와 점진적 압력의 증대를 일으키는 역할을 하며, 서지 압력의 흡수, 펌프 맥동의 흡수 작용까지 한다.

56 교차로 또는 그 부근에서 긴급자동차가 접근하였을 때 피양 방법으로 다음 중 가장 적절한 것은?

① 그 자리에 즉시 정지한다.

② 서행하면서 앞지르기하라는 신호를 한다.

③ 교차로를 피하여 도로의 우측 가장자리에 일시정지한다.

④ 진행방향 그대로 진행을 계속한다.

 정답 ③

도로교통법에 따르면, 교차로나 그 부근에서 긴급자동차가 접근하는 경우에는 차마와 노면전차의 운전자는 교차로를 피하여 일시정지해야 한다.

• 피양 : 바쁘거나 급한 사람, 차, 배 따위를 위하여 피하거나 양보함.

57 다음 중 안전점검을 실시 할 때의 유의사항으로 옳지 않은 것은?

① 이전에 재해가 발생한 부분에는 그 요인이 없어졌는지 확인한다.
② 안전점검 시 이전에 안전사고가 발생하지 않았던 부분은 생략하도록 한다.
③ 안전점검을 실시한 내용은 상호 이해하고 공유한다.
④ 안전점검이 끝나면 강평을 실시하여 안전사항을 주지한다.

 ②

안전점검 시 이전에 안전사고가 발생하지 않았던 부분이라도 점검을 생략하지 않고 철저히 해야 한다.

58 앞바퀴 정렬 중에서 캠버의 필요성에 대한 다음 설명 중 옳지 않은 것은?

① 토(Toe)와 관련성이 있다.
② 앞차축의 휨을 적게 한다.
③ 조향 조작 시 바퀴의 복원력이 발생한다.
④ 조향휠의 조작을 가볍게 한다.

 ③

⊕ **핵심 포크** ⊕

캠버의 필요성

• 토(Toe)와 관련성이 있다.
• 수직 하중에 의한 앞차축의 휨을 적게 한다.
• 타이어의 이상 마멸을 방지한다.
• 타이어가 하중을 받았을 때 타이어의 아래쪽이 바깥쪽으로 벌어지는 것을 방지한다.

59 운전 중 갑자기 계기판에 충전 경고등이 점등된 경우 나타나는 현상으로 옳은 것은?

① 충전 계통에 이상이 없다.
② 충전이 제대로 되지 않고 있다.
③ 주기적으로 점등되었다가 소등되는 것이다.
④ 충전이 정상적으로 되고 있다.

 ②

충전 경고등이 점등되었을 때에는 충전이 제대로 이루어지지 않는 경우이다. 그러므로 충전 경고등이 점등되었을 경우 충전 계통을 점검해야 하며, 충전 경고등의 점검은 엔진 가동 전과 가동 도중에 한다.

60 오일펌프의 플런저가 구동축 방향으로 작동하는 것은?

① 베인 펌프
② 기어 펌프
③ 스크루 펌프
④ 액시얼 피스톤 펌프

 ④

플런저(피스톤) 펌프에는 레이디얼형과 액시얼형이 있다. 이 중 레이디얼형은 회전축의 둘레에 방사형으로 피스톤이 배치되는 형식이며, 액시얼형은 구동축 방향으로 피스톤이 병렬로 배치되는 형식이다.

제**2**장

CBT 기출복원문제

CBT 기출복원문제 　제7회

01 지게차에서 앞축 타이어의 중심에서부터 포크까지의 거리를 나타내는 것은?

① 축간거리
② 전방오버행(LMC)
③ 윤거
④ 전장

 정답 ②

> ⊕ **핵심 포크** ⊕
>
> **지게차 기본 제원**
>
> • 축간거리 : 지게차의 앞축과 뒤축 타이어의 중심 간 거리
> • 윤거 : 지게차 앞면에서 양쪽 타이어 폭의 중심 간 거리
> • 전장 : 포크 바깥 끝부분에서 지게차 몸체의 뒤편 끝단까지의 전체 길이

02 지게차의 페달 중 가속 페달을 제외한 나머지 페달을 짝지은 것으로 옳은 것은?

① 주차 브레이크, 인칭 페달
② 브레이크 페달, 주차 브레이크
③ 인칭 페달, 브레이크 페달
④ 클러치, 주차 브레이크

 정답 ③

지게차의 페달에는 가속 페달, 인칭 페달, 브레이크 페달이 있으며, 수동 변속기가 장착된 경우에는 클러치 페달까지 있다.

03 계기판에서 경고등이 다음과 같이 점등되었을 때의 원인으로 옳은 것은?

① 냉각수의 부족
② 유압 작동유의 부족
③ 엔진 오일의 부족
④ 냉각수의 과열

 정답 ④

계기판의 온도계가 'H'를 가리킬 경우 경고등이 점등되는 원인은 과열과 관련이 있다.

04 실드빔식 전조등에 대한 다음 설명 중 옳지 않은 것은?

① 렌즈를 교체할 수 있다.
② 내부에 불활성 가스가 들어 있다.
③ 광도의 변화가 적다.
④ 반사경이 흐려지는 일이 없다.

 정답 ①

실드빔형 전조등은 일체형으로 되어 있기 때문에 필라멘트가 끊어지거나 렌즈 및 반사경에 이상이 있을 경우 그 부분만 교체할 수 있는 것이 아니라 전조등 전체를 교체해야 한다.

05 해머 작업 시 안전수칙에 대한 다음 설명 중 옳은 것은?

① 해머 머리의 녹 방지를 위해 오일을 바른다.

② 큰 힘이 필요할 때 파이프를 연결하여 사용한다.

③ 타격 시 주위를 점검한 후에 작업을 시작한다.

④ 면장갑을 착용한다.

정답 ③

핵심 포크

해머 사용 시 유의 사항

• 쐐기를 박아 자루가 단단한 것을 사용한다.
• 장갑을 끼지 않는다.
• 작업에 알맞은 무게의 해머를 사용한다.
• 열처리된 재료는 해머로 때리지 않는다.
• 타격 시 처음에는 작게 휘두르고, 점차 크게 휘두른다.
• 기름 묻은 손으로 자루를 잡지 않는다.
• 작업 전에 주위를 살펴야 한다.
• 타격면에 기름을 바르면 안 된다.

06 화물 적재한 채로 지게차 주행 시 포크와 지면과의 간격으로 가장 적절한 것은?

① 20~30cm

② 80~85cm

③ 50~55cm

④ 5~10cm

정답 ①

포크에 화물을 적재한 채로 지게차 주행 시 포크를 지면으로부터 20~30cm 정도 간격을 두어야 한다.

07 다음 공유압 기호가 나타내고 있는 것은?

① 체크 밸브

② 가변용량형 유압 펌프

③ 필터

④ 유압 동력원

정답 ②

핵심 포크

공유압 기호

체크 밸브	필터	유압 동력원

08 건설기계 장비의 시동이 되지 않을 때, 점검해야 할 사항으로 다음 중 옳지 않은 것은?

① 기동 전동기의 고장 여부 점검

② 발전기 성능 점검

③ 축전지의 (+)선 접촉 상태 점검

④ 마그네트 스위치 점검

정답 ②

건설기계 엔진의 시동이 되지 않을 경우 점검해야 할 사항에는, 배터리 충전 상태, 연료량, 시동 전동기의 고장 여부, 회로의 연결 상태 등이 있다.

제**2**장

CBT 기출복원문제

09 유압 오일의 온도에 따른 점도 변화 정도를 표시하는 것은?

① 윤활성
② 점도 분포
③ 관성력
④ 점도 지수

 ④

유압 오일의 온도에 따른 점도 변화를 나타내는 지표는 점도 지수이다.

10 생산 활동 중 신체장애와 유해물질에 의한 중독 등으로 작업성 질환에 걸려 나타나는 장애를 무엇이라 하는가?

① 안전관리
② 안전사고
③ 산업재해
④ 산업안전

 ③

산업재해란 산업 과정에서 발생하는 사고로 인해 발생하는 인적, 물적 피해를 일컫는 말이다.

⊕ **핵심 포크** ⊕

재해의 통계적 분류

• 사망 : 업무로 인하여 생명을 잃게 되는 경우
• 중경상 : 부상으로 인하여 8일 이상의 노동 상실을 가져온 상해 정도
• 경상해 : 부상으로 1일 이상 7일 이하의 노동 상실을 가져온 상해 정도
• 무상해 사고 : 응급처치 이하의 상처로 작업에 종사하면서 치료를 받는 상해 정도

11 다음 중 건설기계 등록신청 시 출처를 증명하기 위해 첨부하는 서류와 관계없는 것은?

① 건설기계 대여업 신고증
② 건설기계 제작증
③ 매수증서
④ 수입면장

 ①

⊕ **핵심 포크** ⊕

건설기계 등록신청의 제출 서류

• 건설기계의 출처를 증명하는 서류
 – 국내에서 제작한 건설기계 : 건설기계 제작증
 – 수입한 건설기계 : 수입면장 등
 – 행정기관으로부터 매수한 건설기계 : 매수증서
• 건설기계의 소유자임을 증명하는 서류
• 건설기계 제원표
• 보험 또는 공제의 가입을 증명하는 서류

12 주행장치에서 스프로킷의 이상 마모를 방지하기 위하여 조정하는 것은?

① 아이들러의 위치
② 롤러의 간격
③ 슈의 간격
④ 트랙의 장력

 ④

트랙의 장력이 느슨하거나 과대한 경우 스프로킷의 이상 마모가 발생할 수 있으므로 점검 시 조정할 필요가 있다.

13 산업안전보건법상 안전보건표지에서 다음 중 색채와 그 용도가 서로 맞지 않는 것은?

① 녹색 – 안내
② 노란색 – 위험
③ 파란색 – 지시
④ 빨간색 – 금지, 경고

정답 ②

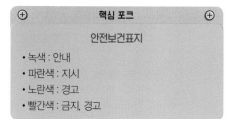

핵심 포크

안전보건표지

- 녹색 : 안내
- 파란색 : 지시
- 노란색 : 경고
- 빨간색 : 금지, 경고

14 도로교통법에 따른 승차 인원, 적재중량 및 적재용량의 안전기준을 넘어 운전하고자 할 때 누구에게 허가를 받아야 하는가?

① 운행 불가
② 시 · 도지사
③ 출발지 관할 경찰서장
④ 도착지 관할 경찰서장

정답 ③

도로교통법에 따르면, 모든 차의 운전자는 승차 인원, 적재중량 및 적재용량에 대하여 대통령령으로 정하는 운행상의 안전기준을 넘어서 승차시키거나 적재한 상태로 운전해서는 안 된다. 다만, 출발지를 관할하는 경찰서장의 허가를 받은 경우에는 예외이다.

15 도로교통법상으로 운전자가 서행해야 하는 장소로 옳지 않은 것은?

① 가파른 비탈길의 내리막
② 교통경찰이 교통정리를 하고 있는 교차로
③ 도로가 구부러진 부근
④ 비탈길의 고갯마루 부근

정답 ②

도로교통법상으로 규정된 서행 또는 일시정지할 장소에는 교통정리를 하고 있지 않은 교차로, 도로가 구부러진 부근, 비탈길의 고갯마루 부근, 가파른 비탈길의 내리막, 시 · 도 경찰청장이 필요하다고 인정하여 안전표지로 지정한 곳이 있다.

16 유압장치의 취급에 대하여 다음 중 옳지 않은 것은?

① 종류가 다른 오일이라도 부족하면 보충하도록 한다.
② 추운 날씨에는 충분한 준비 운전 후 작업하도록 한다.
③ 가동 중 이상 소음이 발생하면 즉시 작업을 중지한다.
④ 오일의 양이 부족하지 않도록 점검 보충한다.

정답 ①

종류가 서로 다른 오일을 혼합했을 경우 열화 현상이 발생할 수 있으므로, 다른 오일을 혼합하지 않도록 한다.

제**2**장

CBT 기출복원문제

17 운전자가 업무상 필요한 주의를 게을리하거나 중대한 과실로 다른 사람의 건조물을 손괴한 경우에 대한 벌칙으로 다음 중 옳은 것은?

① 1년 이하의 징역이나 300만 원 이하의 벌금

② 1년 이하의 금고나 300만 원 이하의 벌금

③ 2년 이하의 징역이나 500만 원 이하의 벌금

④ 2년 이하의 금고나 500만 원 이하의 벌금

정답 ④

도로교통법에 따라 차량 또는 노면전차의 운전자가 업무상 필요한 주의를 게을리하거나 중대한 과실로 다른 사람의 건조물이나 그 밖의 재물을 손괴한 경우에는 2년 이하의 금고나 500만 원 이하의 벌금에 처한다.

18 도로교통법상 벌점의 누산점수 초과로 인한 면허 취소의 기준 중 1년간 누산점수는 몇 점인가?

① 61점 이상

② 121점 이상

③ 201점 이상

④ 271점 이상

정답 ②

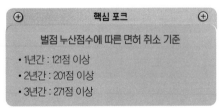

핵심 포크

벌점 누산점수에 따른 면허 취소 기준

• 1년간 : 121점 이상
• 2년간 : 201점 이상
• 3년간 : 271점 이상

19 다음 중 유압 모터의 장점에 해당하지 않는 것은?

① 전동 모터에 비하여 급속정지가 쉽다.

② 광범위한 무단 변속을 얻을 수 있다.

③ 작동이 신속, 정확하다.

④ 관성력과 소음이 크다.

정답 ④

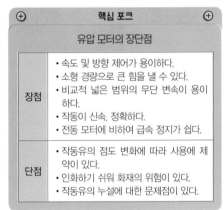

핵심 포크

유압 모터의 장단점

장점	• 속도 및 방향 제어가 용이하다. • 소형 경량으로 큰 힘을 낼 수 있다. • 비교적 넓은 범위의 무단 변속이 용이하다. • 작동이 신속, 정확하다. • 전동 모터에 비하여 급속 정지가 쉽다.
단점	• 작동유의 점도 변화에 따라 사용에 제약이 있다. • 인화하기 쉬워 화재의 위험이 있다. • 작동유의 누설에 대한 문제점이 있다.

20 다음 중 디젤 엔진에서 시동이 잘 걸리지 않는 원인으로 가장 적절한 것은?

① 점도가 낮은 엔진 오일을 사용한 경우

② 보조탱크의 냉각수량이 부족한 경우

③ 연료 계통에 공기가 들어 있는 경우

④ 냉각수의 온도가 높은 것을 사용한 경우

정답 ③

디젤 엔진에서 시동이 잘 걸리지 않을 경우 연료 계통에 공기가 혼입되어 있는지 점검할 필요가 있다.

21 12V 납산 축전지의 셀의 개수는 몇 개인가?

① 약 2V의 셀이 6개로 되어 있다.

② 약 3V의 셀이 4개로 되어 있다.

③ 약 4V의 셀이 3개로 되어 있다.

④ 약 6V의 셀이 2개로 되어 있다.

정답 ①

축전지는 1개의 셀당 약 2V의 기전력을 가지며, 축전지의 전압은 셀을 직렬로 연결하여 계산한다. 그러므로 12V의 축전지는 6개의 셀이 직렬로 연결되어 있다.

22 다음 중 유압 실린더의 종류에 해당하지 않는 것은?

① 단동식 실린더

② 회전식 실린더

③ 복동식 실린더

④ 다단식 실린더

정답 ②

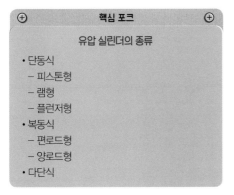

⊕ **핵심 포크** ⊕

유압 실린더의 종류

- 단동식
  - 피스톤형
  - 램형
  - 플런저형
- 복동식
  - 편로드형
  - 양로드형
- 다단식

23 유압 회로에서 작동유의 적정 온도로 옳은 것은?

① 85~120℃

② 70~105℃

③ 55~95℃

④ 40~80℃

정답 ④

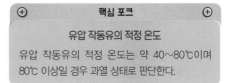

⊕ **핵심 포크** ⊕

유압 작동유의 적정 온도

유압 작동유의 적정 온도는 약 40~80℃이며 80℃ 이상일 경우 과열 상태로 판단한다.

24 편도 4차선 일반도로에서 4차로가 버스 전용 차로일 때 건설기계가 통행해야 하는 차로는?

① 한적한 차로

② 1차로

③ 3차로

④ 2차로

정답 ③

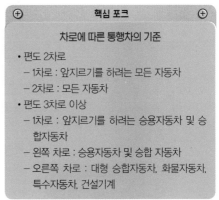

⊕ **핵심 포크** ⊕

차로에 따른 통행차의 기준

- 편도 2차로
  - 1차로 : 앞지르기를 하려는 모든 자동차
  - 2차로 : 모든 자동차
- 편도 3차로 이상
  - 1차로 : 앞지르기를 하려는 승용자동차 및 승합자동차
  - 왼쪽 차로 : 승용자동차 및 승합 자동차
  - 오른쪽 차로 : 대형 승합자동차, 화물자동차, 특수자동차, 건설기계

제**2**장

CBT 기출복원문제

25 다음 중 지게차의 앞바퀴 설치 위치로 옳은 것은?

① 직접 프레임에 설치된다.
② 섀클 핀에 설치된다.
③ 동속이음에 설치된다.
④ 너클 암에 설치된다.

 정답 ①

지게차는 앞바퀴 쪽에 적재장치가 있기 때문에 급선회 시 적재물의 낙하 위험 및 적재물의 중량에 의한 조향의 어려움을 방지하기 위해 앞바퀴 구동, 뒷바퀴 조향 방식을 사용한다. 이때, 지게차의 앞바퀴는 직접 프레임에 설치된다.

26 다음 중 조향 핸들의 유격이 커지는 원인에 해당하지 않는 것은?

① 앞바퀴 베어링의 마모 과대
② 피트먼 암의 헐거움
③ 조향 기어 및 조향 링키지의 조정 불량
④ 타이어 공기압의 과대

정답 ④

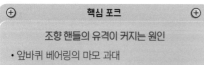

핵심 포크

조향 핸들의 유격이 커지는 원인
• 앞바퀴 베어링의 마모 과대
• 피트먼 암의 헐거움
• 조향 기어 및 조향 링키지의 조정 불량
• 타이로드 엔드 볼 조인트의 마모
• 조향 바퀴 베어링의 마모

27 예열 플러그를 점검하였을 때 심하게 오염되었을 경우 그 원인으로 다음 중 옳은 것은?

① 엔진의 과열
② 냉각수의 부족
③ 불완전연소 혹은 노킹 현상
④ 플러그의 용량 과다

 정답 ③

예열 플러그란 디젤 엔진의 착화 성능을 높여주는 시동 보조 장치로, 불완전연소나 노킹 현상이 일어났을 때 오염된다.

28 교차로에서 20m 전방에 있는 신호등의 황색 등화 시 운전자의 조치로 옳지 않은 것은?

① 우회전하는 경우 보행자의 횡단을 방해하지 못한다.
② 비보호 좌회전 표지 또는 비보호 좌회전 표시가 있는 곳에서는 좌회전할 수 있다.
③ 교차로에 차마의 일부라도 진입할 경우 신속히 교차로 밖으로 진행해야 한다.
④ 정지선이 있을 때에는 그 직전이나 교차로의 직전에 정지한다.

 정답 ②

핵심 포크

차량 신호등의 황색 등화
• 차마는 정지선이 있거나 횡단보도가 있을 때에는 그 직전이나 교차로의 직전에 정지해야 하며, 이미 교차로에 차마의 일부라도 진입한 경우에는 신속히 교차로 밖으로 진행해야 한다.
• 차마는 우회전할 수 있고, 우회전하는 경우에는 보행자의 횡단을 방해하지 못한다.

29 다음 중 산업안전보건법상 안전표지의 종류에 해당하지 않는 것은?

① 금지표지
② 경고표지
③ 위험표지
④ 지시표지

정답 ③

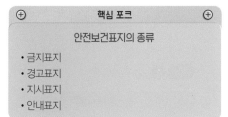

핵심 포크

안전보건표지의 종류

- 금지표지
- 경고표지
- 지시표지
- 안내표지

30 다음 중 직권식 전동기의 전기자 코일과 계자 코일의 연결 방식으로 옳은 것은?

① 직렬로 연결한다.
② 병렬로 연결한다.
③ 직렬과 병렬로 혼합 연결한다.
④ 전기자 코일은 직렬로 연결하고, 계자 코일은 병렬로 연결한다.

정답 ①

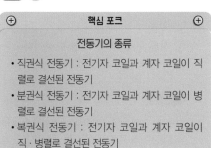

핵심 포크

전동기의 종류

- 직권식 전동기 : 전기자 코일과 계자 코일이 직렬로 결선된 전동기
- 분권식 전동기 : 전기자 코일과 계자 코일이 병렬로 결선된 전동기
- 복권식 전동기 : 전기자 코일과 계자 코일이 직·병렬로 결선된 전동기

31 압력 제어 밸브 중 항상 닫혀 있다가 일정 조건이 되면 열려 작동하는 밸브에 속하지 않는 것은?

① 무부하 밸브
② 시퀀스 밸브
③ 릴리프 밸브
④ 리듀싱 밸브

정답 ④

리듀싱 밸브는 항상 개방된 상태로 있다가 일정 조건이 충족되면 밸브가 작동하여 압력을 감압시킨다.

32 유압 회로의 속도 제어 회로와 관계없는 것은?

① 오픈 센터 회로
② 미터 인 회로
③ 미터 아웃 회로
④ 블리드 오프 회로

정답 ①

핵심 포크

유압 회로의 속도 제어 회로

- 미터 인(Meter-In) 회로 : 실린더의 속도를 펌프 송출량에 무관하도록 설정하는 회로
- 미터 아웃(Meter-Out) 회로 : 실린더 출구의 유량을 제어하여 피스톤의 속도를 제어하는 회로
- 블리드 오프(Bleed-Off) 회로 : 공급 쪽 관로에 바이패스 관로를 설치하여 바이패스로의 흐름을 제어함으로써 속도를 제어하는 회로

33 다음 중 지게차의 적재 방법으로 옳지 않은 것은?

① 포크로 물건을 끌거나 찔러서 올리지 않는다.
② 화물이 무거운 경우 다른 작업자나 중량물을 밸런스 웨이트로 삼는다.
③ 화물을 올릴 때 가속 페달을 밟으면서 레버를 조작한다.
④ 화물을 올릴 때는 포크를 수평으로 한다.

정답 ②

밸런스 웨이트란 포크로 적재된 화물을 들어 올릴 때 지게차의 무게 중심이 앞으로 쏠리지 않도록 지게차 후면에 설치된 금속추를 말한다. 그러므로, 사람이나 중량물을 밸런스 웨이트로 삼을 수는 없다.

34 다음 중 유압장치에 부착된 오일 탱크의 부속장치가 아닌 것은?

① 배플
② 피스톤 로드
③ 주입구 캡
④ 유면계

정답 ②

오일 탱크의 부속장치에는 배플(격판), 주입구 캡, 유면계, 스트레이너, 드레인 플러그 등이 있다. 피스톤 로드는 유압 실린더의 구성품에 해당한다.

35 다음 중 지게차의 운행 및 작업 방법으로 옳지 않은 것은?

① 마스트는 적재물이 백 레스트에 완전히 닿도록 하고 운행한다.
② 경사지에서 내려올 때는 후진으로 진행한다.
③ 뒷바퀴가 지면에서 5cm 이하로 떨어진 경우 밸런스 웨이트의 중량을 높인다.
④ 주행 방향을 변경할 때에는 완전 정지 혹은 저속으로 진행한다.

정답 ③

핵심 포크

지게차 작업 시 안전수칙
• 포크에 적재된 화물을 상승시킬 때에는 가속 페달을 밟으며 레버를 조작하고, 하강시킬 때에는 페달의 조작을 하지 않는다.
• 리프트 레버 조작 시 시선은 마스트에 둔다.
• 창고 또는 고장 출입 시 지게차의 폭과 출입구의 폭을 확인하고, 포크를 상승시켜 출입하는 경우 출입구 높이에 주의해야 한다.
• 급출발, 급제동, 급선회하지 않는다.

36 지게차의 일반적인 구동 방식으로 옳은 것은?

① 후륜 구동, 전륜 조향 방식이다.
② 후륜 구동, 후륜 조향 방식이다.
③ 전륜 구동, 전륜 조향 방식이다.
④ 전륜 구동, 후륜 조향 방식이다.

정답 ④

지게차는 앞바퀴 쪽 적재물의 낙하 위험 및 조향의 어려움을 방지하기 위해 앞바퀴 구동, 뒷바퀴 조향 방식을 사용한다.

37 장갑을 끼고 작업할 경우 위험한 작업은?

① 해머 작업

② 타이어 교체 작업

③ 건설기계 운전

④ 오일 교체 작업

 정답 ①

해머 작업을 할 때에는 장갑을 끼지 않고 작업해야 안전하다. 오히려 장갑 때문에 자루가 손에서 미끄러져 사고가 발생할 위험이 있다.

38 다음 중 기어식 유압 펌프의 특징으로 옳지 않은 것은?

① 피스톤 펌프에 비해 효율이 떨어진다.

② 정용량형 펌프이다.

③ 구조가 복잡하며 다루기 어렵다.

④ 외접식과 내접식이 있다.

 정답 ③

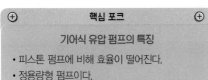

핵심 포크

기어식 유압 펌프의 특징

- 피스톤 펌프에 비해 효율이 떨어진다.
- 정용량형 펌프이다.
- 외접식과 내접식이 있다.
- 유압 작동유의 오염에 비교적 강한 편이다.
- 소음이 비교적 크다.
- 구조가 간단하고 고장이 적다.
- 다루기 쉽고 가격이 저렴하다.
- 흡입 능력이 가장 크다.

39 정기검사를 신청하지 않은 경우 정기검사 신청기간 만료일부터 30일을 초과했을 때의 과태료는?

① 8만 원

② 6만 원

③ 4만 원

④ 2만 원

 정답 ④

핵심 포크

정기검사 또는 수시검사를 받지 않은 경우

- 1차 위반 : 2만 원(검사기간 만료일부터 30일을 초과하는 경우 3일 초과 시마다 1만 원을 가산)
- 2차 위반 : 3만 원(검사기간 만료일부터 30일을 초과하는 경우 3일 초과 시마다 2만 원을 가산)
- 3차 위반 : 5만 원(검사기간 만료일부터 30일을 초과하는 경우 3일 초과 시마다 3만원을 가산)

40 화재의 분류에서 금속화재에 해당하는 것은?

① D급 화재

② C급 화재

③ B급 화재

④ A급 화재

 정답 ①

화재의 분류에서 A급 화재는 연소 후 재를 남기는 일반적 화재, B급 화재는 유류에 의한 화재, C급 화재는 전기에 의한 화재, D급 화재는 금속에 의한 화재를 말한다.

제**2**장

CBT 기출복원문제

41 직접 분사식 디젤 연소실의 장점으로 옳지 않은 것은?

① 구조가 간단하고 열효율이 높다.
② 시동이 용이하고, 예열 플러그가 필요 없다.
③ 노크 발생이 적고, 진동 및 소음이 적다.
④ 냉각손실이 적다.

 정답 ③

노크 발생이 적고 진동과 소음이 적은 것은 예연소실식 연소실의 장점에 해당한다.

> **핵심 포크**
>
> **직접 분사식 연소실의 장점**
> • 연소실의 구조와 실린더 헤드의 구조가 간단하다.
> • 냉각에 의한 열손실이 적어 열효율이 높다.
> • 연료 소비율이 낮다.

42 건설기계 관리법 시행규칙에 따른 타이어식 트럭 지게차의 정기검사 유효기간으로 옳은 것은?

① 1년
② 15개월
③ 18개월
④ 2년

 정답 ①

건설기계 관리법 시행규칙에 따르면 타이어식 트럭 지게차의 정기검사 유효기간은 연식이 20년 이하일 경우 1년, 20년 초과일 경우 6개월이다.

43 다음 중 스패너나 렌치의 작업 방법으로 적절하지 않은 것은?

① 파이프 렌치는 한쪽 방향으로만 힘을 가하여 사용한다.
② 볼트나 너트를 풀거나 조일 때에는 뒤로 밀면서 한다.
③ 렌치를 잡아당길 수 있는 위치에서 작업하도록 한다.
④ 볼트나 너트를 풀거나 조일 때 규격에 맞는 것을 사용한다.

 정답 ②

스패너나 렌치로 작업 시 볼트나 너트를 풀거나 조일 때에는 자기 쪽으로 당겨서 사용하도록 한다.

44 축전지 커버에 붙은 전해액을 세척하려 할 때 사용하는 중화제로 가장 적합한 것은?

① 암모니아수
② 비눗물
③ 증류수
④ 베이킹소다수

 정답 ④

산성인 전해액을 세척하려면, 산성을 중화시킬 수 있는 중화제를 사용해야 한다. 베이킹소다는 천연중화제로서 산성을 중화시키는 데 사용되는 것이다.

45 다음 중 건설기계 조종사 면허의 적성검사 기준으로 옳지 않은 것은?

① 두 눈의 시력이 각각 0.3 이상이어야 한다.

② 시각은 150° 이상이어야 한다.

③ 두 눈을 동시에 뜨고 잰 시력이 0.7 이상이어야 한다.

④ 청력은 10m의 거리에서 60dB을 들을 수 있어야 한다.

정답 ④

> **핵심 포크**
>
> **건설기계 조종사의 적성검사 기준**
> • 두 눈을 동시에 뜨고 잰 시력이 0.7 이상이고 두 눈의 시력이 각각 0.3 이상일 것
> • 시각은 150° 이상일 것
> • 정신질환자, 뇌전증 환자 및 마약 등의 향정신성 의약품, 알코올 중독자에 해당하지 않을 것
> • 55dB의 소리를 들을 수 있고 언어분별력이 80% 이상일 것

46 다음 중 유압 모터에서 소음 및 진동이 발생할 때의 원인에 해당하지 않는 것은?

① 펌프의 최고 회전 속도 저하

② 내부 부품의 파손

③ 체결 볼트의 이완

④ 작동유 내부에 공기 혼입

정답 ①

펌프의 최고 회전 속도 저하는 소음과 진동에 영향을 주는 것이 아니라, 작동유의 압력과 유량에 영향을 준다.

47 자동 변속기의 압력이 떨어지는 이유로 옳지 않은 것은?

① 오일의 부족

② 클러치판의 마모

③ 오일펌프 내부에 공기 생성

④ 오일 필터 막힘

정답 ②

자동 변속기의 동력 전달은 오일을 매개체로 하기 때문에 오일의 온도가 적정 수준까지 상승하지 못하면 엔진의 효율이 급격히 저하된다. 그 원인에는 오일의 부족, 오일펌프 내부에 공기 생성, 오일 필터 막힘 등이 있다.

48 산업재해의 조사 목적에 대한 설명으로 다음 중 가장 적절한 것은?

① 재해를 유발한 자의 책임 추궁을 위함이다.

② 재해 발생의 통계를 작성하기 위함이다.

③ 적절한 예방 대책을 수립하기 위함이다.

④ 작업 능률 향상과 근로 기강 확립을 위함이다.

정답 ③

> **핵심 포크**
>
> **산업재해의 조사 목적**
> • 재해의 원인 규명
> • 예방 자료 수집을 통한 예방 대책 수립
> • 동종 재해 및 유사 재해의 재발 방지(근본적 목적)

제**2**장

CBT 기출복원문제

49 다음 중 산업재해를 예방하는 방법으로 옳지 않은 것은?

① 공구는 지정된 장소에 정리 및 보관한다.
② 주요 장비는 정해진 조작자 이외에는 조작하지 않도록 한다.
③ 엔진에서 발생하는 일산화탄소에 대비해 환기장치를 설치한다.
④ 소화기 근처에 물건을 적재한다.

 정답 ④

화재 발생 시 신속하고 안전한 화재 진압을 위해 소화기나 소화 시설이 배치된 곳 주변에는 화물이나 공구 등을 두어서는 안 된다.

50 엔진 방열기에 연결된 보조 탱크의 역할로 옳지 않은 것은?

① 냉각수의 체적 팽창을 흡수한다.
② 오버플로(Overflow)되어도 증기만 방출된다.
③ 냉각수의 온도 조절
④ 장기간 동안 냉각수 보충이 필요 없다.

 정답 ③

⊕ **핵심 포크** ⊕

엔진 방열기의 연결된 보조 탱크의 역할

• 냉각수의 체적 팽창 흡수
• 장기간 동안 냉각수의 보충이 필요 없음
• 오버플로(Overflow)되어도 증기만 방출됨

51 건설기계 운행 도중 재산 피해를 입혔을 때 면허 효력의 정지 기간으로 옳은 것은?

① 피해금액 50만 원마다 1일
② 피해금액 50만 원마다 3일
③ 피해금액 50만 원마다 5일
④ 피해금액 50만 원마다 10일

 정답 ①

건설기계 관리법 시행규칙에 따르면, 건설기계를 운행하는 중에 재산 피해를 입혔을 경우 피해금액 50만 원마다 1일의 면허 효력 정지 기간이 부과되며, 그 기간은 90일을 넘지 못한다.

52 지게차의 작업장치 중 한쪽으로 쏠린 작업물을 들 때 균형을 맞추어 줄 수 있는 장치는?

① 힌지드 포크
② 사이드 시프트
③ 사이드 클램프
④ 로테이팅 포크

 정답 ②

사이드 시프트는 차체를 이동시키지 않고 포크를 좌우로 움직여 적재 및 하역을 할 수 있는 장치이다.

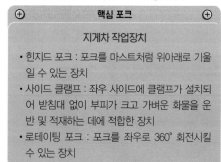
⊕ **핵심 포크** ⊕

지게차 작업장치

• 힌지드 포크 : 포크를 마스트처럼 위아래로 기울일 수 있는 장치
• 사이드 클램프 : 좌우 사이드에 클램프가 설치되어 받침대 없이 부피가 크고 가벼운 화물을 운반 및 적재하는 데에 적합한 장치
• 로테이팅 포크 : 포크를 좌우로 360° 회전시킬 수 있는 장치

53 압력식 라디에이터 캡에 대한 다음 설명 중 옳은 것은?

① 냉각장치의 내부 압력이 규정보다 낮을 때 공기 밸브가 열린다.

② 냉각장치의 내부 압력이 부압이 되면 진공 밸브가 열린다.

③ 냉각장치의 내부 압력이 부압이 되면 공기 밸브가 열린다.

④ 냉각장치의 내부 압력이 규정보다 낮을 때 진공 밸브가 열린다.

 정답 ②

라디에이터 캡의 진공 밸브는 과랭 시 라디에이터 내부의 진공으로 인한 코어의 손상을 방지하는데, 압력식 라디에이터 캡은 냉각장치의 내부 압력이 부압이 되면 진공 밸브가 열린다.

54 다음 중 지게차의 선회를 원활하게 해주는 장치로 옳은 것은?

① 배력장치

② 토크 컨버터

③ 유니버설 조인트

④ 차동 기어 장치

 정답 ④

차동 기어 장치란, 지게차의 선회 시 좌우 바퀴의 회전속도를 다르게 하여 회전수에 차이를 두는 방식으로 선회를 원활하게 해주는 장치를 말한다.

55 다음 중 벨트 취급 시 안전에 대한 유의사항으로 옳지 않은 것은?

① 벨트 교체 시 회전이 완전히 멈춘 상태에서 한다.

② 벨트에 기름이 묻지 않도록 한다.

③ 벨트의 회전을 정지시킬 때엔 손으로 잡아 정지시키도록 한다.

④ 벨트의 적당한 유격을 유지하도록 한다.

 정답 ③

벨트 취급 시에는 안전을 위해 벨트의 회전이 완전히 멈출 때까지 손을 대지 않도록 한다.

56 다음 중 방향 제어 밸브에서 내부 누유에 영향을 미치는 요소가 아닌 것은?

① 관로의 유량

② 유압 작동유의 점도

③ 밸브 양단의 압력차

④ 밸브 간극의 크기

 정답 ①

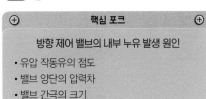

핵심 포크

방향 제어 밸브의 내부 누유 발생 원인
- 유압 작동유의 점도
- 밸브 양단의 압력차
- 밸브 간극의 크기

57 건설기계 장비에서 유압장치를 분해하기 전에 내부 압력을 제거하기 위한 방법으로 가장 적절한 것은?

① 엔진을 정지시킨 후 개방한다.
② 압력 밸브를 밀어 준다.
③ 엔진을 정지시킨 후 조정 레버를 모든 방향으로 조작하여 압력을 제거한다.
④ 고정 너트를 서서히 푼다.

 ③

유압장치를 분해하기 전에 내부 압력을 제거하기 위해선 일단 안전을 위해 엔진을 정지시킨 후, 조정 레버를 조작하여 급격한 압력 배출 없이 압력을 제거하도록 한다.

58 다음 중 커먼레일 디젤 엔진의 연료장치 구성부품에 해당하지 않는 것은?

① 연료 압력 조절 밸브
② 예열 플러그
③ 인젝터
④ 연료 저장 축압기

 ②

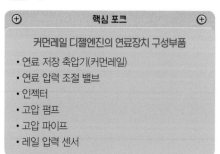

핵심 포크

커먼레일 디젤엔진의 연료장치 구성부품
• 연료 저장 축압기(커먼레일)
• 연료 압력 조절 밸브
• 인젝터
• 고압 펌프
• 고압 파이프
• 레일 압력 센서

59 건설기계를 도난당하였을 경우 등록 말소를 신청해야 하는 기한으로 옳은 것은?

① 2개월 이내
② 45일 이내
③ 1개월 이내
④ 15일 이내

 ①

건설기계 관리법에 따르면, 건설기계를 도난당한 경우에는 도난당한 날로부터 2개월 이내로 시 · 도지사에게 등록 말소를 신청해야 한다.

60 다음 중 도로교통법을 위반한 경우는?

① 낮에 어두운 터널 속을 통과할 때 전조등을 점등했다.
② 소방용 방화물통으로부터 10m 지점에 주차했다.
③ 노면이 얼어붙은 곳에서 최고 속도의 100분의 20을 줄인 속도로 운행하였다.
④ 밤에 교통이 빈번한 도로에서 전조등을 계속 하향하였다.

 ③

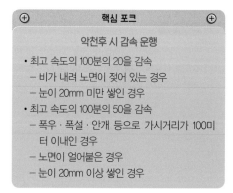

핵심 포크

악천후 시 감속 운행

• 최고 속도의 100분의 20을 감속
　– 비가 내려 노면이 젖어 있는 경우
　– 눈이 20mm 미만 쌓인 경우
• 최고 속도의 100분의 50을 감속
　– 폭우 · 폭설 · 안개 등으로 가시거리가 100미터 이내인 경우
　– 노면이 얼어붙은 경우
　– 눈이 20mm 이상 쌓인 경우

제 **3** 장

실전
모의고사

실전모의고사 제1회

수험번호

수험자명

⏱ 제한 시간 : 60분 　전체 문제 수 : 60 　맞춘 문제 수 :

	답안 표기란
01	① ② ③ ④
02	① ② ③ ④
03	① ② ③ ④
04	① ② ③ ④
05	① ② ③ ④

01 산업안전의 3요소가 아닌 것은?

① 교육적 요소　　　　② 기술적 요소

③ 위생적 요소　　　　④ 관리적 요소

02 다음 중 보안경을 끼고 작업해야 하는 상황이 아닌 것은?

① 건설기계장치 하부에서 점검 및 정비 작업 시

② 철분이나 모래 등 작업에 장애를 유발하는 가루가 날리는 작업 시

③ 그라인더 작업 시

④ 통상적인 화물 운반의 야간작업 시

03 중량물 운반 작업 시 유의사항으로 맞지 않는 것은?

① 무거운 물건을 상승시킨 채로 오랫동안 방치하지 않도록 한다.

② 중량물 운반 작업 시 사람이 화물을 붙잡게 해서는 안 된다.

③ 규정 용량에 1~5% 정도는 초과하더라도 허용되는 범위이다.

④ 무거운 물건을 이동시킬 때엔 호이스트나 체인블록 등을 사용한다.

04 다음 안전보건표지가 나타내는 것은?

① 매달린 물체 경고　　　② 낙하물 경고

③ 방사성 물질 경고　　　④ 위험 장소 경고

05 디젤 기관과 관련된 것이 아닌 것은?

① 점화장치　　　　② 경유

③ 압축 착화　　　　④ 높은 열효율

06 스패너 사용법에 대한 다음 설명 중 틀린 것은?

① 스패너나 렌치를 지렛대로 사용하지 않는다.
② 작업 시 자루의 길이가 모자라면 파이프를 이어서 사용한다.
③ 파이프 렌치는 한쪽 방향으로만 힘을 가하며 사용해야 한다.
④ 공구에 묻은 기름은 잘 닦아서 사용하도록 한다.

07 용접 작업 시 사용하는 가스의 용기 색깔이 바른 것은?

① 산소 : 청색
② 아세틸렌 : 황색
③ 수소 : 녹색
④ 이산화탄소 : 적색

08 타이어의 마모 한계에 대한 다음 설명 중 틀린 것은?

① 중형차 타이어의 마모 한계는 3.2mm이다.
② 타이어의 마모 정도가 지나치면 우천 시 수막현상이 발생한다.
③ 타이어의 마모 정도가 지나치면 제동력 저하로 제동거리가 길어진다.
④ 타이어의 교체 시기는 마모 한계 표시를 통해 알 수 있다.

09 지게차의 주차 방법에 대한 다음 설명 중 틀린 것은?

① 경사지에 주차 시 바퀴에 고임목이나 고임대를 사용한다.
② 정해진 장소에 주차하도록 한다.
③ 자동 변속기가 탑재된 경우 변속기 위치를 'P'로 둔다.
④ 주차 시 포크를 지면에서 약 5~15cm 정도 올린다.

10 B급 화재에 대한 다음 설명 중 틀린 것은?

① 유류 화재 시 물을 뿌리면 더 위험하다.
② 방화 커튼을 사용하여 화재 진압이 가능하다.
③ 화재 진압 시 분말 소화기, 이산화탄소 소화기가 적합하다.
④ 액체 또는 유류 등의 연소 후에 재가 많이 남는다.

답안 표기란				
06	①	②	③	④
07	①	②	③	④
08	①	②	③	④
09	①	②	③	④
10	①	②	③	④

제3장

실전모의고사

11 예열 플러그의 단선 원인으로 맞지 않는 것은?

① 예열 시간이 너무 긴 경우

② 예열 플러그에 과대한 전류가 흐를 경우

③ 엔진이 과랭된 경우

④ 엔진이 가동되는 도중에 예열을 시킨 경우

12 화물 적재 작업 시 유의사항에 대한 다음 설명 중 틀린 것은?

① 포크의 폭은 컨테이너나 팔레트 폭의 1/3 이상이어야 한다.

② 화물 적재 중에 포크 밑으로 사람을 출입하게 하여서는 안 된다.

③ 포크의 끝으로 화물을 들어 올리지 않도록 한다.

④ 지게차 후면에 중량물을 올리거나 사람을 태우고 작업해선 안 된다.

13 지게차 운전 시 유의사항에 대한 다음 설명 중 틀린 것은?

① 불안정한 지반에서 작업 시 받침대나 받침판을 이용한다.

② 창고 출입 시 운전자의 신체가 차체 바깥으로 내밀어져서는 안 된다.

③ 주간 작업 시에는 실내에서 운행하더라도 전조등을 킬 필요가 없다.

④ 급출발, 급선회, 급제동을 해서는 안 된다.

14 용도에 따른 건설기계 등록번호표의 색상 기준으로 맞지 않는 것은?

① 영업용 : 주황색 판에 흰색 문자

② 관용 : 흰색 판에 검은색 문자

③ 수출용 : 적색 판에 검은색 문자

④ 자가용 : 녹색 판에 흰색 문자

15 건설기계 조종사 면허의 결격 사유로 맞지 않는 것은?

① 정신질환자 또는 뇌전증 환자로서 국토교통부령으로 정하는 사람

② 19세 미만인 사람

③ 앞을 보지 못하거나 듣지 못하는 사람

④ 알코올 중독자

답안 표기란				
11	①	②	③	④
12	①	②	③	④
13	①	②	③	④
14	①	②	③	④
15	①	②	③	④

16 다음 중 장갑을 착용하지 않고 작업을 해야 하는 상황이 아닌 것은?

① 드릴 작업 시

② 해머 작업 시

③ 정밀 기계 작업 시

④ 건설기계장치의 점검 및 정비 작업 시

17 엔진 밸브의 간극이 작을 때 발생하는 현상이 아닌 것은?

① 정상 온도에서 밸브가 완전히 개방되지 않는다.

② 출력이 저하된다.

③ 역화 및 후화 등 이상 연소가 발생하게 된다.

④ 밸브가 확실하게 닫히지 않는다.

18 가압식 라디에이터가 가지고 있는 장점이 아닌 것은?

① 냉각수의 끓는점을 높일 수 있다.

② 냉각팬의 흡기 속도를 높일 수 있다.

③ 냉각수의 손실이 적다.

④ 방열기를 작게 할 수 있다.

19 오일 여과기에 대한 다음 설명 중 옳은 것은?

① 여과기가 막히면 유압이 낮아진다.

② 여과 능력이 좋더라도 부품의 마모가 빠르다는 특징이 있다.

③ 작업 조건이 나쁘더라도 교환 시기를 단축해서는 안 된다.

④ 엘리먼트 교환식은 엘리먼트 청소 시 세척하여 사용한다.

20 연료 분사의 3대 요소가 아닌 것은?

① 관통력

② 회전율

③ 분포

④ 무화

답안 표기란				
16	①	②	③	④
17	①	②	③	④
18	①	②	③	④
19	①	②	③	④
20	①	②	③	④

제 **3** 장

실전모의고사

21 운전 중 엔진의 에어클리너가 막혔을 때 발생하는 현상은?

① 배기가스의 색은 희고, 출력은 감소한다.

② 배기가스의 색은 무색, 출력은 증가한다.

③ 배기가스의 색은 검고, 출력이 감소한다.

④ 배기가스의 색은 청백색이고, 출력은 감소한다.

22 엔진의 과급기에 대한 설명으로 옳지 않은 것은?

① 터보 차저라고도 부른다.

② 실린더 내부의 공기 흡입량을 증가시킨다.

③ 4행정 사이클 디젤 엔진에서는 기계식 과급기가 주로 사용된다.

④ 과급기를 설치하면 출력이 35~45% 정도 증가한다.

23 축전지 충전 시 유의사항으로 옳지 않은 것은?

① 전해액의 온도를 60℃ 이하로 유지해야 한다.

② 주입구 마개를 모두 열어야 한다.

③ 불꽃이 발생하지 않도록 해야 한다.

④ 과충전, 급속 충전은 피해야 한다.

24 직류 발전기의 구조에 대한 다음 설명 중 옳지 않은 것은?

① 직류 발전기는 전기자, 계자 철심 · 코일, 정류자 · 브러시로 이루어진다.

② 정류자와 브러시는 전기자에서 발생한 교류를 직류로 변환한다.

③ 전기자는 아마추어라고도 부른다.

④ 계자 철심에 전류가 흐르면 코일이 전자석이 되어 자속을 발생한다.

25 클러치의 구비 조건에 대한 다음 설명 중 옳지 않은 것은?

① 동력 전달 용량이 저하되지 않아야 한다.

② 고장 및 진동, 소음이 적고 수명이 길어야 한다.

③ 회전 관성이 크고, 회전 부분의 평형이 좋아야 한다.

④ 방열성과 내열성이 좋아야 한다.

답안 표기란				
21	①	②	③	④
22	①	②	③	④
23	①	②	③	④
24	①	②	③	④
25	①	②	③	④

26 토크 컨버터의 구성 요소가 아닌 것은?

① 터빈
② 스테이터
③ 레귤레이터
④ 펌프

27 수동 변속기가 탑재된 건설기계에서 기어가 중립 위치에서 쉽게 빠지지 않도록 하는 장치는?

① 인터 쿨러
② 록킹 볼
③ 인터록
④ 인젝션

28 동력 조향장치의 장점이 아닌 것은?

① 조향 핸들의 시미 현상 발생을 감소시킬 수 있다.
② 앞차축의 휨을 적게 한다.
③ 조향 핸들에 전달되는 충격을 흡수한다.
④ 작은 조작으로도 조향 조작이 가능하다.

29 베이퍼 록 현상에 대한 다음 설명 중 옳지 않은 것은?

① 브레이크 회로 내에 기포가 형성되어 발생하는 현상이다.
② 드럼과 라이닝의 간극이 좁을 때 더 자주 발생한다.
③ 불량 오일의 교체로 예방할 수 있다.
④ 짧은 내리막길에서 급정차를 할 때에 발생한다.

30 지게차의 리프트 실린더에 대한 다음 설명 중 옳지 않은 것은?

① 포크가 상승할 때에 실린더에 유압유가 공급된다.
② 포크가 하강할 때에는 실린더에 유압유가 공급되지 않는다.
③ 포크를 상승 및 하강시킨다.
④ 복동식 유압 실린더이다.

답안 표기란				
26	①	②	③	④
27	①	②	③	④
28	①	②	③	④
29	①	②	③	④
30	①	②	③	④

제 3 장
실전모의고사

31 유압장치의 구성 요소가 아닌 것은?

① 마스터 실린더

② 유압 구동 장치

③ 유압 발생 장치

④ 유압 제어 장치

답안 표기란				
31	①	②	③	④
32	①	②	③	④
33	①	②	③	④
34	①	②	③	④
35	①	②	③	④

32 실린더의 자연 하강 현상이 발생하는 원인이 아닌 것은?

① 실린더 내부의 피스톤 실(seal)의 마모

② 컨트롤 밸브의 스풀 마모

③ 실린더 내부의 마모

④ 급격한 유압의 상승

33 4행정 사이클 엔진의 운동 순서로 올바른 것은?

① 흡입 → 동력 → 압축 → 배기

② 압축 → 흡입 → 동력 → 배기

③ 흡입 → 압축 → 동력 → 배기

④ 압축 → 동력 → 흡입 → 배기

34 유압유 과열 현상의 원인이 아닌 것은?

① 오일의 점도가 적당하지 않은 경우

② 펌프의 효율이 불량인 경우

③ 릴리프 밸브가 열린 상태로 고장인 경우

④ 유압유가 노화된 경우

35 어큐뮬레이터(축압기)의 역할이 아닌 것은?

① 비상용 혹은 보조 유압원

② 유압유의 압력 에너지 배출

③ 일정한 압력의 유지

④ 충격 압력과 펌프 맥동의 흡수

36 유압 탱크의 구비 조건에 대한 다음 설명 중 옳지 않은 것은?

① 오일의 과열을 방지하기 위하여 개방적인 구조를 갖추어야 한다.

② 발생한 열을 발산할 수 있어야 한다.

③ 적당한 크기의 주유구를 설치한다.

④ 유면은 적정 범위에서 'F'에 가깝게 유지해야 한다.

37 압력 제어 밸브에 대한 다음 설명 중 옳지 않은 것은?

① 토크 변환기와 펌프 사이에 설치된다.

② 유압 장치의 과부하 방지와 유압기기의 보호를 위한 것이다.

③ 유압 회로 내에서 유압을 일정하게 조절한다.

④ 오일의 지나친 압력을 방지한다.

38 인칭 조절 장치에 대한 다음 설명 중 옳지 않은 것은?

① 트랜스미션 내부에 있다.

② 빠른 유압 작동으로 화물을 신속히 상승 또는 적재시킬 때 사용한다.

③ 트랜스미션 오일의 온도가 높으면 작동에 불량이 생긴다.

④ 지게차를 화물에 빠르게 접근시킬 때 사용한다.

39 하이드로 백에 대한 다음 설명 중 옳지 않은 것은?

① 하이드로백의 고장으로 브레이크 작동 불량이 발생할 수 있다.

② 대기압과 배기 다기관 부압과의 차를 이용한다.

③ 진공식 배력장치를 병용한다.

④ 고장이 나더라도 유압에 의한 브레이크는 어느 정도 작동한다.

40 조향장치의 구성 중 바퀴의 토인을 조정하는 부분인 것은?

① 너클 암

② 피트먼 암

③ 타이로드

④ 드래그링크

답안 표기란				
36	①	②	③	④
37	①	②	③	④
38	①	②	③	④
39	①	②	③	④
40	①	②	③	④

제**3**장

실전모의고사

41 타이어의 구조에 대한 다음 설명 중 옳지 않은 것은?

① 비드는 림과 접촉하는 부분을 말한다.
② 카커스는 타이어 골격을 이루는 부분을 말한다.
③ 트레드는 미끄럼 방지 및 열 흡수의 효과가 있다.
④ 브레이커는 트레드와 카커스 사이에 있는 부분이다.

42 변속기의 구비 조건이 아닌 것은?

① 강도와 내구성이 우수해야 한다.
② 동력 전달 효율이 우수해야 한다.
③ 회전 속도와 회전력의 변환이 빨라야 한다.
④ 중형 및 대형으로 취급이 용이해야 한다.

43 세미 실드빔형 전조등에 대한 다음 설명 중 옳지 않은 것은?

① 내부에 아르곤이나 질소 같은 불활성 가스가 주입되어 있다.
② 렌즈와 반사경은 일체형이며 전구만 교환할 수 있다.
③ 습기, 먼지 등이 반사경에 들어가 조명 효율이 떨어질 수 있다.
④ 할로겐램프가 세미 실드빔형의 대표적인 예이다.

44 축전지의 충전 · 방전 시 일어나는 작용은?

① 발열 작용
② 자기 작용
③ 화학 작용
④ 저항 작용

45 엔진의 배기 불량으로 내부 압력이 높아졌을 때 생기는 현상이 아닌 것은?

① 피스톤 운동에 대한 방해
② 엔진 과열
③ 냉각수 온도의 하강
④ 엔진 출력 감소

답안 표기란				
41	①	②	③	④
42	①	②	③	④
43	①	②	③	④
44	①	②	③	④
45	①	②	③	④

46 디젤 엔진의 인젝션 펌프에서 조속기의 기능으로 옳지 않은 것은?

① 제어 슬리브와 피니언의 관계 위치 조정
② 연료 분사 시기 조정
③ 연료 분사량 조절
④ 엔진 회전 속도 제어

47 디젤 엔진에서 분사량과 분사 시기의 조정이 불량일 때 발생하는 현상으로 가장 적절한 것은?

① 엔진 회전의 불량
② 엔진의 부조 현상
③ 분사 노즐의 폐쇄
④ 연료 필터의 폐쇄

48 디젤 엔진의 연소실에 대한 다음 설명 중 옳은 것은?

① 예연소실식은 연소실 표면이 작아 냉각 손실이 적다.
② 연료를 노즐로 수증기처럼 분사한다.
③ 엔진의 과열은 디젤 노킹 현상의 원인이다.
④ 직접 분사식은 구조가 복잡하다.

49 엔진 오일이 과소비되는 원인으로 적절한 것은?

① 실린더의 마모가 심각한 경우
② 과부하 상태에서의 연속 작업
③ 오일의 과도한 점도
④ 오일 냉각기의 불량

50 4행정 사이클 엔진의 윤활 방식이 아닌 것은?

① 압송식
② 비산 압송식
③ 비산식
④ 와류실식

답안 표기란				
46	①	②	③	④
47	①	②	③	④
48	①	②	③	④
49	①	②	③	④
50	①	②	③	④

제 **3** 장

실전모의고사

51 냉각장치로 인해 디젤 엔진이 과열되는 원인이 아닌 것은?

① 팬 벨트가 느슨한 경우

② 수온 조절기가 닫힌 채로 고장 난 경우

③ 물 펌프의 회전이 느린 경우

④ 냉각수의 양이 많은 경우

52 엔진 방열기에 연결된 보조 탱크의 역할이 아닌 것은?

① 냉각수의 부피 팽창을 흡수

② 냉각수의 비등점을 높여 냉각수의 과열 방지

③ 냉각수 보충이 장기간 동안 필요 없게 함

④ 오버플로(Overflow) 현상이 일어나도 증기만 방출

53 디젤 엔진이 시동되지 않는 원인으로 맞지 않는 것은?

① 연료 공급 펌프의 불량

② 연료 계통에 공기가 혼입

③ 연료의 부족

④ 크랭크축의 회전 속도가 너무 빠름

54 피스톤 링의 구조에 대한 다음 설명 중 옳지 않은 것은?

① 압축링은 압축가스의 누출을 방지한다.

② 피스톤에는 3~5개의 압축링과 오일링이 있다.

③ 피스톤 링의 절개부를 서로 $150°$ 방향으로 끼운다.

④ 오일링은 실린더 벽에서 엔진 오일을 긁어내린다.

55 커넥팅 로드가 갖추어야 할 조건이 아닌 것은?

① 무게가 가벼워서는 안 된다.

② 크랭크축에 압력을 제대로 전달할 수 있어야 한다.

③ 충분한 강도를 가지고 있어야 한다.

④ 내마멸성이 좋아야 한다.

답안 표기란				
51	①	②	③	④
52	①	②	③	④
53	①	②	③	④
54	①	②	③	④
55	①	②	③	④

56 습식 라이너에 대한 다음 설명 중 옳지 않은 것은?

① 냉각수가 라이너 바깥에 직접 접촉한다.
② 라이너 교환이 어렵지만 냉각 효과가 좋다.
③ 디젤 엔진에 사용한다.
④ 크랭크 케이스에 냉각수가 들어갈 수 있다.

57 디젤 엔진의 점화 방법으로 옳은 것은?

① 표면 점화　　　　　② 소구 착화
③ 압축 착화　　　　　④ 전기 점화

58 교통안전표지의 종류로 맞지 않는 것은?

① 보조　　　　　② 규제
③ 지시　　　　　④ 경고

59 주변에 경찰공무원이 없는 상황에서 교통사고로 인한 인명피해가 발생하였을 때 가장 먼저 취해야 할 조치는?

① 가장 가까운 경찰관서로 간 다음 사고발생을 신고한다.
② 사고의 규모를 파악한다.
③ 사상자를 구호한다.
④ 보험회사에 알린다.

60 다음 유압 기호 중 필터를 나타내는 것은?

①

②

③

④

제**3**장

실전모의고사

실전모의고사 제2회

수험번호

수험자명

제한 시간 : 60분 전체 문제 수 : 60 맞춘 문제 수 :

01 산업재해의 직접적인 원인으로 맞지 않는 것은?

① 작업자의 실수
② 기계의 결함
③ 안전교육의 미비
④ 안전장치의 결여

02 안전보호구의 구비 조건으로 맞지 않는 것은?

① 품질과 마감 처리가 양호해야 한다.
② 위험 요인으로부터 충분히 보호할 수 있어야 한다.
③ 외관과 디자인은 고려 사항이 아니다.
④ 착용이 간단하고 작업 시 불편함이 없어야 한다.

03 송기 마스크를 착용해야 하는 경우로 가장 적절한 것은?

① 산소 결핍의 우려가 있는 작업장
② 분진이 많은 작업장
③ 유해 가스가 있는 작업장
④ 철분이나 모래 등이 날리는 작업

04 작업복 착용 시 유의사항으로 맞지 않는 것은?

① 물체 추락 위험이 있는 작업장에선 반드시 작업모를 착용한다.
② 작업 시 수건이나 손수건을 목이나 허리에 걸어선 안 된다.
③ 작업복에 기름이 묻었다면 잘 세탁한 다음에 착용한다.
④ 작업복에 모래나 쇳가루 등이 묻었을 때는 에어건으로 털어낸다.

05 다음 중 지게차의 안전장치에 해당하지 않는 것은?

① 오버헤드 가드
② 평형추
③ 백 레스트
④ 후방 접근 경보장치

답안 표기란				
01	①	②	③	④
02	①	②	③	④
03	①	②	③	④
04	①	②	③	④
05	①	②	③	④

06 기계 작업 시 유의사항으로 적절하지 않은 것은?

① 작업 중 이상 소음 발생 시 작동을 계속하여 원인을 찾는다.
② 기계가 회전하는 부분은 위험으로 인해 반드시 덮개를 씌운다.
③ 통로는 작업자의 안전한 통행을 위해 항상 정리정돈을 한다.
④ 작업 시 기계와 적절한 안전거리를 유지해야 한다.

07 실린더의 부피보다 더 많은 공기를 공급하는 장치는?

① 에어클리너
② 과급기
③ 디퓨저
④ 블로어

08 에어클리너에 대한 다음 설명 중 옳지 않은 것은?

① 연소에 요구되는 공기를 흡입할 때 먼지 같은 불순물을 여과한다.
② 에어클리너에는 건식, 습식, 원심식 에어클리너가 있다.
③ 습식 에어클리너는 케이스 밑에 든 냉각수로 불순물을 여과한다.
④ 건식 에어클리너는 여과망으로 여과포 또는 여과지를 사용한다.

09 블로바이(Blow by) 가스에 대한 다음 설명 중 옳지 않은 것은?

① 엔진의 출력 저하 및 오일의 희석 현상의 발생 원인이다.
② 크랭크 케이스를 환기시키지 않으면 오일에 슬러지가 형성된다.
③ 피스톤과 실린더의 간격이 클 때 발생한다.
④ 유해물질인 HC의 배출 비율이 적다.

10 분사 노즐이 갖추어야 할 조건이 아닌 것은?

① 연소실 전체에 고르게 연료를 분사할 수 있어야 한다.
② 연료를 쉽게 착화하도록 수증기처럼 분사해야 한다.
③ 단기간이라도 고온, 고압 등의 상황에서 사용할 수 있어야 한다.
④ 후적이 없어야 한다.

답안 표기란				
06	①	②	③	④
07	①	②	③	④
08	①	②	③	④
09	①	②	③	④
10	①	②	③	④

제3장

실전모의고사

11 엔진의 연료 분사 펌프에 연료를 송출하거나 연료 계통에 공기를 배출할 때 사용하는 장치는?

① 프라이밍 펌프

② 벤트 플러그

③ 오버플로 밸브

④ 딜리버리 밸브

답안 표기란				
11	①	②	③	④
12	①	②	③	④
13	①	②	③	④
14	①	②	③	④
15	①	②	③	④

12 다음 중 연료의 성질이 아닌 것은?

① 휘발성

② 세탄가

③ 인화성

④ 착화성

13 다음 중 디젤 노킹 현상의 발생 원인이 아닌 것은?

① 연료의 낮은 분사 압력

② 엔진의 과열

③ 착화 기간 중 과도한 분사량

④ 긴 착화 지연 시간

14 다음 중 예연소실식 연소실의 장점이 아닌 것은?

① 연료 장치의 고장이 적다.

② 노크가 적다.

③ 선택 범위가 넓다.

④ 연료 소비가 경제적이다.

15 오일펌프에 대한 다음 설명 중 옳지 않은 것은?

① 2행정 엔진은 주로 플런저식이 사용된다.

② 구조에 따라 기어 펌프, 플런저 펌프, 로터 펌프 등으로 구분된다.

③ 크랭크축 또는 캠축에 의해 작동된다.

④ 오일 팬 바깥에 설치한다.

16 다음 중 윤활유의 점도가 높을 때 발생하는 상황이 아닌 것은?

① 엔진 오일의 압력이 높아진다.

② 윤활유 흐름의 저항이 크다.

③ 유동성이 좋아진다.

④ 엔진 시동 시 불필요한 동력이 소모된다.

17 다음 중 부동액의 주성분이 아닌 것은?

① 메탄올

② 붕소

③ 에틸렌글리콜

④ 글리세린

18 납산 축전지의 용량을 결정하는 요소는?

① 축전지의 셀 개수, 전압, 전해액의 양

② 극판의 수, 축전지의 셀 개수, 전압

③ 전압, 전해액의 양, 발전기의 충전력

④ 극판의 크기, 극판의 수, 전해액의 양

19 전동기의 전기자를 구성하고 있는 것이 아닌 것은?

① 브러시

② 전기자 철심

③ 전기자 코일

④ 정류자

20 교류 발전기의 특징으로 옳지 않은 것은?

① 속도 변동에 따른 적응 범위가 넓다.

② 점검과 정비가 쉽다.

③ 브러시의 수명이 길다.

④ 역류로 인해 컷아웃 릴레이가 필요하다.

답안 표기란				
16	①	②	③	④
17	①	②	③	④
18	①	②	③	④
19	①	②	③	④
20	①	②	③	④

제 **3** 장

실전모의고사

21 운전 시 엔진 오일 경고등이 점등되는 원인이 아닌 것은?

① 오일 필터가 막힘

② 윤활 계통이 막힘

③ 드레인 플러그가 열림

④ 엔진 오일의 부족

22 종감속비에 대한 다음 설명 중 옳지 않은 것은?

① 링기어 잇수를 구동기어 잇수로 나눈 값이다.

② 종감속비가 크면 가속 성능이 향상된다.

③ 종감속비는 나누어서 떨어지는 값이어야 한다.

④ 종감속비가 크면 등판 능력이 향상된다.

23 다음 중 유압식 조향장치의 핸들 조작이 무거운 원인이 아닌 것은?

① 높은 유압

② 너무 낮은 타이어 공기압

③ 조향 펌프의 오일 부족

④ 유압 계통 내부에 공기 유입

24 지게차 작업 시 마스트를 전경 · 후경으로 기울일 때 사용하는 것은?

① 부수장치 레버　　　② 틸트 레버

③ 주행 레버　　　　　④ 리프트 레버

25 다음 경고 표지가 나타내고 있는 것은?

① 낙하물 경고

② 몸 균형 상실 경고

③ 매달린 물체 경고

④ 폭발성 물질 경고

답안 표기란				
21	①	②	③	④
22	①	②	③	④
23	①	②	③	④
24	①	②	③	④
25	①	②	③	④

26 피스톤이 갖추어야 하는 조건으로 옳지 않은 것은?

① 열전도율이 높아야 한다.

② 가스나 오일의 누출이 없어야 한다.

③ 관성력 방지를 위하여 무게가 무거워야 한다.

④ 열팽창율이 적어야 한다.

27 다음 유압 기호가 나타내는 것은?

① 유압 압력계

② 어큐뮬레이터

③ 단동 솔레노이드

④ 릴리프 밸브

28 다음 중 유압 실린더의 구성 부품이 아닌 것은?

① 피스톤 로드　　　　　② 실(Seal)

③ 쿠션 기구　　　　　　④ 블래더

29 다음 중 유압장치의 일상점검 사항이 아닌 것은?

① 릴리프 밸브의 고장 점검

② 오일양 점검

③ 오일의 누유 점검

④ 변질 상태 점검

30 유압 회로 내에서 과도하게 발생하는 이상 압력의 최댓값은?

① 캐비테이션(Cavitation)

② 서지 압력(Surge Pressure)

③ 채터링(Chattering)

④ 플러싱(Flushing)

답안 표기란				
26	①	②	③	④
27	①	②	③	④
28	①	②	③	④
29	①	②	③	④
30	①	②	③	④

제 **3** 장

실전모의고사

31 유압유가 갖추어야 하는 조건으로 옳지 않은 것은?

① 열팽창계수가 작아야 한다.

② 발화점이 낮아야 한다.

③ 밀도가 작고 비중이 적당해야 한다.

④ 온도에 의한 점도 변화가 적어야 한다.

32 오일 냉각기에 관련된 다음 설명으로 옳지 않은 것은?

① 오일 온도를 정상 온도로 일정하게 유지한다.

② 공랭식과 수랭식으로 유압유를 냉각시킨다.

③ 오일의 온도는 50℃ 이상이면 산화가 촉진되며 70℃가 한계이다.

④ 유압유의 온도 상승은 펌프 효율 저하와 오일 누출의 원인이다.

33 다음 중 단동식 유압 실린더에 대한 설명으로 옳은 것은?

① 피스톤형, 램형, 플런저형이 있다.

② 양방향의 운동을 유압으로 작동시키는 형식이다.

③ 실린더 길이에 비해 긴 행정이 필요할 때 사용한다.

④ 하나의 실린더에 여러 개의 피스톤을 삽입할 수 있다.

34 다음 중 베인 전동기에 대한 설명으로 옳지 않은 것은?

① 역전 및 무단 변속기이다.

② 날개를 항상 캠링 면에 압착시켜두어야 한다.

③ 캠링에 날개가 밀착되도록 하여 작동한다.

④ 크기가 크고 구조가 복잡하며 가격이 비싸다.

35 다음 중 방향 제어 밸브에 해당하지 않는 것은?

① 셔틀 밸브

② 체크 밸브

③ 감속 밸브

④ 분류 밸브

답안 표기란				
31	①	②	③	④
32	①	②	③	④
33	①	②	③	④
34	①	②	③	④
35	①	②	③	④

36 다음 중 릴리프 밸브에 대한 설명으로 옳지 않은 것은?

① 릴리프 밸브의 스프링 장력이 약화되면 베이퍼 록 현상이 발생한다.

② 유압이 규정치보다 높아질 때 작동한다.

③ 유압 회로의 최고 압력을 제한한다.

④ 설정 압력이 불량하면 건설기계의 고압 호스가 자주 파열된다.

37 유압 펌프의 소음 발생 원인이 아닌 것은?

① 오일 내부에 공기 유입

② 펌프의 느린 회전 속도

③ 너무 높은 오일 점도

④ 스트레이너 막힘으로 인한 너무 작은 흡입 용량

38 다음 중 유압장치의 단점으로 옳지 않은 것은?

① 주변 환경이 폐유에 의해 오염될 수 있다.

② 회로 구성이 어려우며 누설되는 경우가 있다.

③ 가연성을 가지는 오일 때문에 화재의 위험이 있다.

④ 속도 제어가 어렵다.

39 지게차에 로드 스태빌라이저를 설치하여 작업하는 상황인 경우는?

① 원목 및 파이프 등을 적재하는 경우

② 원추형의 화물을 운반하는 경우

③ 깨지기 쉽거나 불안전한 화물을 적재하는 경우

④ 흘러내리기 쉬운 화물을 운반하는 경우

40 유압 브레이크의 동력 전달 순서로 올바른 것은?

① 페달 → 마스터 실린더 → 배관 → 휠 실린더 → 브레이크 슈

② 페달 → 휠 실린더 → 배관 → 마스터 실린더 → 브레이크 슈

③ 페달 → 마스터 실린더 → 휠 실린더 → 배관 → 브레이크 슈

④ 페달 → 배관 → 휠 실린더 → 마스터 실린더 → 브레이크 슈

답안 표기란				
36	①	②	③	④
37	①	②	③	④
38	①	②	③	④
39	①	②	③	④
40	①	②	③	④

제**3**장

실전모의고사

41 지게차가 무부하 상태에서 최대 조향각으로 주행한 경우 차체의 가장 바깥 부분이 그리는 궤적을 말하는 것은?

① 축간거리
② 최소 회전 반지름
③ 최소 선회 반지름
④ 윤거

42 유압식 브레이크의 특징으로 옳지 않은 것은?

① 모든 바퀴에 균등한 제동력을 일으킨다.
② 플레밍의 왼손 법칙을 이용한다.
③ 유압 계통의 불량이 생기면 제동력이 급격히 떨어진다.
④ 드럼식과 디스크식으로 구분된다.

43 앞바퀴 정렬의 역할이 아닌 것은?

① 방향 안정성을 확보할 수 있다.
② 연료 효율을 높일 수 있다.
③ 조향 복원력과 직진성을 향상시킬 수 있다.
④ 타이어 마모를 최소로 한다.

44 변속기의 기어가 빠지는 원인으로 옳지 않은 것은?

① 기어의 심각한 마모
② 변속기 록 장치의 불량
③ 로크 스프링의 약한 장력
④ 변속기의 오일 부족

45 다음 중 클러치판의 구성 요소가 아닌 것은?

① 페이싱
② 쿠션 스프링
③ 릴리스 베어링
④ 토션 스프링

답안 표기란				
41	①	②	③	④
42	①	②	③	④
43	①	②	③	④
44	①	②	③	④
45	①	②	③	④

46 작업 도중 충전 경고등이 점등되는 상황으로 옳은 것은?

① 정상적인 충전이 이루어지고 있는 경우
② 충전 계통의 불량이 없는 경우
③ 축전지 충전이 완료된 경우
④ 충전이 잘되지 않고 있는 경우

47 다음 중 실드빔형 전조등에 대한 설명으로 옳지 않은 것은?

① 필라멘트가 끊어진 경우 필라멘트만 교체하면 된다.
② 내부가 진공 상태로 되어 있으며 불활성 가스가 주입되어 있다.
③ 사용에 따른 광도의 변화가 적다.
④ 대기 상태에 따라 반사경이 흐려지기도 한다.

48 축전지의 자기방전 원인으로 옳지 않은 것은?

① 음극판의 작용물질과 황산과의 화학 작용
② 전해액 내부에 포함된 불순물
③ 전해액의 낮은 온도
④ 탈락한 극판 작용물질의 내부 퇴적

49 다음 중 다이오드의 특징으로 옳지 않은 것은?

① 적은 내부 전력 손실
② 가벼우며 소형이다.
③ 비교적 짧은 예열 시간을 가지고 있다는 장점이 있다.
④ 포토, 제너, 발광 다이오드로 구분한다.

50 다음 중 예열기구의 예열방식이 아닌 것은?

① 히트 레인지
② 와류실식
③ 예열 플러그식
④ 흡기 가열식

답안 표기란				
46	①	②	③	④
47	①	②	③	④
48	①	②	③	④
49	①	②	③	④
50	①	②	③	④

제3장 실전모의고사

51 디젤 엔진의 질소산화물 발생에 대한 대책으로 옳지 않은 것은?

① 분사 시기를 빠르게 한다.

② 연소 온도를 낮춘다.

③ 연소실 내부 공기의 와류가 잘 발생하도록 한다.

④ 연소가 완만하게 이루어지도록 한다.

52 작업 시 엔진 부조를 하다 시동이 꺼지는 경우의 원인이 아닌 것은?

① 과도한 연료량

② 연료 필터의 막힘

③ 분사 노즐의 막힘

④ 연료 연결 파이프의 손상으로 인한 누유

53 전기 관련 법칙 중 전동기의 원리와 관계가 있으며, 도선이 받는 힘의 방향을 결정하는 법칙인 것은?

① 주울의 법칙

② 플레밍의 왼손 법칙

③ 옴의 법칙

④ 플레밍의 오른손 법칙

54 알칼리 축전지에 대한 다음 설명 중 옳지 않은 것은?

① 충격에 강하고 자기방전이 적다는 장점이 있다.

② 열악한 조건에서도 오래 사용할 수 있지만 비용이 비싸다.

③ 전해액으로 묽은 황산을 사용한다.

④ 발전기가 고장일 때 일시적인 전원을 공급한다.

55 토크 컨버터 오일의 구비 조건으로 옳지 않은 것은?

① 점도가 적당해야 한다.

② 비점이 높고 빙점이 낮아야 한다.

③ 착화점이 높아야 한다.

④ 화학 변화를 잘 일으켜야 한다.

답안 표기란				
51	①	②	③	④
52	①	②	③	④
53	①	②	③	④
54	①	②	③	④
55	①	②	③	④

56 지게차 포크의 조작에 대한 다음 설명 중 옳지 않은 것은?

① 포크와 마스트의 조작을 마쳤을 때는 레버를 중립으로 놓는다.

② 포크의 상승이나 마스트를 기울일 때는 가속 페달을 가볍게 밟는다.

③ 필요 이상의 레버 조작은 고장의 원인이 된다.

④ 포크의 하강 속도는 안전을 위해 조절하지 않는다.

57 지게차의 화물 적재 및 운반 시 안정성과 균형을 잡아주기 위한 장치인 것은?

① 핑거 보드

② 체인블록

③ 카운터 웨이트

④ 백 레스트

58 지게차 조향장치의 원리로 알맞은 것은?

① 파스칼의 원리

② 무한궤도식

③ 애커먼 장토식

④ 베르누이 법칙

59 다음 중 건설기계에 사용하는 작동유의 압력을 나타내는 단위로 알맞은 것은?

① kg/m^3

② kgf/cm^2

③ mol/m^3

④ kg/cm^2

60 유압 펌프의 특징에 대한 다음 설명 중 옳지 않은 것은?

① 정용량형 펌프만 있다.

② 작업 중에 큰 부하가 걸려도 토출량의 변화가 적다.

③ 기계적 에너지를 유압 에너지로 변환한다.

④ 엔진이 회전하는 동안 멈추지 않고 회전한다.

답안 표기란				
56	①	②	③	④
57	①	②	③	④
58	①	②	③	④
59	①	②	③	④
60	①	②	③	④

제**3**장

실전모의고사

실전모의고사 제3회

수험번호

수험자명

⏱ 제한 시간 : 60분　　전체 문제 수 : 60　　맞춘 문제 수 :

01 주 · 정차 금지 장소에 해당하지 않는 것은?

① 건널목
② 횡단보도
③ 급경사의 내리막
④ 교차로

02 유량 제어 밸브의 종류가 아닌 것은?

① 니들 밸브
② 스로틀 밸브
③ 분류 밸브
④ 체크 밸브

03 다음 중 2천만 원 이하의 벌금을 받는 경우가 아닌 것은?

① 건설기계 조종사 면허를 받지 않고 건설기계를 조종한 경우
② 등록을 하지 않고 건설기계 사업을 한 경우
③ 등록이 말소된 건설기계를 운행한 경우
④ 법규를 위반하여 건설기계의 주요 장치를 개조한 경우

04 지게차 운행 경로의 안전을 확보하는 방법으로 옳지 않은 것은?

① 경로상의 장애물을 제거한다.
② 작업장의 지면이 적당한 강도를 갖추고 있는지 확인한다.
③ 필요하다면 유도자를 배치하여 안전을 확보한다.
④ 지게차 1대는 최대 폭의 60cm, 2대는 120cm 이상을 확보한다.

05 화물 적재 작업 시 고려사항으로 맞지 않는 것은?

① 적재할 화물 앞에 도달하면 안전한 속도로 감속해야 한다.
② 포크를 지면에서 10~20cm 들어 올려 화물의 안정 상태를 확인한다.
③ 적재한 후에 적재 상태의 이상 유무를 반드시 확인한 후 주행한다.
④ 화물 앞에서는 일단 정지한 후 마스트를 수직으로 한다.

답안 표기란				
01	①	②	③	④
02	①	②	③	④
03	①	②	③	④
04	①	②	③	④
05	①	②	③	④

06 다음 안전보건표지가 나타내는 것은?

① 인화성 물질 경고
② 폭발성 물질 경고
③ 산화성 물질 경고
④ 부식성 물질 경고

07 다음 중 브레이크 제동 불량의 원인이 아닌 것은?

① 라이닝 또는 드럼의 심한 마모
② 브레이크 회로 내부의 누유 및 공기 혼입
③ 라이닝에 기름이나 물 같은 액체가 묻어 있을 때
④ 라이닝과 드럼의 간극이 너무 작음

08 감전사고의 예방 요령으로 맞지 않는 것은?

① 전기장치의 일상점검을 소홀히 하지 않는다.
② 젖은 손으로 전기장치를 만지지 않는다.
③ 전력선에 물체를 접촉하지 않는다.
④ 코드를 뺄 때에는 플러그의 줄기를 잡아당겨 뺀다.

09 볼트나 너트를 완전히 감싸 사용 중에 미끄러짐이 없는 수공구는?

① 소켓 렌치
② 복스 렌치
③ 토크 렌치
④ 오픈 엔드 렌치

10 인력으로 운반 작업 시 유의사항으로 옳지 않은 것은?

① 긴 물건을 운반할 시 앞쪽을 위로 올린다.
② LPG 봄베를 굴려서 운반할 때에는 화기에 주의한다.
③ 무리한 자세로 물건을 들어서는 안 된다.
④ 공동운반 시 서로의 협조를 통해 작업한다.

답안 표기란				
06	①	②	③	④
07	①	②	③	④
08	①	②	③	④
09	①	②	③	④
10	①	②	③	④

제**3**장

실전모의고사

답안 표기란				
11	①	②	③	④
12	①	②	③	④
13	①	②	③	④
14	①	②	③	④
15	①	②	③	④

11 제시된 유압 기호가 나타내는 것은?

① 필터　　　　　　　② 플런저
③ 압력 스위치　　　　④ 밸브

12 유압유에 수분이 미치는 영향으로 옳지 않은 것은?

① 블로바이 현상 발생
② 유압기기 마모 촉진
③ 유압유의 산화 및 열화 촉진
④ 유압유의 윤활성 저하

13 오일 탱크의 구성 요소가 아닌 것은?

① 스트레이너
② 유면계
③ 라디에이터
④ 드레인 플러그

14 유압 실린더의 움직임이 불규칙한 것의 원인으로 옳지 않은 것은?

① 회로 내에 공기 혼입
② 유압유의 너무 높은 점도
③ 너무 높은 유압
④ 피스톤 링의 마모

15 유압 모터의 장점으로 옳지 않은 것은?

① 전동 모터에 비해 급속정지가 쉽다.
② 쉽게 인화하지 않는다.
③ 변속 제어에 용이하다.
④ 소형 경량으로 큰 출력을 낼 수 있다.

16 엔진 출력을 저하시키는 직접적인 원인이 아닌 것은?

① 실린더와 피스톤의 작은 간극
② 실린더 내부 압력이 낮음
③ 노킹 현상 발생
④ 연료 분사량이 적음

17 플런저 펌프의 특징으로 옳지 않은 것은?

① 토출량의 변화 범위가 크다.
② 베어링에 부하가 적다.
③ 가변용량이 가능하다.
④ 고압 대출력에 사용된다.

18 동력 전달장치의 주요 구성 요소가 아닌 것은?

① 피트먼 암
② 마찰 클러치
③ 종감속 기어
④ 토크 컨버터

19 리프트 레버에 대한 다음 설명 중 옳지 않은 것은?

① 레버를 밀면 포크가 하강한다.
② 레버를 당기면 포크가 상승한다.
③ 리프트 실린더를 작동하여 포크를 상승 및 하강시킨다.
④ 포크를 상승시키고 레버를 중립 위치로 놓으면 계속 상승한다.

20 차동 기어 장치에 대한 설명 중 옳지 않은 것은?

① 선회 시 무리한 동력 전달을 방지한다.
② 지면의 저항을 적게 받는 바퀴의 회전 속도가 빠르게 될 수 있다.
③ 선회할 때 안쪽 바퀴의 회전 속도를 감소시킨다.
④ 4륜구동 형식을 채택하거나 차동 제한 장치를 두기도 한다.

답안 표기란				
16	①	②	③	④
17	①	②	③	④
18	①	②	③	④
19	①	②	③	④
20	①	②	③	④

제 **3** 장

실전모의고사

21 교류 발전기에서 스테이터의 역할로 옳은 것은?

① 교류 전기를 정류하여 직류로 변환

② 축전기 전류를 로터 코일에 공급

③ 전류의 발생

④ 브러시를 통해 들어온 전류에 의해 전자석이 됨

22 축전지가 과충전 상태일 때에 발생하는 현상이 아닌 것은?

① 축전지의 전해액 감소 속도가 빨라진다.

② 전해액이 적색을 띠고 있다.

③ 양극 단자 쪽의 셀 커버가 부풀어 있다.

④ 양극판 격자가 산화된다.

23 트랜지스터에 대한 다음 설명 중 옳지 않은 것은?

① 내부 전압 강하가 적다.

② PNP형은 이미터가 접지되고, NPN형은 컬렉터가 접지된다.

③ 수명이 길다.

④ 증폭 작용과 스위칭 작용을 한다.

24 감압장치에 대한 다음 설명 중 옳지 않은 것은?

① 엔진의 시동을 정지하는 것과는 관련이 없다.

② 겨울철에도 엔진의 시동이 잘 될 수 있도록 하는 장치이다.

③ 기동 전동기에 무리가 가는 것을 예방한다.

④ 시동 시 크랭크축을 회전시킨다.

25 연소 상태에 따른 배기가스의 색으로 맞지 않는 것은?

① 희박한 혼합비 : 볏짚색

② 윤활유 연소 : 회백색

③ 에어클리너가 막힘 : 검은색

④ 정상 연소 : 흰색

답안 표기란	
21	① ② ③ ④
22	① ② ③ ④
23	① ② ③ ④
24	① ② ③ ④
25	① ② ③ ④

26 밀폐형 분사 노즐의 종류가 아닌 것은?

① 베인형

② 홀형

③ 핀틀형

④ 스로틀형

27 디젤 연료의 구비 조건에 해당하지 않는 것은?

① 불순물과 유황 성분이 없어야 함

② 인화점이 높아야 함

③ 착화성이 좋아야 함

④ 공기와 혼합이 잘 되어야 함

28 에틸렌글리콜의 성질에 해당하지 않는 것은?

① 불연성이다.

② 비점이 높아 증발성이 적다.

③ 응고점이 낮다.

④ 무취성이다.

29 수랭식 냉각장치의 유형이 아닌 것은?

① 압력 순환식

② 강제 순환식

③ 밀봉 순환식

④ 자연 순환식

30 엔진에서 엔진 오일이 연소실로 올라올 경우 점검해야 할 것은?

① 커넥팅 로드

② 피스톤 링

③ 실린더

④ 플라이휠

답안 표기란				
26	①	②	③	④
27	①	②	③	④
28	①	②	③	④
29	①	②	③	④
30	①	②	③	④

제**3**장

실전모의고사

31 실린더가 많은 엔진의 특징으로 옳지 않은 것은?

① 출력이 높다.
② 제작비용이 비싸다.
③ 가속이 빠르다.
④ 엔진의 진동이 크다.

32 도로주행 시 가장 우선시해야 하는 신호는?

① 신호등 신호
② 다른 운전자의 차량 신호
③ 경찰공무원의 수신호
④ 안전표지상의 지시

33 건설기계 조종사 면허의 적성검사에 대한 설명으로 옳지 않은 것은?

① 정기적성검사는 10년마다, 65세 이상인 경우 5년마다 실시한다.
② 두 눈을 동시에 뜨고 잰 시력이 1.0 이상이어야 한다.
③ 55dB의 소리를 들을 수 있어야 한다.
④ 정신질환자나 뇌전증 환자가 아니어야 한다.

34 건설기계 정기검사의 신청에 대한 다음 설명 중 옳지 않은 것은?

① 검사 유효기간 만료일 전후 각각 90일 이내에 신청한다.
② 건설기계 검사증 사본과 보험가입 증명 서류를 제출해야 한다.
③ 신청한 날로부터 5일 이내에 검사일시와 장소를 통지받는다.
④ 검사 대행을 하게 한 경우 검사 대행자에게 서류를 제출한다.

35 화물 하역 작업 시 유의사항으로 옳지 않은 것은?

① 리프트 레버 조작 시 시선을 항상 포크에 두도록 한다.
② 적재된 화물의 붕괴나 추락 등의 위험을 확인한다.
③ 하역 장소를 답사하여 지반이나 주변 요소를 확인해둔다.
④ 경사진 곳에서 적재 및 하역 작업을 할 시 더 주의를 기울인다.

답안 표기란				
31	①	②	③	④
32	①	②	③	④
33	①	②	③	④
34	①	②	③	④
35	①	②	③	④

36 작업 후 연료량을 점검하거나 보충할 때에 유의사항으로 옳은 것은?

① 연료를 완전히 소진시키고 나서 보충하는 것이 좋다.

② 연료 보충은 지정된 장소에서만 한다.

③ 급유 중에는 엔진을 정지하고 운전석에서 대기한다.

④ 결로 현상을 방지하기 위해 이틀에 한 번 연료를 보충한다.

37 축전지의 구비 조건으로 옳지 않은 것은?

① 취급이 간편해야 한다.

② 진동에 잘 견뎌야 한다.

③ 큰 용량보다는, 소형과 경량인 것이 중요하다.

④ 수명이 길어야 한다.

38 아세틸렌 가스 용기를 취급할 때의 유의사항으로 옳지 않은 것은?

① 용기는 반드시 세워서 보관한다.

② 용기의 온도는 40℃ 이하로 유지시킨다.

③ 봄베 입구나 몸통에 오일이나 그리스를 발라 녹이 슬지 않게 한다.

④ 빈 용기와 충전 용기를 구분하여 보관한다.

39 지게차 작업자에 대한 안전 유의사항으로 옳지 않은 것은?

① 운전석에 자주 사용하는 수공구를 배치한다.

② 기름 묻은 손이나 신발로 사고가 발생하지 않도록 청결을 유지한다.

③ 작업 전에 안전보호구를 착용하고 작업한다.

④ 반드시 안전벨트를 착용한다.

40 화물을 운반하고 지게차 운행 시 유의사항으로 옳지 않은 것은?

① 선회 시 완전 정지 혹은 저속에서 운행한다.

② 운행 조작은 시동을 걸고 약 1분 후에 하도록 한다.

③ 지게차에는 운전자 한 사람만 탑승하도록 한다.

④ 화물 운반 중에는 마스트를 뒤쪽으로 4~6° 정도 기울인다.

답안 표기란				
36	①	②	③	④
37	①	②	③	④
38	①	②	③	④
39	①	②	③	④
40	①	②	③	④

제**3**장

실전모의고사

41 건설기계의 등록이 말소되는 경우로 옳지 않은 것은?

① 등록 이후 건설기계를 불법으로 개조한 경우

② 건설기계를 도난당한 경우

③ 교육 · 연구 목적으로 건설기계를 사용하는 경우

④ 건설기계의 차대가 등록 시의 차대와 다른 경우

42 디젤 엔진의 장단점에 대한 다음 설명 중 옳지 않은 것은?

① 연료소비율이 낮다.

② 열효율이 좋다.

③ 제작비용이 비싸다.

④ 마력당 무게가 가볍다.

43 연소실의 구비 조건으로 옳지 않은 것은?

① 가열되기 쉬운 돌출부를 두어선 안 된다.

② 압축 행정 시 혼합가스의 와류가 잘 이루어져야 한다.

③ 화염 전파 시간이 짧아야 한다.

④ 연소실 내의 표면적이 커야 한다.

44 냉각장치의 냉각팬 구동 방식이 아닌 것은?

① 전동팬식

② 샨트식

③ 벨트식

④ 유체 커플링식

45 흡 · 배기장치에서 소음기의 특징으로 옳지 않은 것은?

① 엔진이 과열되어 냉각수의 온도가 올라가게 된다.

② 피스톤의 운동을 방해한다.

③ 엔진이 과열되면서 출력이 증가한다.

④ 소음기 손상으로 구멍이 생기면 배기음이 커진다.

답안 표기란				
41	①	②	③	④
42	①	②	③	④
43	①	②	③	④
44	①	②	③	④
45	①	②	③	④

46 전기의 전압이 48V, 저항이 6Ω일 때에 전류의 값은?

① 12A

② 16A

③ 8A

④ 4A

47 기동 전동기가 작동하지 않는 원인이 아닌 것은?

① 계자 코일이 단락되어서

② 시동 스위치를 너무 오래 켜두어서

③ 브러시와 정류자의 밀착이 불량이어서

④ 배터리의 전압이 낮아서

48 마찰 클러치의 구조에 해당하지 않는 것은?

① 쿠션 스프링

② 압력판

③ 릴리스 베어링

④ 클러치 스프링

49 조향장치의 구비 조건에 해당하지 않는 것은?

① 수명이 길고 정비하기 쉬워야 한다.

② 조작에 편리하고 최소 회전 반경이 커야 한다.

③ 고속 선회 시 핸들이 안정적이어야 한다.

④ 조향 작용 시 차체에 무리한 힘이 작용되어선 안 된다.

50 디스크식 브레이크의 특징에 대한 설명 중 옳지 않은 것은?

① 패드의 재질은 높은 강도를 갖추어야 한다.

② 페이드 현상의 발생이 적다.

③ 제동력이 안정적이다.

④ 자기배력 작용이 있어 큰 조작력이 필요하지 않다.

답안 표기란				
46	①	②	③	④
47	①	②	③	④
48	①	②	③	④
49	①	②	③	④
50	①	②	③	④

제 **3** 장

실전모의고사

51 지게차 하중 제원에서 운전 중량으로 올바른 것은?

① 조종사 1명의 체중 : 65kg

② 조종사 1명의 체중 : 60kg

③ 조종사 1명의 체중 : 70kg

④ 조종사 1명의 체중 : 75kg

52 천장이 낮은 곳이나 높은 곳에서 작업하기 좋은 지게차 장치는?

① 사이드 시프트

② 힌지드 버킷

③ 3단 마스트

④ 드럼 클램프

53 유압장치의 장점에 대한 다음 설명 중 옳지 않은 것은?

① 동력 전달을 원활히 할 수 있다.

② 운동 방향을 쉽게 바꿀 수 있다.

③ 보수 관리가 쉽다.

④ 정확한 위치 제어가 가능하다.

54 실린더가 제어 속도 이상으로 낙하하는 것을 방지하는 유압장치는?

① 시퀀스 밸브

② 릴리프 밸브

③ 리듀싱 밸브

④ 카운터 밸런스 밸브

55 캐비테이션 현상에 대한 다음 설명 중 옳지 않은 것은?

① 오일 탱크의 오버 플로가 생긴다.

② 필터의 여과 입도수가 너무 낮을 때 발생할 수 있다.

③ 유압 회로 내에 기포가 발생하면 일어난다.

④ 소음 증가와 진동 발생으로 인해 효율이 저하된다.

답안 표기란				
51	①	②	③	④
52	①	②	③	④
53	①	②	③	④
54	①	②	③	④
55	①	②	③	④

56 토인(Toe In)에 대한 다음 설명 중 옳지 않은 것은?

① 타이어의 마멸을 방지한다.

② 토인 측정은 선회 상태에서 측정해야 한다.

③ 토인 조정이 잘못되면 타이어의 편마모가 일어난다.

④ 직진성을 높이고 조향을 가볍게 해주는 것이다.

57 드라이브 라인에 해당하지 않는 것은?

① 타이로드

② 슬립 이음

③ 유니버셜 조인트

④ 프로펠러 샤프트

58 변속기의 기능으로 옳지 않은 것은?

① 엔진의 회전력을 증가시킨다.

② 장비의 후진을 할 때에 필요하다.

③ 엔진 회전 속도에 대한 바퀴의 회전 속도를 변경한다.

④ 시동 시 장비의 부하 정도를 줄인다.

59 클러치가 미끄러지는 원인이 아닌 것은?

① 클러치판에 오일이 부착되어서

② 클러치판이나 압력판이 마멸되어서

③ 클러치 페달의 자유간극이 과대해서

④ 압력판 스프링이 약해져서

60 토크 컨버터의 유체 흐름 순서로 알맞은 것은?

① 터빈 → 펌프 → 스테이터

② 펌프 → 터빈 → 스테이터

③ 터빈 → 스테이터 → 펌프

④ 스테이터 → 펌프 → 터빈

답안 표기란				
56	①	②	③	④
57	①	②	③	④
58	①	②	③	④
59	①	②	③	④
60	①	②	③	④

제 **3** 장

실전모의고사

실전모의고사 제4회

수험번호
수험자명

제한 시간 : 60분　　전체 문제 수 : 60　　맞춘 문제 수 :

01 유체 클러치의 구성 요소가 아닌 것은?

① 펌프　　　　　　② 압력판
③ 가이드링　　　　④ 터빈

02 동력 전달장치의 동력 전달 순서로 올바른 것은?

① 크랭크축 → 피스톤 → 클러치 → 바퀴
② 클러치 → 피스톤 → 크랭크축 → 바퀴
③ 피스톤 → 크랭크축 → 클러치 → 바퀴
④ 클러치 → 크랭크축 → 피스톤 → 바퀴

03 기동 전동기의 종류가 아닌 것은?

① 피니언 섭동식　　② 벤딕스식
③ 혼기식　　　　　　④ 전기자 섭동식

04 엔진 윤활유의 압력이 낮은 원인으로 옳지 않은 것은?

① 크랭크축의 오일 틈새가 작아서
② 엔진 각 부분의 마모가 심해서
③ 오일의 점도가 낮아서
④ 윤활유 펌프의 성능이 좋지 못해서

05 유압식 밸브 리프터의 장점이 아닌 것은?

① 간단한 구조로 이루어져 있다.
② 내구성이 우수하다.
③ 개폐 시기가 정확하다.
④ 밸브 간극이 자동으로 조절된다.

답안 표기란				
01	①	②	③	④
02	①	②	③	④
03	①	②	③	④
04	①	②	③	④
05	①	②	③	④

06 실린더 헤드 개스킷이 갖추어야 하는 조건으로 옳지 않은 것은?

① 적당한 강도를 가지고 있어야 한다.

② 기밀 유지가 좋아야 한다.

③ 좋은 내열성, 내압성, 복원성을 갖추어야 한다.

④ 비용이 저렴해야 한다.

07 다음 안전보건표지가 나타내고 있는 것은?

① 방사성 물질 경고   ② 낙하물 경고

③ 위험 장소 경고   ④ 급성 독성 물질 경고

08 다음 중 긴급자동차에 해당하지 않는 것은?

① 경찰 긴급자동차에 유도되고 있는 자동차

② 방사성 물질 화물을 운반 중인 지게차

③ 국제 연합군 긴급차에 유도되고 있는 차량

④ 생명이 위급한 환자를 태우고 가는 승용차

09 실린더와 피스톤의 간극이 클 때 나타나는 현상이 아닌 것은?

① 피스톤 슬랩 현상 발생

② 압축 압력의 저하

③ 실린더의 소결

④ 오일 소비량 증가

10 라디에이터가 갖추어야 할 조건으로 맞지 않는 것은?

① 큰 강도를 갖추어야 한다.

② 공기 흐름에 대한 저항이 적어야 한다.

③ 단위 면적당 방열량이 커야 한다.

④ 크기가 커야 한다.

답안 표기란				
06	①	②	③	④
07	①	②	③	④
08	①	②	③	④
09	①	②	③	④
10	①	②	③	④

제 **3** 장

실전모의고사

11 배기가스 중 무해가스에 해당하지 않는 것은?

① 이산화탄소(CO_2)   ② 질소(N_2)

③ 질소산화물(NOx)   ④ 수증기(H_2O)

12 납산 축전지에 대한 다음 설명 중 옳지 않은 것은?

① 전압은 전해액의 잔량에 의해 결정된다.

② 전해액이 감소하였을 때엔 증류수를 보충한다.

③ 양극판에 과산화납, 음극판에 해면상납을 사용한다.

④ 수명이 짧고 무겁다.

13 피니언을 링기어에 물려주는 역할을 하는 장치는?

① 릴리스 베어링

② 유성 캐리어

③ 크랭크축

④ 솔레노이드 스위치

14 방향 지시등의 구비 조건으로 맞지 않는 것은?

① 지시등의 점멸 주기에 변화가 없어야 한다.

② 구조가 단순하여 정비에 용이해야 한다.

③ 작동에 이상이 있을 때 운전석에서 확인할 수 있어야 한다.

④ 방향 지시를 운전석에서 확인할 수 있어야 한다.

15 다음 유압 기호가 나타내고 있는 것은?

① 스프링식 제어

② 가변 조작 조정

③ 압력 스위치

④ 플런저

답안 표기란				
11	①	②	③	④
12	①	②	③	④
13	①	②	③	④
14	①	②	③	④
15	①	②	③	④

16 피스톤형 모터에 대한 다음 설명 중 옳지 않은 것은?

① 레이디얼형과 액시얼형이 있다.

② 크기가 크고 가격이 비싸지만 구조가 단순하다.

③ 펌프의 최고 토출 압력, 평균 효율이 가장 높다.

④ 고압 대출력에 사용한다.

17 오일 탱크 내부의 오일을 전부 배출시킬 때 사용하는 장치는?

① 흡입 여과기

② 스트레이너

③ 드레인 플러그

④ 어큐뮬레이터

18 유압 작동유의 역할로 옳지 않은 것은?

① 필요한 요소 사이를 밀봉한다.

② 윤활 작용과 냉각 작용을 한다.

③ 동력을 전달한다.

④ 부품의 마멸을 방지한다.

19 다음 중 유압유에 수분이 생성되는 주원인에 해당하는 것은?

① 캐비테이션 현상

② 점도 저하

③ 유압유 부족

④ 공기의 혼입

20 공기 압축식 어큐뮬레이터의 종류가 아닌 것은?

① 스프링형

② 다이어프램형

③ 피스톤형

④ 블래더형

답안 표기란				
16	①	②	③	④
17	①	②	③	④
18	①	②	③	④
19	①	②	③	④
20	①	②	③	④

제**3**장

실전모의고사

답안 표기란				
21	①	②	③	④
22	①	②	③	④
23	①	②	③	④
24	①	②	③	④
25	①	②	③	④

21 기어 펌프의 특징으로 옳지 않은 것은?

① 가격이 저렴하다.

② 피스톤 펌프에 비해 효율이 떨어진다.

③ 소음이 비교적 작다.

④ 흡입 능력이 가장 크다.

22 흘러내리기 쉬운 석탄, 소금 등을 운반하는 데 적합한 지게차 장치는?

① 드럼 클램프

② 힌지드 버킷

③ 힌지드 포크

④ 포크 포지셔너

23 공기식 브레이크에 대한 다음 설명 중 옳지 않은 것은?

① 공기 누설 시에도 압축 공기가 계속 발생한다.

② 구조가 복잡하다.

③ 대형이나 고속 차량에 적합하다.

④ 페달은 공기 유량을 조절하는 밸브만 개폐한다.

24 클러치의 유격이 작을 경우 나타나는 현상이 아닌 것은?

① 클러치에서 소음이 발생한다.

② 클러치가 잘 끊어지지 않는다.

③ 릴리스 베어링이 더 빨리 마모된다.

④ 클러치가 미끄러진다.

25 축전지의 충전법에 해당하지 않는 것은?

① 증폭전압 충전법

② 단별전류 충전법

③ 정전류 충전법

④ 정전압 충전법

26 다음 중 전류의 3대 작용에 해당하지 않는 것은?

① 자기 작용

② 화학 작용

③ 발열 작용

④ 환원 작용

27 과급기를 설치하였을 때의 이점으로 옳지 않은 것은?

① 엔진 출력이 향상된다.

② 고지대에서의 출력 감소가 적어진다.

③ 겨울철에 시동을 쉽게 할 수 있다.

④ 엔진의 회전력이 증가한다.

28 에어클리너가 막혔을 경우 나타나는 현상이 아닌 것은?

① 실린더 벽의 마멸이 촉진된다.

② 출력이 감소한다.

③ 연소의 불량이 일어난다.

④ 배기가스의 색이 흰색이 된다.

29 연료 분사 노즐 테스터기가 검사하는 사항이 아닌 것은?

① 연료 분사 시간

② 연료 분사 압력

③ 연료 후적 유무

④ 연료 분포 상태

30 전류식 오일 여과 방식에 대한 설명으로 옳은 것은?

① 일부는 오일펌프로 공급하고, 일부는 오일 팬으로 되돌아간다.

② 오일펌프에서 나온 오일 전부를 여과한다.

③ 분류식과는 달리 바이패스 밸브가 없다.

④ 여과된 오일이 크랭크 케이스로 돌아가지 않는다.

답안 표기란				
26	①	②	③	④
27	①	②	③	④
28	①	②	③	④
29	①	②	③	④
30	①	②	③	④

제 **3** 장

실전모의고사

31 라디에이터의 냉각수에 대한 다음 설명 중 옳지 않은 것은?

① 윗부분의 온도가 5~10℃ 정도 더 높다.
② 실린더 헤드 물 재킷부의 냉각수 온도는 75~95℃ 정도이다.
③ 수온 측정 시 온도 측정 유닛을 서브 탱크에 끼워 측정한다.
④ 실린더 헤드를 통해 더워진 물이 라디에이터를 지나 열을 발산한다.

32 엔진의 출력이 저하되는 원인으로 옳지 않은 것은?

① 흡 · 배기 계통이 막힘
② 노킹 현상이 발생
③ 연료 분사량이 과도함
④ 실린더 내부의 압축 압력이 낮음

33 엔진이 작동되는 상태에서 점검 가능한 사항으로 옳지 않은 것은?

① 엔진 오일의 점도
② 엔진 오일의 압력
③ 충전 상태
④ 냉각수의 온도

34 우수식 크랭크축을 설치한 4행정 6기통 엔진의 폭발 순서는?

① 1 - 6 - 3 - 2 - 4 - 5
② 1 - 5 - 3 - 6 - 2 - 4
③ 1 - 4 - 5 - 3 - 6 - 2
④ 1 - 2 - 4 - 6 - 3 - 5

35 실린더 헤드 개스킷이 손상되었을 경우 나타나는 결과가 아닌 것은?

① 오일 누유
② 피스톤 링의 성능 저하
③ 압축 압력 및 폭발 압력 저하
④ 연비 감소

답안 표기란				
31	①	②	③	④
32	①	②	③	④
33	①	②	③	④
34	①	②	③	④
35	①	②	③	④

36 지게차 응급 견인에 대한 다음 설명 중 옳지 않은 것은?

① 견인하는 지게차는 고장 난 지게차보다 커야 한다.

② 경사로 아래로 이동할 때는 롤링 현상을 방지해야 한다.

③ 단거리 이동을 위한 비상 견인이다.

④ 견인되는 지게차에 운전자 외에 사람이 탑승할 수 있다.

37 앞지르기 금지 장소에 해당하지 않는 것은?

① 급경사의 내리막

② 도로 모퉁이

③ 지방경찰청장이 필요하다고 인정하여 지정한 곳

④ 교차로

38 건설기계 조종사 면허증 반납 사유에 해당하지 않는 것은?

① 면허증 재교부를 받은 후 분실되었던 면허증을 되찾은 경우

② 면허 효력이 정지된 경우

③ 면허가 취소된 경우

④ 부상 등으로 인해 건설기계의 조종이 불가능한 경우

39 지게차의 안전장치에 해당하지 않는 것은?

① 밸런스 웨이트

② 오버헤드 가드

③ 전조등

④ 안전벨트

40 냉각수 온도 게이지 점검에 대한 다음 설명 중 옳지 않은 것은?

① 팬 벨트 장력을 점검한다.

② 냉각수 온도 게이지는 고온에서 저온으로 감소를 보이도록 작동한다.

③ 냉각수 온도 게이지를 통해 냉각 계통의 정상 순환을 확인한다.

④ 냉각수의 온도로 냉각수 양과 물 펌프의 정상 순환을 점검한다.

답안 표기란				
36	①	②	③	④
37	①	②	③	④
38	①	②	③	④
39	①	②	③	④
40	①	②	③	④

제 **3** 장

실전모의고사

41 1톤 이상인 지게차의 정기검사 유효기간으로 알맞은 것은?

① 6개월

② 1년

③ 2년

④ 3년

42 다음 중 100만 원 이하의 과태료를 부과받는 경우인 것은?

① 건설기계 임대차 등에 관한 계약서를 작성하지 않은 경우

② 임시번호표를 부착해야 하는 대상인데 그러지 않고 운행한 경우

③ 건설기계를 도로나 타인의 토지에 버려둔 경우

④ 등록번호를 부착 또는 봉인하지 않은 건설기계를 운행한 경우

43 실린더가 마모되었을 때 나타나는 현상이 아닌 것은?

① 출력의 저하

② 혼합비의 이상

③ 크랭크실 내의 윤활유 오염과 소모

④ 압축 효율 저하

44 엔진의 회전 관성력을 원활한 회전으로 바꾸는 역할을 하는 것은?

① 피스톤 링

② 크랭크축 베어링

③ 플라이휠

④ 크랭크축

45 엔진 시동 전에 점검해야 할 사항이 아닌 것은?

① 오일의 누유

② 엔진의 팬 벨트 장력

③ 유압유의 양

④ 냉각수와 엔진 오일의 양

답안 표기란				
41	①	②	③	④
42	①	②	③	④
43	①	②	③	④
44	①	②	③	④
45	①	②	③	④

46 라디에이터의 구성 요소에 해당하지 않는 것은?

① 스트레이너
② 냉각수 주입구
③ 냉각핀
④ 코어

47 부동액의 구비 조건에 해당하지 않는 것은?

① 휘발성이 없어야 한다.
② 침전물의 발생이 없어야 한다.
③ 부식성이 없어야 한다.
④ 물보다 비등성과 응고점이 높아야 한다.

48 노킹 현상이 디젤 엔진에 미치는 영향으로 옳지 않은 것은?

① 엔진의 출력과 흡기 효율이 저하됨
② 엔진의 손상이 발생함
③ 배기장치의 손상이 발생함
④ 연소실 온도 상승과 엔진의 과열

49 과급기의 특징에 대한 설명 중 옳지 않은 것은?

① 터빈실과 과급실에 각각 물 재킷이 있다.
② 과급기 설치 시 무게가 20~25% 증가한다.
③ 고지대 작업 시, 엔진의 출력 저하를 방지한다.
④ 엔진이 고출력일 때 배기가스의 온도를 낮춘다.

50 교류 전기를 정류하여 직류로 변환시키는 역할을 하는 것은?

① 브러시
② 로터
③ 스테이터
④ 다이오드

답안 표기란				
46	①	②	③	④
47	①	②	③	④
48	①	②	③	④
49	①	②	③	④
50	①	②	③	④

제**3**장

실전모의고사

51 기타 보안등에 해당하지 않는 것은?

① 번호판등

② 전조등

③ 후진등

④ 비상 점멸 경고등

52 클러치판을 밀어서 플라이휠에 압착시키는 역할을 하는 것은?

① 릴리스 베어링

② 릴리스 레버

③ 압력판

④ 클러치 스프링

53 타이어에서 고무로 피복된 코드를 여러 겹으로 겹친 층에 해당하는 것은?

① 카커스

② 브레이커

③ 트레드

④ 비드

54 브레이크 드럼과 라이닝 사이의 과도한 마찰열에 의해 브레이크가 잘 듣지 않는 현상인 것은?

① 캐비테이션

② 페이드

③ 노킹

④ 베이퍼 록

55 지게차의 제원에서 전고에 해당하는 것은?

① 지게차의 앞축의 중심부로부터 뒤축의 중심부까지의 거리

② 포크의 수직면으로부터 적재된 화물의 무게 중심까지의 거리

③ 지게차의 가장 위쪽 끝이 만드는 수평면에서 지면까지의 최단거리

④ 포크의 앞부분에서부터 지게차의 제일 끝부분까지의 길이

답안 표기란				
51	①	②	③	④
52	①	②	③	④
53	①	②	③	④
54	①	②	③	④
55	①	②	③	④

56 지게차 조향장치의 동력 전달 순서로 올바른 것은?

① 핸들 → 드래그링크 → 타이로드 → 조향기어 → 조향 암 → 피트먼 암 → 바퀴

② 핸들 → 조향 암 → 조향기어 → 드래그링크 → 타이로드 → 피트먼 암 → 바퀴

③ 핸들 → 조향기어 → 드래그링크 → 조향 암 → 피트먼 암 → 타이로드 → 바퀴

④ 핸들 → 조향기어 → 피트먼 암 → 드래그링크 → 타이로드 → 조향 암 → 바퀴

57 유압 펌프의 종류 중 회전 펌프에 해당하지 않는 것은?

① 플런저 펌프   ② 베인 펌프

③ 트로코이드 펌프   ④ 나사 펌프

58 유압 회로에서 오일 역류를 방지하고 회로 내의 잔류 압력을 유지하는 밸브는?

① 셔틀 밸브   ② 감속 밸브

③ 스풀 밸브   ④ 체크 밸브

59 유압유의 과열로 인해 발생하는 현상으로 옳지 않은 것은?

① 펌프 효율 저하

② 점도 상승으로 인한 유동성 저하

③ 열화 촉진

④ 작동 불량 현상

60 포크 위에 적재된 화물이 마스트 후방으로 추락하는 것을 방지하기 위한 짐받이 틀을 말하는 것은?

① 핑거 보드   ② 사이드 시프트

③ 백 레스트   ④ 평형추

답안 표기란				
56	①	②	③	④
57	①	②	③	④
58	①	②	③	④
59	①	②	③	④
60	①	②	③	④

제 **3** 장

실전모의고사

실전모의고사 제5회

수험번호

수험자명

제한 시간 : 60분   전체 문제 수 : 60   맞춘 문제 수 :

01 석유, 화학, 도료 등을 취급하는 곳에서 많이 사용하는 장치는?

① 사이드 클램프
② 힌지드 버킷
③ 드럼 클램프
④ 로테이팅 클램프

02 단위 체적당 무게를 나타내는 단위는?

① kg/cm^2
② kg/m^3
③ kgf/cm^2
④ psi

03 지게차의 조향장치에 대한 다음 설명 중 옳지 않은 것은?

① 지게차의 토인 조정은 타이로드로 한다.
② 지게차 조향장치의 원리에는 애커먼 장토식을 사용한다.
③ 지게차에 사용하는 유압 실린더는 단동식 실린더이다.
④ 지게차는 뒷바퀴 조향 방식을 사용한다.

04 제동장치의 구비 조건에 해당하지 않는 것은?

① 내열성이 좋아야 한다.
② 점검이 용이해야 한다.
③ 내구성이 좋아야 한다.
④ 마찰력이 좋아야 한다.

05 저압 타이어의 타이어 표시 방법으로 옳은 것은?

① 타이어의 내경 – 타이어의 폭 – 플라이 수
② 플라이 수 – 타이어의 내경 – 타이어의 폭
③ 타이어의 폭 – 플라이 수 – 타이어의 내경
④ 타이어의 폭 – 타이어의 내경 – 플라이 수

답안 표기란				
01	①	②	③	④
02	①	②	③	④
03	①	②	③	④
04	①	②	③	④
05	①	②	③	④

06 다음 안전보건표지가 나타내고 있는 것은?

① 차량 통행 금지　　　　② 출입 금지
③ 사용 금지　　　　　　④ 탑승 금지

07 작업장에서 지켜야 할 안전수칙으로 옳지 않은 것은?

① 통로나 바닥에 공구나 부품을 방치해두지 않는다.
② 밀폐된 공간에서 장비의 시동을 걸지 않는다.
③ 급하게 뛸 경우 미끄러지지 않도록 주의한다.
④ 작업 중 부상을 입은 경우 즉시 응급조치하고 보고한다.

08 재해 발생 시 조치 순서로 올바른 것은?

① 피해자 구조 → 응급 처치 → 운전 정지 → 2차 재해 방지
② 응급 처치 → 피해자 구조 → 운전 정지 → 2차 재해 방지
③ 2차 재해 방지 → 운전 정지 → 피해자 구조 → 응급 처치
④ 운전 정지 → 피해자 구조 → 응급 처치 → 2차 재해 방지

09 해머 작업 시 유의사항으로 옳지 않은 것은?

① 처음에는 작게 휘두르고, 점차 크게 휘두르도록 한다.
② 열처리 된 재료를 작업할 때에는 보안경을 착용하도록 한다.
③ 기름 묻은 손으로 해머의 자루를 잡지 않는다.
④ 작업 시 자세를 안정적으로 해야 한다.

10 건설기계 등록 변경 신고 시 제출해야 하는 서류가 아닌 것은?

① 건설기계 검사증
② 건설기계 등록증
③ 건설기계 제원표
④ 변경 내용의 증명 서류

제**3**장

실전모의고사

11 다음 중 1종 대형 운전면허로 조종하는 건설기계가 아닌 것은?

① 불도저

② 트럭 적재식 천공기

③ 콘크리트 믹서 트럭

④ 아스팔트 살포기

12 3색 등화 신호등의 신호 순서로 올바른 것은?

① 적색 → 황색 → 녹색

② 녹색 → 황색 → 적색

③ 황색 → 적색 → 녹색

④ 적색 → 녹색 → 황색

13 1년간 벌점에 대한 누산점수로 인해 운전면허가 취소되는 것은 최소 몇 점 이상인가?

① 119

② 120

③ 121

④ 122

14 피스톤 링의 구비 조건에 해당하지 않는 것은?

① 실린더에 일정한 면압을 줄 수 있어야 한다.

② 내열성과 내마멸성이 좋아야 한다.

③ 제작이 용이해야 한다.

④ 실린더 벽과 동일한 재질이어야 한다.

15 엔진이 과랭되었을 때 나타나는 현상이 아닌 것은?

① 엔진 오일의 점도 증가

② 출력 저하

③ 연료 소비율 증대

④ 윤활유의 부족

답안 표기란				
11	①	②	③	④
12	①	②	③	④
13	①	②	③	④
14	①	②	③	④
15	①	②	③	④

16 건설기계 윤활유의 작용으로 옳지 않은 것은?

① 세척 작용

② 화학 작용

③ 마멸 방지 작용

④ 방청 작용

17 예열장치의 고장 원인에 해당하지 않는 것은?

① 접지가 불량할 때

② 엔진이 과랭되었을 때

③ 규격 이상의 전류가 흐를 때

④ 예열 시간이 너무 길었을 때

18 전기 관련 단위와 그 기호로 맞지 않는 것은?

① 전력 : E

② 저항 : Ω

③ 전류 : A

④ 전압 : V

19 시동 전동기에 대한 다음 설명 중 옳지 않은 것은?

① 전선 굵기는 규격 이하의 것을 사용해선 안 된다.

② 회전 속도가 규격 이하이면 오랜 시간 회전시켜도 시동이 안 된다.

③ 예열 경고등이 점등되었을 때 시동한다.

④ 엔진 시동 후 시동 스위치를 켜지 않는다.

20 클러치 페달에 유격을 주는 이유에 해당하지 않는 것은?

① 클러치 페이싱의 마멸 감소

② 변속 시 물림을 쉽게 함

③ 출력 증가

④ 클러치 미끄러짐 방지

답안 표기란				
16	①	②	③	④
17	①	②	③	④
18	①	②	③	④
19	①	②	③	④
20	①	②	③	④

제 **3** 장

실전모의고사

21 조향 기어의 종류에 해당하지 않는 것은?

① 오픈 타이로드식

② 볼 너트식

③ 웜 섹터식

④ 랙 피니언식

22 지게차가 무부하 상태에서 최대 조향각으로 서행했을 때, 가장 바깥쪽 바퀴의 접지 자국 중심점이 그리는 궤적을 말하는 것은?

① 축간거리

② 최대 선회 반지름

③ 윤거

④ 최소 회전 반지름

23 베인 펌프의 특징에 대한 설명 중 옳지 않은 것은?

① 소음이 적다.

② 구조가 복잡하여 보수에 어려움이 있다.

③ 싱글형과 더블형이 있다.

④ 수명이 길다.

24 유압장치에서 오일의 압력이 낮아지는 원인이 아닌 것은?

① 오일의 점도가 낮아서

② 유압 계통에 누설이 있어서

③ 오일의 점도가 높아서

④ 오일펌프의 마모가 일어났거나 성능이 노후되어서

25 클러치의 용량에 대한 다음 설명 중 옳지 않은 것은?

① 클러치의 용량이 너무 적으면 동력 전달 시 충격이 일어난다.

② 클러치의 용량이 너무 적으면 클러치가 미끄러진다.

③ 클러치의 용량이 너무 크면 엔진이 정지한다.

④ 엔진의 회전력보다 1.5~2.5배 정도 커야 한다.

답안 표기란				
21	①	②	③	④
22	①	②	③	④
23	①	②	③	④
24	①	②	③	④
25	①	②	③	④

26 엔진이 회전을 해도 전류계가 움직이지 않는 원인이 아닌 것은?

① 레귤레이터의 고장

② 스테이터 코일 단선

③ 전류계 불량

④ 시동 스위치가 엔진 예열장치를 동작시키고 있음

27 축전지의 전기를 정류자에 전달하는 역할을 하는 것은?

① 계자 코일

② 솔레노이드 스위치

③ 브러시

④ 계자 철심

28 과급기 내부에 설치되어 공기의 속도 에너지를 압력 에너지로 바꾸는 장치인 것은?

① 블로어

② 디퓨저

③ 감압장치

④ 히트 레인지

29 연료 공급 펌프의 종류가 아닌 것은?

① 베인식

② 기어식

③ 공기실식

④ 플런저식

30 윤활유의 구비 조건에 해당하지 않는 것은?

① 응고점이 높아야 한다.

② 카본 생성이 적어야 한다.

③ 온도에 의한 점도 변화가 없어야 한다.

④ 인화점과 발화점이 높아야 한다.

답안 표기란				
26	①	②	③	④
27	①	②	③	④
28	①	②	③	④
29	①	②	③	④
30	①	②	③	④

제 **3** 장

실전모의고사

31 건설기계 계기판에서 냉각수 경고등이 점등되는 원인이 아닌 것은?

① 라디에이터 캡이 열린 채 운행하고 있을 경우

② 냉각 계통의 물 호스에 손상이 있을 경우

③ 냉각수량이 부족할 경우

④ 물 재킷 내부에 물때가 많은 경우

32 팬 벨트 점검에 대한 다음 설명 중 옳지 않은 것은?

① 팬 벨트가 너무 헐거우면 엔진 과열의 원인이 된다.

② 팬 벨트의 조정은 발전기를 멈춘 상태로 조정한다.

③ 팬 벨트는 약 10kgf로 눌러 처짐이 13~20mm 정도로 되게 한다.

④ 정지된 상태인 벨트의 중심을 엄지손가락으로 눌러서 점검한다.

33 디젤 엔진에 진동이 일어나는 원인으로 옳지 않은 것은?

① 각 실린더의 분사압력과 분사량이 다름

② 각 피스톤의 중량차가 큼

③ 분사 시기와 분사 간격이 다름

④ 불균율이 적음

34 밸브의 구비 조건에 해당하지 않는 것은?

① 열전도율이 낮아야 한다.

② 충격과 부식에 잘 견뎌야 한다.

③ 가스와 고온에 견뎌야 한다.

④ 열에 대한 팽창력이 적어야 한다.

35 디젤 엔진의 점화 방법인 것은?

① 표면 착화

② 교차 착화

③ 압축 착화

④ 전기 착화

답안 표기란				
31	①	②	③	④
32	①	②	③	④
33	①	②	③	④
34	①	②	③	④
35	①	②	③	④

36 동력 전달장치 불량의 원인에 해당하지 않는 것은?

① 최종 감속장치 불량

② 페이드 현상

③ 차축 불량

④ 변속기 불량

37 견인되는 차가 야간에 도로를 통행할 때 키는 등화가 아닌 것은?

① 번호등

② 미등

③ 실내 조명등

④ 차폭등

38 건설기계 관리법 시행령에 따른 건설기계의 종류의 총 합계는?

① 21종

② 23종

③ 25종

④ 27종

39 다음 유압 기호가 나타내고 있는 것은?

① 정용량형 유압 펌프

② 가변용량형 유압 펌프

③ 유압 압력계

④ 요동형 액추에이터

40 지게차의 포크가 한쪽으로 기울어지는 원인으로 가장 적절한 것은?

① 리프트 실린더의 불량

② 리프트 체인의 한쪽이 늘어짐

③ 리프트 레버의 작동 불량

④ 마스트의 작동 불량

제**3**장

실전모의고사

41 브레이크 오일이 갖추어야 할 조건이 아닌 것은?

① 화학적 안정성이 높아야 한다.

② 침전물 발생이 없어야 한다.

③ 빙점이 높고 비등점이 낮아야 한다.

④ 점도 지수가 커야 한다.

42 전기장치 작업 시 안전사항으로 옳지 않은 것은?

① 전류계는 부하에 병렬로 접속해야 한다.

② 전기장치는 반드시 접지해서 사용한다.

③ 전선이나 코드의 접속부는 절연물로 완전히 피복하여 둔다.

④ 전기장치 배선 작업 전에는 가장 먼저 축전지 접지선을 제거한다.

43 드라이버 작업 시 유의사항으로 옳지 않은 것은?

① 전기 작업 시 절연된 손잡이를 사용한다.

② 드라이버 날 끝이 나사홈의 너비에 맞는 것을 사용한다.

③ 이가 빠지거나 둥글게 된 것은 사용하지 않는다.

④ 필요한 경우 드라이버를 정 대용으로 사용할 수 있다.

44 다음 중 화물의 적재 상태를 확인하는 방법으로 옳지 않은 것은?

① 적재된 화물이 무너질 우려가 있을 경우 다른 작업자가 지지한다.

② 화물이 불안정할 경우 밧줄이나 체인블록 등으로 결착한다.

③ 팔레트가 화물의 중량에 맞는 강도를 가지고 있는지 확인한다.

④ 바닥이 불균형한 형태의 화물은 고임목으로 안정시킨다.

45 유압 기본 회로에 해당하지 않는 것은?

① 탠덤 회로

② 병렬 회로

③ 블리드 오프 회로

④ 클로즈 회로

답안 표기란				
41	①	②	③	④
42	①	②	③	④
43	①	②	③	④
44	①	②	③	④
45	①	②	③	④

46 복동식 유압 실린더에 대한 다음 설명 중 옳지 않은 것은?

① 편로드형와 양로드형이 있다.

② 실린더 길이에 비해 긴 행정이 필요할 때 사용한다.

③ 피스톤 양쪽에 압유를 교대로 공급하는 방식이다.

④ 지게차의 틸트 실린더에 사용된다.

47 기어형 모터에 대한 다음 설명 중 옳지 않은 것은?

① 정방향의 회전과 역방향의 회전이 자유롭다.

② 일반적으로는 평기어를 사용하며 헬리컬 기어도 사용한다.

③ 구조가 간단하고 가격이 저렴하다.

④ 유압유에 이물질이 혼입되면 고장이 발생한다.

48 축 방향으로 이동하여 오일의 흐름을 변환하는 밸브인 것은?

① 셔틀 밸브

② 감속 밸브

③ 체크 밸브

④ 스풀 밸브

49 틸트 레버를 조작했을 때 작동하는 것으로 옳은 것은?

① 마스트

② 핑거 보드

③ 리프트 실린더

④ 포크

50 변속기어에서 소음이 발생하는 원인이 아닌 것은?

① 기어 백 래시의 과다

② 조작기구의 불량으로 치합이 좋지 않음

③ 클러치의 유격이 너무 작음

④ 변속기 오일 부족

답안 표기란				
46	①	②	③	④
47	①	②	③	④
48	①	②	③	④
49	①	②	③	④
50	①	②	③	④

제**3**장

실전모의고사

51 교류 발전기 작동 중 소음 발생의 원인으로 옳지 않은 것은?

① 고정 볼트가 풀림
② 다이오드의 단락
③ 벨트의 장력이 약함
④ 베어링의 손상

52 축전지 취급 시 주의사항으로 옳지 않은 것은?

① 과충전, 과방전은 피해야 한다.
② 축전지가 단락하여 불꽃이 발생하지 않게 한다.
③ 축전지 보관 시 충전하지 않고 보관한다.
④ 전해액이 자연 감소된 경우 증류수를 보충한다.

53 분사 펌프에서 딜리버리 밸브의 기능에 해당하지 않는 것은?

① 엔진의 회전 속도 제어
② 분사 노즐의 후적 방지
③ 연료 역류 방지
④ 연료 라인의 잔압 유지

54 엔진의 노킹 현상을 방지하는 방법으로 옳지 않은 것은?

① 착화 기간 중에 분사량을 적게 한다.
② 실린더 내의 압력과 온도를 상승시킨다.
③ 착화 지연 시간을 길게 한다.
④ 착화성이 좋은 연료를 사용한다.

55 오일펌프의 흡입구에 설치되어 불순물을 제거하는 장치는?

① 배플
② 오일 스트레이너
③ 오일 필터
④ 오일 팬

답안 표기란				
51	①	②	③	④
52	①	②	③	④
53	①	②	③	④
54	①	②	③	④
55	①	②	③	④

56 건설기계에 사용하는 공랭식 냉각장치에 해당하는 것은?

① 자연 순환식

② 자연 통풍식

③ 강제 순환식

④ 강제 통풍식

57 피스톤의 간극이 작을 때 나타나는 현상으로 옳은 것은?

① 피스톤 슬랩 현상이 발생한다.

② 오일 소비가 증가한다.

③ 마찰에 따른 마멸이 증대된다.

④ 압축 압력이 저하된다.

58 다음 중 2천만 원 이하의 벌금을 받는 경우로 옳지 않은 것은?

① 등록을 하지 않은 채 건설기계 사업을 하는 경우

② 건설기계의 주요 장치를 변경하거나 개조한 경우

③ 건설기계 조종사 면허를 부정한 방법으로 받은 경우

④ 등록이 말소된 건설기계를 사용하거나 운행한 경우

59 검사 연기 신청의 불허 통지를 받은 자의 검사 신청 기한은?

① 검사 신청 기간 만료일로부터 10일 이내

② 검사 신청 기간 만료일로부터 15일 이내

③ 검사 신청 기간 만료일로부터 30일 이내

④ 검사 신청 기간 만료일로부터 60일 이내

60 공동 작업으로 물건을 운반할 때 유의사항으로 옳지 않은 것은?

① 길이가 긴 물건은 같은 쪽의 어깨에 올려 운반한다.

② 명령과 지시는 번갈아 가면서 한다.

③ 적어도 한 손으로는 물건을 반드시 받쳐야 한다.

④ 힘의 균형을 유지하면서 운반한다.

제**3**장

실전모의고사

실전모의고사 제6회

수험번호
수험자명

⏱ 제한 시간 : 60분　　전체 문제 수 : 60　　맞춘 문제 수 :

---

01 유압장치에서 오일 탱크의 기능에 해당하지 않는 것은?

① 격판에 의한 기포 제거
② 서지 압력의 흡수
③ 외벽 방열에 의해 적정 온도 유지
④ 스트레이너로 회로 내부의 불순물 혼입 방지

02 다음 중 토크 컨버터에서 가이드링의 역할에 해당하는 것은?

① 엔진과 같은 회전수로 회전한다.
② 스플라인과 결합
③ 오일의 방향을 바꾸어 회전력을 증대시킨다.
④ 유체 클러치의 와류를 감소시킨다.

03 교류 발전기에서 스프링 장력으로 슬립링에 접촉하여 축전기 전류를 로터 코일에 공급하는 것은?

① 다이오드
② 스테이터
③ 정류자
④ 브러시

04 전동기에서 전류가 흐르면 자력을 일으키는 것은?

① 계자 코일과 계자 철심
② 솔레노이드 스위치
③ 기동 전동기의 브러시
④ 정류자

05 다음 중 과급기에 설치되어 실린더에 공기를 불어넣는 송풍기에 해당하는 것은?

① 디퓨저
② 커먼레일
③ 블로어
④ 조속기

답안 표기란	
01	① ② ③ ④
02	① ② ③ ④
03	① ② ③ ④
04	① ② ③ ④
05	① ② ③ ④

06 다음 중 벤트 플러그의 역할로 가장 적절한 것은?

① 연료 분사 펌프에 연료 전달
② 연료 필터의 공기 배출
③ 연료 속 불순물 제거
④ 연료 공급 펌프의 소음 발생 방지

07 다음 중 운전석 계기판으로 확인해야 할 사항이 아닌 것은?

① 충전 경고등
② 냉각수 온도 게이지
③ 윤활유의 점도
④ 연료량 게이지

08 크랭크축의 베어링의 오일 간극이 클 경우 나타나는 현상으로 옳은 것은?

① 유압이 저하되고 윤활유 소비가 증가한다.
② 유압이 상승하고 윤활유 소비가 감소한다.
③ 유압이 저하되고 윤활유 소비가 감소한다.
④ 유압이 상승하고 윤활유 소비가 증가한다.

09 브레이크 성능 불량의 원인에 해당하지 않는 것은?

① 베이퍼 록 현상
② 타이어의 노화
③ 디스크 패드 마모
④ 휠 실린더 누유

10 운전자가 진로 방향을 변경할 때 회전신호를 해야 하는 거리로 옳은 것은?

① 회전하려고 하는 지점에서 10m 이상
② 회전하려고 하는 지점에서 15m 이상
③ 회전하려고 하는 지점에서 20m 이상
④ 회전하려고 하는 지점에서 30m 이상

답안 표기란				
06	①	②	③	④
07	①	②	③	④
08	①	②	③	④
09	①	②	③	④
10	①	②	③	④

제 **3** 장

실전모의고사

11 등록번호를 지워 없애거나 그 식별을 곤란하게 한 자에 대한 처분으로 옳은 것은?

① 면허 효력 정지 15일

② 100만 원 이하의 과태료

③ 1년 이하의 징역 또는 1천만 원 이하의 벌금

④ 조종사 면허의 취소

12 다음 중 등록번호가 표시된 면에 특별표지를 부착해야 하는 대형 건설기계에 해당하지 않는 것은?

① 총중량이 25톤을 초과하는 건설기계

② 높이가 4.0미터를 초과하는 건설기계

③ 너비가 2.5미터를 초과하는 건설기계

④ 길이가 16.7미터를 초과하는 건설기계

13 운전 중 돌발 상황 발생 시 대처하는 방법으로 옳지 않은 것은?

① 가동 중인 장비에서 냄새가 감지되었을 시 화재 발생 소지가 있으니 소화기의 위치 및 충전 상태를 확인하여 대비한다.

② 노면 상태에 따라 화물이 낙하할 수 있으므로 주의해야 한다.

③ 오일에 의한 화재 발생 시 물을 확보할 수 있으면 물을 끼얹는다.

④ 비포장도로나 좁은 통로에서는 급출발, 급선회 등을 하지 않는다.

14 틸트 실린더 핀에 그리스 주입 시 올바른 개소는?

① 5개소 ② 4개소

③ 3개소 ④ 2개소

15 다음 중 작업 전에 하는 장비 점검에 해당하지 않는 것은?

① 룸 미러 점검

② 에어클리너 점검

③ 팬 벨트의 장력 점검

④ 타이어 외관 점검

답안 표기란	
11	① ② ③ ④
12	① ② ③ ④
13	① ② ③ ④
14	① ② ③ ④
15	① ② ③ ④

16 건설기계 소유자가 등록 사항에 변경이 있어 그에 대해 변경 신청을 할 경우 변경이 있는 날로부터 며칠 이내에 해야 하는가?

① 30일
② 45일
③ 60일
④ 90일

17 다음 중 최고 속도의 100분의 20을 감속하여 운행하는 경우는?

① 노면이 얼어붙은 경우
② 눈이 20mm 이상 쌓인 경우
③ 비가 내려 노면이 젖어 있는 경우
④ 폭우 · 폭설 · 안개 등으로 가시거리가 100m 이내인 경우

18 다음 중 보안경을 사용하는 이유로 옳지 않은 것은?

① 칩의 비산으로부터 눈을 보호하기 위해
② 야간작업 시 조명으로부터 눈부심을 막기 위해
③ 유해 약물로부터 눈을 보호하기 위해
④ 유해 광선으로부터 눈을 보호하기 위해

19 기계에 사용하는 방호 덮개장치의 구비 조건이 아닌 것은?

① 최소의 손질로 장시간 사용할 수 있어야 한다.
② 기계로부터 분리가 쉬워야 한다.
③ 마모나 외부로부터의 충격에 쉽게 손상되지 않아야 한다.
④ 검사나 급유 조정 등 정비가 용이해야 한다.

20 D급 화재에 대한 다음 설명 중 옳은 것은?

① 전기화재를 말한다.
② 화재 진압 시 물을 사용한다.
③ 휘발유로 인해 발생한 화재를 말한다.
④ 금속 나트륨 혹은 금속 칼륨 등의 금속화재를 말한다.

답안 표기란				
16	①	②	③	④
17	①	②	③	④
18	①	②	③	④
19	①	②	③	④
20	①	②	③	④

제 **3** 장

실전모의고사

21 다음 안전보건표지가 나타내고 있는 것은?

① 출입 금지　　　　　② 비상용 기구
③ 위험 장소 경고　　　④ 고온 경고

22 실린더가 마모되는 원인에 해당하지 않는 것은?

① 오일의 부족
② 실린더 벽과 피스톤, 피스톤 링의 접촉에 의한 마모
③ 흡입 공기 중의 먼지, 이물질 등에 의한 마모
④ 카본에 의한 마모

23 점도와 점도 지수에 대한 다음 설명 중 옳은 것은?

① 점도가 높으면 유동성이 좋아진다.
② 점도가 낮으면 유동성이 좋아진다.
③ 점도 지수가 크면 점도 변화가 크다.
④ 점도 지수가 작으면 점도 변화가 적다.

24 예연소실식 연소실의 단점에 대한 다음 설명 중 옳은 것은?

① 착화 지연이 길어 노크가 많다.
② 연료 성질 변화에 예민하고 선택 범위가 좁다.
③ 구조가 복잡하고 연료 소비율이 조금 많다.
④ 분사 압력이 높아 연료장치의 고장이 많다.

25 다기관에서 흡입 공기를 가열하여 흡입시키는 예열방식은?

① 히트 레인지
② 예열 플러그식
③ 흡기 가열식
④ 공기실식

답안 표기란				
21	①	②	③	④
22	①	②	③	④
23	①	②	③	④
24	①	②	③	④
25	①	②	③	④

26 MF 축전지에 대한 다음 설명 중 옳지 않은 것은?

① 무보수용 배터리이다.

② 비중계를 통해 눈으로 충전 상태를 확인할 수 있다.

③ 자기방전이 적고 보존성이 우수하다.

④ 전해액이 자연 감소되면 증류수를 보충한다.

27 피조면의 밝기의 정도를 나타내는 단위는?

① 광속

② 광도

③ 점도

④ 조도

28 유성기어식 변속기의 구성 부품에 해당하지 않는 것은?

① 클러치

② 유성캐리어

③ 링기어

④ 유성기어

29 앞바퀴를 옆에서 보았을 때 수직선에 대해 조향축이 앞으로 또는 뒤로 기울여 설치되어 있는 것은?

① 토인

② 캐스터

③ 킹핀

④ 캠버

30 복동식 유압 실린더로 마스트와 프레임 사이에 설치되는 것은?

① 틸트 실린더

② 휠 실린더

③ 마스터 실린더

④ 리프트 실린더

답안 표기란				
26	①	②	③	④
27	①	②	③	④
28	①	②	③	④
29	①	②	③	④
30	①	②	③	④

제 **3** 장

실전모의고사

31 지게차의 앞축의 중심부로부터 뒤축의 중심부까지의 거리를 말하는 것은?

① 전폭
② 전장
③ 축간거리
④ 윤거

32 원추형의 화물을 좌우로 조이거나 회전시켜 운반 및 적재하는 데에 적합한 장치는?

① 사이드 클램프
② 로테이팅 클램프
③ 드럼 클램프
④ 로테이팅 포크

33 파스칼의 원리에 대한 다음 설명 중 옳지 않은 것은?

① 밀폐된 용기 내부에서 액체 일부에 가해진 압력은 유체 각 부분에 동시에 같은 크기로 전달된다.
② 각 점의 압력은 모든 방향으로 같다.
③ 유체의 압력은 면에 대하여 직각으로 작용한다.
④ 유압장치만 파스칼의 원리를 따른다.

34 트로코이드 펌프에 대한 설명 중 옳지 않은 것은?

① 안쪽 로터가 회전하면 바깥쪽 로터도 동시에 회전한다.
② 안쪽은 내 · 외측 로터, 바깥쪽은 하우징으로 되어 있다.
③ 3개의 로터를 조립한 형식이다.
④ 로터리 펌프라고도 한다.

35 입구 압력을 감압하여 유압 실린더의 출구 설정 압력으로 유지하는 밸브는?

① 시퀀스 밸브
② 리듀싱 밸브
③ 무부하 밸브
④ 카운터 밸런스 밸브

답안 표기란				
31	①	②	③	④
32	①	②	③	④
33	①	②	③	④
34	①	②	③	④
35	①	②	③	④

36 다음 공유압 기호가 나타내고 있는 것은?

① 어큐뮬레이터
② 플런저
③ 유압 압력계
④ 필터

37 오일 실(Seal)에 대한 다음 설명 중 옳지 않은 것은?

① 유압 계통을 수리하고 나서 재사용할 수 있다.
② 패킹과 개스킷을 포함한다.
③ 유압 작동부에서 누유가 일어날 때 가장 먼저 점검해야 한다.
④ 기기의 누유를 방지한다.

38 플러싱(Flushing)을 한 뒤 처리 방법으로 옳지 않은 것은?

① 전체 라인에 작동유가 공급되도록 한다.
② 작동유 탱크 내부를 청소한다.
③ 잔류 플러싱 오일을 포함하여 오일을 보충한다.
④ 라인 필터 엘리먼트를 교체한다.

39 연삭 작업 시 지켜야 할 유의사항으로 옳지 않은 것은?

① 숫돌 덮개를 설치한 후 작업한다.
② 숫돌의 측면 사용을 제한한다.
③ 보안경과 방진마스크를 착용한다.
④ 숫돌과 받침대 간격을 최대한 넓게 유지한다.

40 다음 중 디젤 엔진의 고압 펌프 구동에 사용되는 것은?

① 냉각팬 벨트
② 커먼레일
③ 인젝터
④ 캠축

답안 표기란				
36	①	②	③	④
37	①	②	③	④
38	①	②	③	④
39	①	②	③	④
40	①	②	③	④

제**3**장

실전모의고사

답안 표기란				
41	①	②	③	④
42	①	②	③	④
43	①	②	③	④
44	①	②	③	④
45	①	②	③	④

41 다음 중 건설기계 검사의 종류에 해당하는 것은?

① 계속검사

② 수시검사

③ 예비검사

④ 임시검사

42 다음 중 유압 회로에서 압력에 영향을 주는 요소로 맞지 않는 것은?

① 관로의 직경 크기

② 유체의 점도

③ 실린더에 도달하기까지의 거리

④ 유체 흐름량

43 어큐뮬레이터의 종류 중 격판에 의해 기체실과 유체실을 구분하는 것은?

① 다이어프램형

② 스프링식

③ 블래더형

④ 피스톤형

44 릴리프 밸브에서 볼이 밸브 시트를 때려 소음을 발생시키는 현상인 것은?

① 노킹(Knocking) 현상

② 채터링(Chattering) 현상

③ 페이드(Fade) 현상

④ 베이퍼 록(Vapor Lock) 현상

45 다음 중 유압 펌프 토출량의 단위에 해당하는 것은?

① FPM

② HPM

③ APM

④ GPM

46 지게차가 최대 하중을 싣고 엔진을 정지한 경우, 포크가 하중에 의해 내려가는 거리의 안전기준으로 옳은 것은?

① 10분당 100mm 이하

② 10분당 150mm 이하

③ 10분당 200mm 이하

④ 10분당 250mm 이하

47 다음 중 조향 핸들의 유격이 커지는 원인으로 옳지 않은 것은?

① 조향 바퀴의 베어링 마모

② 앞바퀴 베어링의 과대 마모

③ 조향 축과 조향 핸들의 결착 불량

④ 피트먼 암의 결착 불량

48 엔진이 시동된 후 피니언이 링기어에 물려 있어도 엔진의 회전력이 기동 전동기로 전달되지 않도록 하기 위하여 설치된 것은?

① 거버너(Governor)

② 오버러닝(Over Running) 클러치

③ 오버플로(Overflow) 밸브

④ 커먼레일(Common Rail)

49 다음 중 윤활유 첨가제에 해당하지 않는 것은?

① 부식 방지제   ② 산화 방지제

③ 기포 분산제   ④ 청정 분산제

50 엔진이 과열되었을 때 나타나는 현상이 아닌 것은?

① 윤활유의 부족 현상이 나타난다.

② 연료 소비율이 늘어난다.

③ 금속이 빨리 산화된다.

④ 노킹으로 인해 출력이 저하된다.

답안 표기란				
46	①	②	③	④
47	①	②	③	④
48	①	②	③	④
49	①	②	③	④
50	①	②	③	④

제**3**장

실전모의고사

답안 표기란				
51	①	②	③	④
52	①	②	③	④
53	①	②	③	④
54	①	②	③	④
55	①	②	③	④

51 도로교통법상 만취 상태로 면허가 취소되는 혈중 알코올 농도 기준은?

① 혈중 알코올 농도 0.03% 이상

② 혈중 알코올 농도 0.05% 이상

③ 혈중 알코올 농도 0.07% 이상

④ 혈중 알코올 농도 0.08% 이상

52 다음 중 종합 건설기계 정비업의 사업 범위에 해당하지 않는 것은?

① 유압 정비업

② 프레임 조정

③ 변속기의 분해 및 정비

④ 롤러, 링크, 트랙슈의 재생

53 다음 중 축전지의 충전 방법에 해당하지 않는 것은?

① 단별전압 충전법

② 단별전류 충전법

③ 정전압 충전법

④ 정전류 충전법

54 다음 중 작업 전 지게차의 외관 점검에 해당하지 않는 것은?

① 포크의 휨, 균열 등 점검

② 백 레스트의 상태 점검

③ 그리스 주입 상태 점검

④ 오버헤드 가드의 균열 및 변형 상태 점검

55 다음 중 작업장에서 지켜야 할 안전수칙에 해당하지 않는 것은?

① 항상 청결하게 유지한다.

② 작업 후 사용했던 공구는 원래 위치에 정리정돈 한다.

③ 콘센트 청소 시 뿌린 물은 청소 후에 안전을 위해 깨끗이 닦는다.

④ 통로는 안전을 위해 일정한 너비가 필요하다.

56 다음 중 작업복의 조건에 해당하지 않는 것은?

① 작업에 따라 보호구 등 기타 물건을 착용할 수 있어야 한다.

② 강한 산성, 알칼리 등의 액체 취급 시 방염 재질의 옷이 좋다.

③ 단추가 달린 것은 되도록 피해야 한다.

④ 주머니가 적고 팔과 발이 노출되지 않아야 한다.

57 다음 중 재해예방의 4대 원칙에 해당하지 않는 것은?

① 대책 선정의 원칙

② 원인 계기의 원칙

③ 손실 우연의 원칙

④ 평가 분석의 원칙

58 다음 중 지게차의 난기운전 방법으로 옳지 않은 것은?

① 엔진의 온도를 정상 온도까지 상승시킨다.

② 엔진 작동 후 10분간 저속 운전을 실시한다.

③ 리프트 레버로 포크의 상승 및 하강 운동을 2~3회 실시한다.

④ 틸트 레버로 마스트의 경사 운동을 2~3회 실시한다.

59 다음 중 장비 상태를 후각으로 확인하는 경우가 아닌 것은?

① 누유 및 누수 상태

② 작동유의 과열

③ 연소실의 연소 상태

④ 각종 구동부의 베어링

60 다음 중 엔진의 피스톤이 고착되는 원인에 해당하지 않는 것은?

① 피스톤과 벽의 간극이 큰 경우

② 엔진이 과열된 경우

③ 엔진 오일이 부족한 경우

④ 냉각수의 양이 부족한 경우

답안 표기란				
56	①	②	③	④
57	①	②	③	④
58	①	②	③	④
59	①	②	③	④
60	①	②	③	④

제 3 장

실전모의고사

실전모의고사 제7회

수험번호
수험자명

제한 시간 : 60분 　　전체 문제 수 : 60 　　맞춘 문제 수 :

01 다음 중 피스톤 링의 작용으로 옳지 않은 것은?

① 열전도 작용
② 오일 제어 작용
③ 냉각 작용
④ 기밀 작용

02 다음 중 디젤 엔진의 고속회전이 원활하지 못한 원인이 아닌 것은?

① 분사 시기의 조정 불량
② 거버너의 작용 불량
③ 축전지 전압의 불량
④ 연료의 압송 불량

03 연료의 성질 중 연료가 다른 발화인자에 의해 연소되는 성질을 말하는 것은?

① 세탄가
② 인화성
③ 윤활성
④ 착화성

04 전해액을 만들 때 황산과 증류수의 혼합 방법으로 옳지 않은 것은?

① 증류수를 황산에 부어야 한다.
② 전기가 잘 통하지 않는 그릇을 사용한다.
③ 20℃일 때 1.280이 되도록 비중을 측정하면서 작업한다.
④ 빠른 속도로 젓지 않도록 한다.

05 타이어의 트레드 패턴이 하는 역할에 해당하지 않는 것은?

① 타이어 마모에 대한 저항
② 타이어의 배수 성능 향상
③ 타이어의 마찰력 증가로 미끄러짐 방지
④ 타이어 내부의 열 발산

답안 표기란				
01	①	②	③	④
02	①	②	③	④
03	①	②	③	④
04	①	②	③	④
05	①	②	③	④

06 다음 안전보건표지가 나타내고 있는 것은?

① 급성 독성 물질 경고
② 발암성 물질 경고
③ 폭발성 물질 경고
④ 방사성 물질 경고

07 작업계획서에서 확인할 수 있는 사항이 아닌 것은?

① 운반할 위험 화물의 보험 가입 여부
② 건설기계 운전자의 사고 이력
③ 작업 시 준수사항
④ 화물의 운반 수량

08 연료 파이프의 피팅을 풀고 조일 때 사용하는 렌치는?

① 소켓 렌치
② 토크 렌치
③ 오픈 엔드 렌치
④ 옵셋 렌치

09 조향 핸들이 무거운 원인에 해당하지 않는 것은?

① 앞바퀴 정렬이 불량한 경우
② 조향 기어의 백 래시가 작은 경우
③ 타이어의 마멸이 과도한 경우
④ 타이어의 공기압이 과도한 경우

10 야간작업 시 주의사항으로 옳지 않은 것은?

① 전조등 같은 조명시설이 고장 난 상태에서 작업해서는 안 된다.
② 지게차 운전 시 조명에 대비해 보안경을 착용한다.
③ 야간에는 원근감이나 지면의 고저가 불명확해 착각을 일으키기 쉽다.
④ 작업장에 충분한 조명시설을 설치한다.

답안 표기란				
06	①	②	③	④
07	①	②	③	④
08	①	②	③	④
09	①	②	③	④
10	①	②	③	④

제 3 장

실전모의고사

11 건설기계 등록 이전 신고 시 제출해야 하는 서류가 아닌 것은?

① 건설기계 등록원부

② 건설기계 등록증

③ 건설기계 검사증

④ 건설기계 등록 이전 신고서

12 다음 중 건설기계 사업에 해당하지 않는 것은?

① 건설기계 폐기업

② 건설기계 대여업

③ 건설기계 검사대행업

④ 건설기계 정비업

13 다음 중 크랭크축의 구성품에 해당하지 않는 것은?

① 저널

② 크랭크 샤프트

③ 크랭크 암

④ 크랭크 핀

14 엔진의 오일 압력계 수치가 낮은 원인에 해당하지 않는 것은?

① 오일펌프의 불량

② 크랭크 케이스의 오일 부족

③ 크랭크축의 오일 틈새 과다

④ 엔진 오일의 점도 저하

15 다음 중 직접 분사식 연소실의 단점이 아닌 것은?

① 연료 소비율이 높다.

② 노크가 일어나기 쉽다.

③ 연료 계통의 누유 염려가 크다.

④ 분사 펌프와 노즐 등의 수명이 짧다.

답안 표기란				
11	①	②	③	④
12	①	②	③	④
13	①	②	③	④
14	①	②	③	④
15	①	②	③	④

16 다음 공유압 기호가 나타내는 것은?

① 밸브
③ 필터
② 오일 탱크
④ 단동 실린더

답안 표기란

16	① ② ③ ④
17	① ② ③ ④
18	① ② ③ ④
19	① ② ③ ④
20	① ② ③ ④

17 다음 중 유압 모터의 단점에 해당하지 않는 것은?

① 인화하기가 쉽다.
② 작동유의 점도 변화에 의해 사용에 제약이 있다.
③ 전동 모터에 비해 급속정지가 어렵다.
④ 작동유의 누유가 발생하면 작업 성능에 지장이 있다.

18 차체를 이동시키지 않고 포크를 좌우로 움직일 수 있는 장치는?

① 로드 스태빌라이저(Load stabilizer)
② 드럼 클램프(Drum clamp)
③ 힌지드 버킷(Hinged bucket)
④ 사이드 시프트(Side shift)

19 지게차의 기본 제원 중 전장에 대한 설명으로 옳은 것은?

① 지게차의 가장 위쪽 끝이 만드는 수평면에서 지면까지의 최단거리
② 포크의 앞부분에서부터 지게차의 제일 끝부분까지의 길이
③ 지게차의 앞축의 중심부로부터 뒤축의 중심부까지의 거리
④ 차체가 그리는 반지름

20 배기가스 중 유해 가스에 해당하지 않는 것은?

① 질소산화물
② 일산화탄소
③ 이산화탄소
④ 탄화수소

제**3**장

실전모의고사

21 예연소실식 연소실에 대한 다음 설명 중 옳지 않은 것은?

① 주연소실은 예연소실보다 작다.

② 연료장치의 고장이 적다.

③ 착화 지연이 짧아 노크가 적다.

④ 냉각 손실이 많다.

22 동력의 단위인 마력(PS)의 값이 1일 때 와트(W)로 환산한 값은?

① 약 700W

② 약 735.5W

③ 약 780W

④ 약 800W

23 타이어식 건설기계의 좌석 안전띠가 갖추어야 할 조건이 아닌 것은?

① 산업표준화법에 따라 인증을 받은 제품이어야 한다.

② 사용자가 쉽게 잠그고 풀 수 있는 구조여야 한다.

③ 30km/h 이상의 속도를 내는 건설기계에는 안전띠를 설치해야 한다.

④ 구조가 간단하여 교체에 용이해야 한다.

24 시 · 도지사가 건설기계 등록을 말소한 날부터 건설기계 등록원부를 보존해야 하는 기간으로 옳은 것은?

① 5년간

② 10년간

③ 15년간

④ 20년간

25 최초 50~100 사용 시간 또는 일주일 후의 정비 사항이 아닌 것은?

① 냉각수 레벨 점검

② 주차 브레이크 시험 및 점검

③ 엔진 오일 및 오일 필터 교환

④ 오일 필터 및 스트레이너 청소, 교환

답안 표기란				
21	①	②	③	④
22	①	②	③	④
23	①	②	③	④
24	①	②	③	④
25	①	②	③	④

26 C급 화재에 대한 다음 설명 중 옳은 것은?

① 유류화재를 말한다.

② 산 또는 알칼리 소화기가 적합하다.

③ 화재 진압 시 포말 소화기는 적합하지 않다.

④ 물에 의한 소화는 금지된다.

답안 표기란
26 ① ② ③ ④
27 ① ② ③ ④
28 ① ② ③ ④
29 ① ② ③ ④
30 ① ② ③ ④

27 엔진 시동 후 소음이 일어날 때 점검해야 할 사항이 아닌 것은?

① 배기 계통의 불량

② 발전기 및 물 펌프 구동벨트의 불량

③ 타이어 휠의 너트 체결 불량

④ 엔진 내부 및 외부의 각종 베어링의 불량

28 다음 중 안전대의 용도에 해당하지 않는 것은?

① 작업자의 추락 억제

② 작업자의 작업 상황 강조

③ 작업자의 자세 유지

④ 작업자의 행동반경 제한

29 다음 중 축전지의 관리 방법으로 옳지 않은 것은?

① 지게차를 장기간 방치하지 않는다.

② 시동이 걸리지 않은 상태에서 전기장치를 사용하지 않는다.

③ 전기장치 스위치가 켜진 상태로 방치하지 않는다.

④ 시동을 위해서 엔진을 필요 이상으로 회전시킬 수 있다.

30 다음 중 건설기계를 등록할 때 제출해야 하는 서류가 아닌 것은?

① 건설기계 검사증

② 건설기계 제원표

③ 보험 또는 공제의 가입을 증명하는 서류

④ 건설기계 소유자임을 증명하는 서류

제 **3** 장

실전모의고사

31 1톤 이상의 지게차의 정기검사 유효기간으로 옳은 것은?

① 1년

② 2년

③ 3년

④ 4년

32 엔진의 회전 관성력을 원활한 회전으로 바꾸는 역할을 하는 장치는?

① 크랭크축

② 커넥팅 로드

③ 플라이휠

④ 엔진 베어링

33 밸브의 간극이 클 때 나타나는 현상이 아닌 것은?

① 출력이 저하된다.

② 소음이 발생한다.

③ 정상 온도에서 밸브가 완전히 열리지 않는다.

④ 역화 및 후화 등의 이상 연소가 발생한다.

34 냉각장치에서 수온 조절기가 완전히 열리는 온도는?

① 90℃

② 85℃

③ 80℃

④ 75℃

35 기동 전동기의 전기자 코일에 항상 일정한 방향으로 전류가 흐르도록 하기 위해 설치하는 장치로 옳은 것은?

① 전기자 철심

② 솔레노이드 스위치

③ 정류자

④ 브러시

답안 표기란				
31	①	②	③	④
32	①	②	③	④
33	①	②	③	④
34	①	②	③	④
35	①	②	③	④

36 다음 중 기동 전동기의 종류에 해당하지 않는 것은?

① 역권식 전동기

② 복권식 전동기

③ 분권식 전동기

④ 직권식 전동기

37 교류 발전기에서 팬 벨트에 의해 엔진 동력으로 회전하며 전류에 의해 전자석이 되는 것은?

① 브러시

② 로터

③ 다이오드

④ 스테이터

38 다음 중 고압 타이어를 표시하는 방법으로 옳은 것은?

① 플라이 수 – 타이어의 외경 – 타이어의 폭

② 타이어의 폭 – 플라이 수 – 타이어의 외경

③ 타이어의 외경 – 타이어의 폭 – 플라이 수

④ 타이어의 폭 – 타이어의 외경 – 플라이 수

39 앞바퀴 정렬에서 바퀴의 중심선과 노면에 대한 수직선이 이루는 각도인 것은?

① 캠버　　　　　　　　② 토인

③ 캐스터　　　　　　　④ 킹핀

40 기어식 유압 펌프에서 소음이 발생하는 원인이 아닌 것은?

① 오일 부족

② 흡입 라인의 막힘

③ 펌프 베어링의 마모

④ 유압 작동유의 오염

답안 표기란				
36	①	②	③	④
37	①	②	③	④
38	①	②	③	④
39	①	②	③	④
40	①	②	③	④

제**3**장

실전모의고사

답안 표기란				
41	①	②	③	④
42	①	②	③	④
43	①	②	③	④
44	①	②	③	④
45	①	②	③	④

41 두 개 이상의 분기 회로에서 유압 회로의 압력에 의해 유압 액추에이터의 작동 순서를 제어하는 밸브는?

① 카운터 밸런스 밸브

② 시퀀스 밸브

③ 리듀싱 밸브

④ 무부하 밸브

42 압력 용기 상부에 고무주머니를 설치하여 기체실과 유체실을 구분한 어큐뮬레이터로 옳은 것은?

① 다이어프램형   ② 피스톤형

③ 블래더형   ④ 스프링형

43 다음 중 유압 제어 밸브의 역할이 아닌 것은?

① 점도 제어

② 유량 제어

③ 방향 제어

④ 압력 제어

44 운전 중에 클러치가 미끄러질 때 미치는 영향으로 옳지 않은 것은?

① 연료 소비량 증가

② 견인력 감소

③ 클러치가 잘 끊어지지 않음

④ 속도 감소

45 축전지의 자기방전량에 대한 다음 설명 중 옳지 않은 것은?

① 방전이 거듭될수록 전압이 낮아지고 전해액의 비중이 낮아진다.

② 전해액의 비중이 높을수록 자기방전량이 작다.

③ 충전 후 시간 경과에 따라 자기방전량의 비율이 낮아진다.

④ 전해액의 온도가 높을수록 자기방전량이 커진다.

46 도로교통법상 서행해야 하는 장소에 해당하지 않는 것은?

① 가파른 비탈길의 내리막

② 도로가 구부러진 부근

③ 비탈길의 고갯마루 부근

④ 경사로의 정상 부근

47 건설기계 관리법상 제작자로부터 건설기계를 구입한 자가 별도의 계약을 하지 않은 경우에 무상으로 사후관리를 받을 수 있는 법정 기간으로 옳은 것은?

① 12개월

② 18개월

③ 24개월

④ 30개월

48 다음 중 출장검사를 받을 수 있는 경우에 해당하지 않는 것은?

① 최고 속도가 시간당 35km 미만인 경우

② 축중이 15톤을 초과하는 경우

③ 너비가 2.5m를 초과하는 경우

④ 도서 지역에 있는 경우

49 다음 중 지게차 운행 시 주의사항으로 옳지 않은 것은?

① 후진 시 경광등, 후진경고음 등을 사용한다.

② 적재한 화물의 무게로 지게차 후면이 들린 상태로 주행하면 안 된다.

③ 내리막길에선 기어의 변속을 저속 상태로 놓고 서행한다.

④ 화물 운반 시 포크의 높이는 지면으로부터 10~20cm를 유지한다.

50 다음 중 엔진을 시동하여 공전 시에 점검해야 할 사항이 아닌 것은?

① 냉각수의 온도

② 배기가스의 색깔

③ 냉각수의 누출 여부

④ 오일의 누출 여부

답안 표기란				
46	①	②	③	④
47	①	②	③	④
48	①	②	③	④
49	①	②	③	④
50	①	②	③	④

제**3**장

실전모의고사

51 라디에이터 캡에서 물의 비등점을 올려 물이 과열되는 것을 방지하는 것은?

① 진공 밸브

② 무부하 밸브

③ 압력 밸브

④ 리듀싱 밸브

52 다음 중 축전지의 급속 충전 시 유의사항으로 옳지 않은 것은?

① 통풍이 잘 되는 곳에서 한다.

② 충전 전류는 축전지 용량의 1/3 정도가 좋다.

③ 충전 중인 축전지에 충격을 가해서는 안 된다.

④ 충전 중에 전해액의 온도가 45℃ 이상 되지 않도록 한다.

53 다음 중 유압식 브레이크의 조작 기구에 해당하지 않는 것은?

① 휠 실린더

② 마스터 실린더

③ 브레이크 챔버

④ 브레이크 페달

54 다음 중 나사 펌프(Screw Pump)의 특징으로 옳지 않은 것은?

① 토출량이 고르다.

② 폐입 현상이 없다.

③ 고속회전이 가능하다.

④ 소음이 크다.

55 유압 모터의 회전 속도가 규정보다 느릴 경우의 원인이 아닌 것은?

① 오일의 내부 누설

② 각 작동부의 마모 혹은 손상

③ 유압유의 유입량 부족

④ 유압 펌프의 토출량 과다

답안 표기란				
51	①	②	③	④
52	①	②	③	④
53	①	②	③	④
54	①	②	③	④
55	①	②	③	④

56 다음 중 종감속 기어의 종류에 해당하지 않는 것은?

① 스파이럴 베벨 기어

② 피니언 기어

③ 스퍼 베벨 기어

④ 하이포이드 기어

57 다음 중 정상 사용한 윤활장치의 오일 교환 시기로 가장 적절한 것은?

① 200~250시간

② 150~200시간

③ 100~150시간

④ 50~100시간

58 다음 중 오버플로 밸브(Overflow Valve)의 기능으로 옳지 않은 것은?

① 연료 필터의 엘리먼트를 보호한다.

② 연료 공급 펌프의 소음 발생을 방지한다.

③ 연료 계통의 공기를 배출한다.

④ 연료의 후적을 방지한다.

59 도로교통법상 운전이 금지되는 술에 취한 상태의 기준은?

① 혈중 알코올 농도 0.01% 이상

② 혈중 알코올 농도 0.03% 이상

③ 혈중 알코올 농도 0.05% 이상

④ 혈중 알코올 농도 0.08% 이상

60 브레이크 라이닝과 드럼 사이의 간극이 클 때 나타나는 현상이 아닌 것은?

① 라이닝과 드럼의 마모 촉진

② 브레이크 페달의 행정이 길어짐

③ 브레이크의 작동이 늦어짐

④ 제동 작용의 불량

답안 표기란				
56	①	②	③	④
57	①	②	③	④
58	①	②	③	④
59	①	②	③	④
60	①	②	③	④

제**3**장

실전모의고사

실전모의고사 제8회

⏱ 제한 시간 : 60분　　전체 문제 수 : 60　　맞춘 문제 수 :

01 겨울에 사용할 윤활제의 SAE 번호로 옳은 것은?

① 5~10
② 10~20
③ 20~30
④ 30~40

02 다음 중 직접 분사식 연소실의 장점에 해당하지 않는 것은?

① 연료 소비율이 낮다.
② 노크가 잘 일어나지 않는다.
③ 냉각에 의한 열손실이 적다.
④ 구조가 간단하다.

03 축전지가 완전 충전 상태일 때의 전해액의 비중으로 옳은 것은?

① 20℃에서 전해액의 비중이 1.280
② 20℃에서 전해액의 비중이 1.240
③ 20℃에서 전해액의 비중이 1.216
④ 20℃에서 전해액의 비중이 1.186

04 클러치 커버와 압력판 사이에 설치되어 압력판에 압력을 가하는 것은?

① 쿠션 스프링
② 클러치판
③ 릴리스 베어링
④ 클러치 스프링

05 지게차 작업장치 중 포크 사이의 간격을 조정하는 것은?

① 사이드 클램프
② 힌지드 포크
③ 포크 포지셔너
④ 로테이팅 포크

답안 표기란				
01	①	②	③	④
02	①	②	③	④
03	①	②	③	④
04	①	②	③	④
05	①	②	③	④

답안 표기란
06 ① ② ③ ④
07 ① ② ③ ④
08 ① ② ③ ④
09 ① ② ③ ④
10 ① ② ③ ④

06 다음 안전보건표지가 나타내고 있는 것은?

① 낙하물 경고
② 방사성 물질 경고
③ 폭발성 물질 경고
④ 급성 독성 물질 경고

07 자가용 건설기계의 등록번호표 색상으로 옳은 것은?

① 녹색 판에 흰색 문자
② 흰색 판에 검은색 문자
③ 주황색 판에 흰색 문자
④ 주황색 판에 검은색 문자

08 편도 4차로 도로에서 건설기계의 주행차로로 옳은 것은?

① 3, 4차로
② 2, 3차로
③ 1, 2차로
④ 모든 차로

09 다음 중 엔진 오일 압력 경고등이 켜지는 경우가 아닌 것은?

① 윤활 계통이 막힌 경우
② 오일 필터가 막힌 경우
③ 오일이 부족한 경우
④ 오일 드레인 플러그가 닫힌 경우

10 연료의 성질 중 세탄가와 가장 밀접한 연관이 있는 것은?

① 비중   ② 인화성
③ 폭발성   ④ 착화성

제**3**장

실전모의고사

11 직접 분사식 디젤 엔진의 흡기 다기관에 설치되는 것으로 예연소실식의 예열 플러그 역할을 하는 것은?

① 디퓨저   ② 히트 레인지

③ 블로어   ④ 머플러

12 다음 공유압 기호가 나타내고 있는 것은?

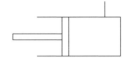

① 단동 솔레노이드

② 단동 실린더

③ 정용량형 유압 펌프

④ 단동식 편로드형 실린더

13 두 개 이상의 입구와 한 개의 출구가 설치되어 있는 밸브는?

① 감속 밸브   ② 스풀 밸브

③ 셔틀 밸브   ④ 체크 밸브

14 다음 중 안전대용 로프의 구비 조건에 해당하지 않는 것은?

① 유연성이 좋아야 한다.

② 완충성이 높고 미끄럽지 않아야 한다.

③ 충격 및 인장 강도에 강해야 한다.

④ 내열성, 내마모성이 높아야 한다.

15 다음 중 가스 용접 작업 시 유의사항으로 옳지 않은 것은?

① 산소 및 아세틸렌 가스 누설 시험에는 묽은 황산을 사용한다.

② 반드시 소화기를 구비하고 작업한다.

③ 토치에 점화할 때에는 전용 점화기로 한다.

④ 산소 봄베와 아세틸렌 봄베 가까이에서 불꽃 조정을 하지 않는다.

답안 표기란				
11	①	②	③	④
12	①	②	③	④
13	①	②	③	④
14	①	②	③	④
15	①	②	③	④

16 볼트 등을 조일 때 조이는 힘을 측정하기 위하여 사용하는 렌치는?

① 바이스 플라이어
② 옵셋 렌치
③ 토크 렌치
④ 파이프 렌치

17 다음 중 육안으로 점검할 수 있는 경우가 아닌 것은?

① 유압 오일의 누유
② 냉각수의 누수
③ 엔진 오일의 누유
④ 제동장치의 누유

18 라디에이터 캡의 구성 요소 중 과랭 시 라디에이터 내부의 진공으로 인한 코어의 손상을 방지해주는 것은?

① 압력 밸브
② 진공 밸브
③ 시퀀스 밸브
④ 스로틀 밸브

19 다음 중 개방형 분사 노즐에 대한 설명으로 옳은 것은?

① 연료의 무화가 좋다.
② 구조가 간단하다.
③ 후적이 없다.
④ 핀틀(Pintle)형, 스로틀(Throttle)형, 홀(Hole)형이 있다.

20 다음 중 축전지의 전해액이 빨리 줄어드는 원인이 아닌 것은?

① 전압 조정기의 불량
② 과충전
③ 축전지 케이스의 파손
④ 축전지의 거듭된 방전

답안 표기란				
16	①	②	③	④
17	①	②	③	④
18	①	②	③	④
19	①	②	③	④
20	①	②	③	④

제**3**장

실전모의고사

21 동력 전달장치에서 클러치의 고장 원인이 아닌 것은?

① 릴리스 레버의 조정 불량

② 클러치 면의 마멸

③ 릴리스 베어링의 마모

④ 클러치 압력판 스프링의 손상

22 타이어에서 림과 접촉하는 부분은?

① 비드 ② 브레이커

③ 카커스 ④ 트레드

23 지게차의 기본 제원 중, 마주 보는 바퀴 폭의 중심에서 다른 바퀴의 중심까지의 최단거리를 뜻하는 것은?

① 축간거리 ② 전폭

③ 전장 ④ 윤거

24 외접식 기어 펌프에서 토출된 유량 일부가 입구 쪽으로 되돌아오는 현상은?

① 캐비테이션 현상

② 베이퍼 록

③ 폐입 현상

④ 페이드

25 회로 내의 압력이 설정값에 도달하면 펌프의 전 유량을 탱크로 방출하는 밸브는?

① 무부하 밸브

② 리듀싱 밸브

③ 시퀀스 밸브

④ 카운터 밸런스 밸브

답안 표기란				
21	①	②	③	④
22	①	②	③	④
23	①	②	③	④
24	①	②	③	④
25	①	②	③	④

26 유압 모터에서 소음 및 진동 발생 시 원인이 아닌 것은?

① 체결 볼트의 이완
② 펌프의 회전 속도 저하
③ 작동유 내부에 공기 혼입
④ 내부 부품의 손상

27 다음 중 유압 회로에서 속도 제어 회로에 해당하지 않는 것은?

① 언로드 회로
② 탠덤 회로
③ 블리드 오프 회로
④ 미터 아웃 회로

28 지게차 동력 조형장치에 사용하는 유압 실린더의 형태는?

① 단동식 피스톤형
② 단동식 램형
③ 복동식 편로드형
④ 복동식 양로드형

29 유량 제어 밸브 중 오일이 통과하는 관로를 줄여 오일양을 조절하는 밸브는?

① 분류 밸브
② 니들 밸브
③ 스로틀 밸브
④ 압력 보상 유량 제어 밸브

30 교류 발전기가 고장 났을 때 나타나는 현상이 아닌 것은?

① 축전기의 방전이 일어난다.
② 전류계 지침이 (−)방향을 가리킨다.
③ 헤드램프를 켜면 불빛이 어두워진다.
④ 충전 경고등이 점등된다.

답안 표기란				
26	①	②	③	④
27	①	②	③	④
28	①	②	③	④
29	①	②	③	④
30	①	②	③	④

제**3**장

실전모의고사

31 엔진 오일에 색깔을 통해 오염 상태를 확인하는 것으로 옳지 않은 것은?

① 우유색을 띠면 냉각수가 섞여있는 것이다.

② 붉은색을 띠고 있으면 가솔린이 유입된 것이다.

③ 진회색을 띠고 있으면 공기가 혼입된 것이다.

④ 검정색에 가까우면 불순물 오염이 심각한 것이다.

32 도로교통법상 최고 속도의 100분의 50을 감속하여 운행해야 하는 경우가 아닌 것은?

① 눈이 20mm 이상 쌓인 경우

② 비가 내려 노면이 젖어 있는 경우

③ 폭우 · 폭설 · 안개 등으로 가시거리가 100m 이내인 경우

④ 노면이 얼어붙은 경우

33 유압 모터 선택 시 고려해야 할 사항이 아닌 것은?

① 동력

② 부하에 대한 내구성

③ 체적

④ 무게

34 건설기계 등록을 하지 않고 건설기계 사업을 하거나 거짓으로 등록한 자에 대한 처분으로 옳은 것은?

① 2년 이하의 징역 또는 2천만 원 이하의 벌금

② 1년 이하의 징역 또는 1천만 원 이하의 벌금

③ 100만 원 이하의 과태료

④ 50만 원 이하의 과태료

35 다음 중 건설기계 정비업의 종류에 해당하지 않는 것은?

① 전문 건설기계 정비업

② 종합 건설기계 정비업

③ 특수 건설기계 정비업

④ 부분 건설기계 정비업

답안 표기란				
31	①	②	③	④
32	①	②	③	④
33	①	②	③	④
34	①	②	③	④
35	①	②	③	④

36 건설기계를 미등록한 상태에서 임시운행 시 신개발 건설기계의 시험 연구 목적이 아닌 경우의 운행 기간으로 옳은 것은?

① 30일 이내　　　　　② 20일 이내

③ 15일 이내　　　　　④ 10일 이내

37 매 10 사용 시간 혹은 일간 정비 시 점검 사항으로 옳지 않은 것은?

① 엔진 오일 및 오일 필터 교체

② 에어클리너 지시기 점검

③ 냉각수 레벨 점검

④ 엔진 오일 및 냉각수 등의 누설 점검

38 브레이크 라이닝과 드럼 사이의 간극이 적을 때 나타나는 현상으로 옳은 것은?

① 브레이크 페달의 행정이 길어진다.

② 베이퍼 록 현상이 발생할 수 있다.

③ 제동 작용의 불량이 나타난다.

④ 브레이크 작동이 늦어진다.

39 다음 중 건설기계의 검사에 해당하지 않는 것은?

① 수시검사

② 소유 증명 검사

③ 구조 변경 검사

④ 정기검사

40 다음 중 냉각 방식에 의한 엔진 분류로 옳지 않은 것은?

① 증발 냉각식 엔진

② 공랭식 엔진

③ 수랭식 엔진

④ 압축 냉각식 엔진

답안 표기란				
36	①	②	③	④
37	①	②	③	④
38	①	②	③	④
39	①	②	③	④
40	①	②	③	④

제**3**장

실전모의고사

41 엔진에서 캠축을 구동시키는 체인의 헐거움을 자동 조정하는 장치는?

① 크랭크축
② 캠샤프트
③ 태핏
④ 텐셔너

42 노킹 현상이 디젤 엔진에 미치는 영향으로 옳지 않은 것은?

① 엔진의 출력과 흡기 효율이 저하된다.
② 엔진에 손상이 발생할 수 있다.
③ 엔진 회전수가 증가한다.
④ 연소실 온도가 상승하여 엔진이 과열된다.

43 분사 펌프에서 분사 시기를 조정하는 기능을 하는 장치는?

① 타이머
② 딜리버리 밸브
③ 거버너
④ 커먼레일

44 납산 축전지를 충전할 때 양극에서 발생하는 가스로 옳은 것은?

① (+)극 : 수소, (−)극 : 산소
② (+)극 : 산소, (−)극 : 수소
③ (+)극 : 산소, (−)극 : 산소
④ (+)극 : 수소, (−)극 : 수소

45 튜브리스(Tubeless) 타이어에 대한 특징으로 옳지 않은 것은?

① 고속 주행하여도 발열이 적다.
② 방열이 좋다.
③ 펑크 발생 시 급격한 공기 누설이 생긴다.
④ 수리가 간편하다.

답안 표기란				
41	①	②	③	④
42	①	②	③	④
43	①	②	③	④
44	①	②	③	④
45	①	②	③	④

46 다음 중 조향 기어의 구성품에 해당하지 않는 것은?

① 조정 스크루

② 피니언 기어

③ 섹터 기어

④ 웜 기어

47 다음 중 플런저 펌프의 단점으로 옳지 않은 것은?

① 베어링에 부하가 크다.

② 구조가 복잡하고 가격이 비싸다.

③ 흡입 능력이 낮다.

④ 가변용량이 불가능하다.

48 다음 중 유압 모터의 종류에 해당하지 않는 것은?

① 피스톤형 모터

② 베인형 모터

③ 기어형 모터

④ 스크루형 모터

49 탱크용 여과기에서 유압유의 불순물을 제거하기 위해 유압 펌프 흡입관에 설치되는 것은?

① 흡입 스트레이너

② 흡입 필터

③ 압력 필터

④ 라인 필터

50 유압 실린더의 숨 돌리기 현상으로 인해 나타나는 현상이 아닌 것은?

① 피스톤 작동의 불안정화

② 작동 지연 현상 발생

③ 연료 소비율 증가

④ 서지(Surge) 압력 발생

답안 표기란				
46	①	②	③	④
47	①	②	③	④
48	①	②	③	④
49	①	②	③	④
50	①	②	③	④

제 **3** 장

실전모의고사

51 건설기계 운행 시 유압이 발생되지 않을 때 점검해야 할 사항으로 가장 거리가 먼 것은?

① 유압 작동유의 점도 변화를 점검한다.

② 릴리프 밸브의 고장을 점검한다.

③ 오일양 및 유압계를 점검한다.

④ 파이프나 호스의 손상 및 오일펌프의 작동 불량을 점검한다.

52 교류 발전기의 출력이나 축전지 전압이 낮을 때의 원인으로 옳지 않은 것은?

① 축전지 케이블의 접속 불량

② 로터의 회전 속도 증대

③ 다이오드의 단락

④ 조정 전압이 낮음

53 엔진에서 오일의 온도가 상승하는 원인으로 가장 거리가 먼 것은?

① 오일의 부족

② 오일의 너무 높은 점도

③ 부하가 적은 상태에서의 연속작업

④ 오일 냉각기의 불량

54 열에너지를 기계적 에너지로 변환시키는 장치는?

① 전동기   ② 엔진

③ 파이프   ④ 펌프

55 교통사고 처리 특례법상 12대 중과실사고에 해당하지 않는 것은?

① 중앙선 침범

② 앞지르기 방법 위반

③ 신호 및 안전표지의 지시 위반

④ 제한 속도보다 10km 이상 과속

답안 표기란				
51	①	②	③	④
52	①	②	③	④
53	①	②	③	④
54	①	②	③	④
55	①	②	③	④

56 블래더형 어큐뮬레이터의 블래더 내부에 충전된 물질은?

① 산소　　　　　　　② 메탄올

③ 에틸렌글리콜　　　④ 질소

57 유압 실린더 내부에 다른 실린더를 내장하거나 하나의 실린더에 여러 개의 피스톤을 삽입하는 방식으로 실린더 길이에 비해 긴 행정이 필요할 때 사용하는 유압 실린더는?

① 다단식 실린더

② 복동식 편로드형 실린더

③ 복동식 양로드형 실린더

④ 단동식 램형 실린더

58 유압 펌프가 오일을 토출하지 않을 때의 원인으로 가장 거리가 먼 것은?

① 오일의 부족

② 흡입관으로의 공기 유입

③ 펌프의 너무 빠른 회전 속도

④ 오일 탱크의 낮은 유면

59 지게차의 유압식 조향장치에서 조향 실린더의 직선 운동을 축의 중심으로 한 회전 운동으로 바꾸며 타이로드에 직선 운동을 시키는 것은?

① 드래그링크

② 타이로드

③ 벨 크랭크

④ 피트먼 암

60 건설기계에 주로 사용하는 기동 전동기로 옳은 것은?

① 교류 전동기

② 직류 직권식 전동기

③ 직류 복권식 전동기

④ 직류 분권식 전동기

답안 표기란				
56	①	②	③	④
57	①	②	③	④
58	①	②	③	④
59	①	②	③	④
60	①	②	③	④

제 **3** 장

실전모의고사

지게차 운전기능사 필기

Craftsman Fork Lift Truck Operator

실전모의고사

정답 및 해설

실전모의고사 제1회

01 ③	02 ④	03 ③	04 ①	05 ①
06 ②	07 ②	08 ①	09 ④	10 ④
11 ③	12 ①	13 ③	14 ③	15 ②
16 ④	17 ①	18 ②	19 ④	20 ②
21 ③	22 ④	23 ①	24 ④	25 ②
26 ③	27 ②	28 ②	29 ④	30 ④
31 ①	32 ④	33 ③	34 ③	35 ②
36 ①	37 ①	38 ③	39 ②	40 ③
41 ③	42 ④	43 ①	44 ③	45 ③
46 ②	47 ②	48 ③	49 ①	50 ④
51 ④	52 ②	53 ④	54 ③	55 ①
56 ②	57 ③	58 ④	59 ③	60 ②

01
정답 ③

산업안전의 3요소에는 기술적 요소, 교육적 요소, 관리적 요소가 있다.

핵심 포크

산업안전의 3요소
- 기술적 요소 : 설계 변경 및 반영, 주기적 장비 점검, 안전시설 설치 및 점검
- 교육적 요소 : 안전교육 강사 양성, 작업 태도 개선, 작업 방법 표준
- 관리적 요소 : 안전관리 조직 편성, 적절한 작업 배치, 작업 환경 개선

02
정답 ④

보안경을 끼고 작업을 해야 하는 상황으로는 그라인더 작업을 할 때, 건설기계장치 하부에서 점검 및 정비 작업을 할 때, 철분이나 모래 같은 작업에 장애를 유발하는 가루가 날리는 작업을 할 때, 각종 용접 작업을 할 때이다.

03
정답 ③

중량물 운반 작업 시에는 규정 용량을 초과해서 운반해서는 안 된다. 중량물 운반 작업에 대한 이외의 유의사항에는, 중량물 운반 작업 시에 주변 작업자들에게 작업 상황을 알리는 것, 체인블록 사용 시 체인이 느슨한 상태에서 갑자기 잡아당기지 않는 것 등이 있다.

04
정답 ①

제시된 그림은 매달린 물체 경고를 표시하는 안전보건표지이다. 이외에 안전보건표지의 경고표지 중 노란색과 검정색의 배색으로 표시된 표지에는 고압 전기 경고, 고온 경고, 저온 경고, 몸 균형 상실 경고, 레이저 광선 경고가 있다.

05
정답 ①

디젤 기관은 압축 착화를 통해 점화하므로 가솔린 기관에서 쓰는 점화장치가 존재하지 않는다. 또한, 압축비가 가솔린 기관보다 높은 점, 경유를 연료로 사용한다는 점이 디젤 기관의 특징이다.

핵심 포크

디젤 엔진과 가솔린 엔진

구분	가솔린 엔진	디젤 엔진
연소 방법	전기 점화	압축 착화
속도 조절	혼합 가스의 양	분사 연료의 양

06
정답 ②

스패너와 렌치로 작업할 시에는 자루에 파이프를 이어서 사용해서는 안 된다. 이외에 지켜야 할 사용법으로는, 해머 대신에 사용하거나 해머로 두드리지 말 것 등이 있다.

07
정답 ②

용접 작업 시 사용하는 가스의 용기 색깔은 산소 – 녹색, 아세틸렌 – 황색, 수소 – 적색, 이산화탄소 – 청색이다.

핵심 포크

구분	산소	아세틸렌
용기	녹색	황색
호스	녹색	적색

08 정답 ①

3.2mm가 마모 한계인 것은 중형차가 아니라 대형차이다. 타이어의 마모 한계는 소형차가 1.6mm, 중형차가 2.4mm, 대형차가 3.2mm이다.

09 정답 ④

지게차를 주차할 때에는 보행자의 안전을 위해 포크를 지면에 밀착시키도록 최대한 내려야 한다.

10 정답 ④

B급 화재는 휘발유로 인해 발생한 화재를 말하며, 가연성 액체나 유류 등의 연소 후 재가 거의 없다는 특징이 있다. 또한, B급 화재의 진압 시 소화기 이외에 모래나 흙을 뿌리는 것도 좋은 방법이 된다.

11 정답 ③

예열 플러그가 단선되는 원인으로는, 엔진이 과열되었을 경우, 엔진이 가동 중일 때 예열시킬 경우, 예열 플러그에 과도한 전류가 흐를 경우, 예열 시간이 너무 긴 경우, 예열 플러그의 조임 상태가 불량일 경우가 있다.

12 정답 ①

포크로 화물을 적재할 시 포크의 간격은 컨테이너나 팔레트 폭의 1/2 이상 3/4 이하 정도로 유지해야 한다. 따라서 1/3 이상이라는 설명은 틀린 것이다.

13 정답 ③

지게차를 실내(옥내)에서 주행할 경우 주간에 작업을 한다고 하더라도 전조등을 켜고 작업해야 한다.

14 정답 ③

건설기계관리법에서 규정하는 건설기계 등록번호표는 용도에 따라 색상 기준이 구분되는데, 명시된 기준으로는 자가용, 영업용, 관용이 있다. 그러므로 수출용은 맞지 않다.

15 정답 ②

건설기계 조종사 면허의 결격 사유로는 18세 미만인 사람, 정신질환자 또는 뇌전증 환자로서 국토교통부령으로 정하는 사람, 앞을 보지 못하거나 듣지 못하는 사람, 마약·대마·향정신성의약품 또는 알코올 중독자로서 국토교통부령으로 정하는 사람, 건설기계 조종사 면허가 취소된 날부터 1년이 지나지 않았거나 건설기계 조종사 면허의 효력 정지 처분 기간 중에 있는 사람이 있다.

핵심 포크

건설기계 조종사의 적성검사 기준

- 두 눈을 동시에 뜨고 잰 시력이 0.7 이상이고 두 눈의 시력이 각각 0.3 이상일 것
- 시각은 150° 이상일 것
- 정신질환자, 뇌전증 환자 및 마약 등의 향정신성의약품, 알코올 중독자에 해당하지 않을 것
- 55dB의 소리를 들을 수 있고 언어분별력이 80% 이상일 것

16 정답 ④

장갑을 착용하지 않고 작업을 해야 하는 상황에는 정밀 기계 작업을 할 때, 드릴 작업을 할 때, 해머 작업을 할 때, 연삭 작업을 할 때이다.

17 정답 ①

정상 온도에서 밸브가 완전히 개방되지 않는 현상은 밸브의 간극이 작을 때 발생하는 현상이 아니라, 밸브의 간극이 클 때 발생하는 현상이다.

18 정답 ②

가압식 라디에이터의 장점으로는, 방열기를 작게 할 수 있다는 점, 냉각수의 손실이 적다는 점, 냉각수의 끓는점(비등점)을 높일 수 있다는 점이 있다. 가압식 라디에이터는 냉각팬의 흡기 속도와는 연관이 없다.

19 정답 ④

오일 여과기는 일체식과 엘리먼트 교환식으로 구분되는데, 엘리먼트 교환식은 엘리먼트 청소 시 세척하여 사용한다. 또한, 오일 여과기가 막히면 유압이 높아지며, 여과 능력이 불량하면 부품의 마모가 빠르다는 특징이 있다. 그리고 작업 조건이 나쁘면 교환 시기를 단축해야 한다.

20 정답 ②

연료 분사의 3대 요소에는 무화(액체의 미립자화), 관통력(연료 입자가 공기층을 통과하는 힘), 분포(연소실에서 연료 입자의 균일한 분포)가 있다. 회전율은 연료 분사와는 연관이 없다.

21 정답 ③

엔진의 에어클리너가 막혔을 경우, 엔진 내부의 공기가 부족하게 되어 불완전연소가 일어난다. 그렇기 때문에 배기가스의 색은 검게 되고 출력이 감소하게 된다.

> ⊕ **핵심 포크** ⊕
>
> **에어클리너(공기청정기)**
> 연소에 필요한 공기를 실린더로 흡입할 때, 먼지 등을 여과하여 피스톤 등의 마모를 방지하는 장치이다.

22 정답 ③

4행정 사이클 디젤 엔진에서는 기계식 과급기가 아니라, 배기가스에 의해 회전하는 원리로 작동하는 원심식 과급기가 주로 사용된다. 이외의 과급기의 특징으로는, 배기가스의 압력에 의해 작동된다는 것과 흡기관과 배기관 사이에 설치된다는 것 등이 있다.

23 정답 ①

축전지 충전 시에는 전해액의 온도를 45℃ 이하로 유지해야 한다. 이외에 유의사항으로는, 통풍이 잘 되는 곳에서 충전할 것, 화기에 주의할 것, 축전지를 지게차에서 떼어내지 않고 충전 시 엔진과의 연결 배선을 분리할 것 등이 있다.

24 정답 ④

코일과 철심에 대한 설명이 서로 반대되었다. 즉, 계자 코일에 전류가 흐르면 철심이 전자석이 되어 자속을 발생한다는 것이 옳은 설명이다.

25 정답 ③

클러치의 구비 조건에는 회전 관성이 커야 하는 것이 아니라, 회전 관성이 적고 회전 부분의 평형이 좋아야 한다는 것이 있다. 이외의 구비 조건으로는, 동력 전달 및 절단이 원활하고 신속해야 한다는 것, 구조가 간단하고 정비가 용이할 것 등이 있다.

26 정답 ③

토크 컨버터의 구성 요소로는 대표적으로 펌프, 터빈, 스테이터가 있으며 이에 부수적으로 가이드링을 포함시킬 수 있다. 레귤레이터는 조정 기기에 대한 총칭에 해당하는 개념이다.

27 정답 ②

수동 변속기가 탑재된 건설기계에서 기어가 중립 또는 물림 위치에서 쉽게 빠지지 않도록 하는 장치는 록킹 볼이다. 인터록은 수동 변속기에서 기어가 이중으로 물리는 것을 방지하기 위한 장치를 말한다.

28 　　　　　　　　정답 ②

동력 조향장치의 장점으로는, 작은 조작으로 조향 조작이 가능하다는 점, 조향 기어비를 조작력에 관계없이 선정할 수 있다는 점, 조향 핸들에 전달되는 충격을 흡수할 수 있다는 점, 조향 핸들의 시미 현상을 줄일 수 있다는 점이 있다. 앞차축의 휨을 적게 하는 것은 앞바퀴 정렬에 쓰이는 캠버의 특징에 해당한다.

29 　　　　　　　　정답 ④

베이퍼 록 현상은 브레이크의 지나친 사용으로 인한 브레이크 오일의 비등으로 브레이크 회로 내에 기포가 발생하여 브레이크 작용이 제대로 이루어지지 않는 것을 말한다.

> ⊕ **핵심 포크** ⊕
> **베이퍼 록 현상의 발생 원인**
> • 라이닝과 드럼의 간극이 좁아 끌림에 의한 가열
> • 마스터 실린더, 브레이크 슈 리턴 스프링의 손상에 의한 잔압 저하
> • 긴 내리막길에서 과도한 브레이크 사용
> • 비등점이 낮은 브레이크 오일 사용
> • 오일에 수분 함유 과다

30 　　　　　　　　정답 ④

리프트 실린더는 단동식 실린더이다. 그러므로 복동식 유압 실린더라는 설명은 옳지 않은 설명이다. 복동식 유압 실린더로 되어 있는 것은 틸트 실린더이다.

31 　　　　　　　　정답 ①

유압장치의 구성 요소로는 유압 발생 장치, 유압 구동 장치, 유압 제어 장치, 부속 기구가 있다. 마스터 실린더는 제동장치의 구성 요소에 속한다.

32 　　　　　　　　정답 ④

실린더의 자연 하강 현상이 발생하는 원인에는, 컨트롤 밸브의 스풀 마모, 릴리프 밸브의 불량, 실린더 내부의 피스톤 실(Seal)의 마모, 실린더 내부의 마모가 있다. 유압 실린더가 자연 하강 현상하는 원인은 유압의 저하이기 때문에 유압의 상승과는 관련이 없다.

33 　　　　　　　　정답 ③

4행정 사이클 엔진의 운동 순서는 흡입 → 압축 → 동력 → 배기의 순서로 이루어져 있다.

34 　　　　　　　　정답 ③

유압유 과열 현상의 원인으로는, 고속 및 과부하로 연속된 작업, 오일 냉각기의 고장이나 불량, 유압유의 부족, 오일의 점도가 적당하지 않은 경우, 유압유의 노화, 펌프 효율의 불량, 릴리프 밸브가 닫힌 상태로 고장인 경우가 있다.

35 　　　　　　　　정답 ②

어큐뮬레이터의 역할에는 유압유 압력 에너지의 저장, 비상용 및 보조 유압원, 일정한 압력 유지과 점진적 압력의 증대, 충격 압력 및 펌프 맥동의 흡수가 있다. 따라서 유압유의 압력 에너지를 배출한다는 설명은 옳지 않다.

> ⊕ **핵심 포크** ⊕
> **축압기**
> 축압기는 유압유의 압력 에너지를 저장하는 용기로서, 비상용 유압원 및 보조 유압원으로 사용된다. 또한, 일정한 압력의 유지와 점진적 압력의 증대를 일으키는 역할을 하며, 서지 압력의 흡수, 펌프 맥동의 흡수 작용까지 한다.

36 　　　　　　　　정답 ①

유압 탱크는 오일에 이물질이 혼합되지 않도록 해야 하므로 밀폐되어야 한다. 따라서 개방적인 구조를 갖추어야 한다는 설명은 옳지 않다. 이외의 유압 탱크의 구비 조건으로는 배출 밸브와 유면계 설치, 흡입관과 복귀관 사이에 격판 설치 등이 있다.

37 　　　　　　　　　정답 ①

압력 제어 밸브는 토크 변환기와 펌프 사이에 설치되는 것이 아니라, 펌프와 방향 전환 밸브 사이에 설치되는 장치이다.

38 　　　　　　　　　정답 ④

인칭 조절 장치는 지게차를 전진이나 후진 방향으로 화물에 빠르게 접근시킬 때가 아니라, 서서히 접근시킬 때 사용하는 장치이다.

39 　　　　　　　　　정답 ②

하이드로 백은 대기압과 배기 다기관 부압과의 차를 이용하는 것이 아니라, 대기압과 흡기 다기관 부압과의 차를 이용하는 것이다.

40 　　　　　　　　　정답 ③

타이어식 건설기계에서 바퀴의 토인을 조정하는 부분은 타이로드이다. 너클 암은 너클과 타이로드의 연결대를 말하며, 피트먼 암은 조향 휠의 움직임을 드래그링크나 릴레이 로드에 전달하는 역할을 한다. 드래그링크는 피트먼 암과 너클 암의 연결대이다.

⊕　　핵심 포크　　⊕
타이로드

타이로드는 타이어식 건설기계에서 조향 바퀴의 토인을 조정하는 것으로, 끝부분에 타이로드 엔드가 좌우에 하나씩 설치되어 있고, 토인 교정을 위해 길이를 조절할 수 있게 되어 있다.

41 　　　　　　　　　정답 ③

트레드는 타이어에서 직접 지면과 접촉하는 부분으로, 마모에 견뎌야 하고 적은 슬립으로 견인력을 높이며 미끄럼 방지 및 열 발산의 효과가 있다. 그러므로 열 흡수의 효과가 있다는 설명은 틀린 것이다.

42 　　　　　　　　　정답 ④

변속기의 구비 조건에는 중형 및 대형으로 취급이 용이해야 한다는 것이 아니라, 소형 및 경량으로 취급이 용이해야 한다는 것이 있다. 이외의 구비 조건으로는 변속 조작이 용이해야 하고, 고장이 적으며 소음·진동이 없어야 한다는 것 등이 있다.

43 　　　　　　　　　정답 ①

내부가 진공 상태로 된 채로 그 속에 아르곤이나 질소 같은 불활성 가스가 주입되어 있는 것은 세미 실드빔형 전조등이 아니라, 실드빔형 전조등이다.

44 　　　　　　　　　정답 ③

축전지에서 (+), (−) 단자 사이에 부하를 접속시키고 축전지로부터 전류를 흐르게 하는 것을 방전이라고 부르며, 반대로 직류 전원을 접속하여 축전지에 전류가 주입되게 하는 것을 충전이라 한다. 방전 또는 충전 시에는 화학 작용이 일어나며, 발열 작용, 자기 작용을 포함하여 이들 셋을 전류의 3대 작용이라고 한다.

45 　　　　　　　　　정답 ③

엔진의 배기 불량으로 배기가스 배출이 제대로 이루어지지 않으면 엔진의 배압이 상승하여 엔진이 과열된다. 그로 인해 냉각수의 온도가 내려가는 것이 아니라 올라가게 되는 것이다.

46 　　　　　　　　　정답 ②

조속기가 가지고 있는 기능으로는, 엔진 분사량을 조절하여 엔진의 회전 속도를 제어하는 것과 엔진의 회전 속도나 부하의 변화에 따라 제어 슬리브와 피니언의 관계 위치를 조정하는 것이다. 연료 분사 시기를 조정하는 것은 분사 시기 조정기(타이머)의 기능이다.

47 정답 ②

엔진 부조 현상은 분사량과 분사 시기의 조정 불량으로 인해 발생한다. 이외의 발생 원인으로는, 연료의 압송 불량, 연료 라인의 공기 혼입, 거버너 작용의 불량이 있다.

48 정답 ②

디젤 엔진의 연소실은 연료를 노즐로 수증기나 안개와 같이 분사한다. 예연소실식은 연소실 표면이 크며 냉각 손실이 많다는 단점이 있다는 게 옳은 설명이며, 디젤 노킹 현상의 원인은 엔진의 과열이 아니라 과랭이다. 또한, 직접 분사식은 간단한 구조로 이루어져 있다.

49 정답 ①

엔진 오일 과소비의 원인으로는, 피스톤과 피스톤 링의 마모가 심각한 경우, 실린더의 마모가 심각한 경우, 밸브 가이드의 마모가 심각한 경우, 각각의 계통에서 누유가 발생한 경우이다.

50 정답 ④

4행정 사이클 엔진의 윤활 방식에는 비산식, 압송식, 비산압송식이 있다. 와류실식은 연소실의 종류에 해당하는 개념이다.

51 정답 ④

냉각장치로 인해 디젤 엔진이 과열되는 원인으로는 냉각수의 양이 많은 경우가 아니라, 냉각수의 양이 적은 경우가 있다. 이외의 원인으로는, 물 재킷 내의 물때가 많은 경우, 지나친 부하의 운전을 할 경우, 냉각장치가 고장 난 경우가 있다.

52 정답 ②

엔진 방열기에 연결된 보조 탱크의 역할에는, 냉각수의 부피 팽창 흡수, 냉각수 보충이 장기간 동안 필요 없게 함, 오버플로(Overflow) 현상이 일어나도 증기만 방출이 있다.

53 정답 ④

디젤 엔진이 시동되지 않는 원인으로는, 연료 부족, 연료 공급 펌프의 불량, 연료 계통에 공기 혼입, 크랭크축의 회전 속도가 너무 느림이 있다.

54 정답 ③

피스톤 링에서는 절개구 부분에서 압축가스의 누출을 방지하기 위하여 피스톤 링의 절개부를 서로 120° 방향으로 끼워야 한다.

55 정답 ①

커넥팅 로드는 크랭크축에 피스톤의 압력을 전달하는 장치이다. 커넥팅 로드가 갖추어야 할 조건은 충분한 강도를 가지고 있을 것, 내마멸성이 좋을 것, 무게가 가벼울 것이 있다.

⊕ **핵심 포크** ⊕

크랭크축

- 크랭크축은 피스톤과 커넥팅 로드의 왕복 운동을 회전 운동으로 바꾸어 클러치와 플라이휠에 전달하는 역할을 하며, 엔진 작동 중 폭발 압력에 의해 휨, 비틀림, 전단력을 받으며 회전한다.
- 크랭크축의 진동은 엔진 진동 중에서 비중이 크며, 회전 부분의 질량이 클수록, 각 실린더의 회전력 변동이 클수록, 크랭크축이 길수록 커진다.

56 정답 ②

실린더 라이너의 종류 중 하나인 습식 라이너는 점검 및 정비 시에 라이너 교환이 어려운 게 아니라, 라이너 교환이 쉬우며 냉각 효과가 좋다는 장점이 있다.

57 정답 ③

디젤 엔진의 점화 방법은 압축 착화로 압축열을 이용한 자연 착화 방법이다. 전기 점화는 가솔린 엔진의 점화 방법이며, 소구에 의한 표면 점화는 세미 디젤 엔진의 점화 방법이다.

실전 모의고사

정답 및 해설

58 정답 ④

교통안전표지의 종류로는 주의표지, 규제표지, 지시표지, 보조표지, 노면표시가 있다. 경고표지는 안전보건표지의 종류에 해당한다.

59 정답 ③

교통사고 발생 시 인명피해가 발생했을 경우, 가장 먼저 해야할 일은 사상자의 구호이다.

60 정답 ②

제시된 유압 기호는 순서대로, 어큐뮬레이터, 필터, 유압 압력계, 유압 동력원을 나타내는 기호이다.

실전모의고사 제2회

01 ③	02 ③	03 ①	04 ④	05 ②
06 ①	07 ②	08 ①	09 ④	10 ③
11 ①	12 ①	13 ②	14 ④	15 ④
16 ③	17 ②	18 ④	19 ①	20 ④
21 ④	22 ③	23 ①	24 ②	25 ②
26 ④	27 ③	28 ③	29 ①	30 ②
31 ②	32 ③	33 ①	34 ④	35 ④
36 ①	37 ②	38 ③	39 ①	40 ①
41 ③	42 ②	43 ②	44 ④	45 ③
46 ④	47 ①	48 ①	49 ③	50 ①
51 ①	52 ①	53 ②	54 ③	55 ④
56 ④	57 ③	58 ③	59 ②	60 ①

01 정답 ③

산업재해의 직접적인 원인은 불안전한 행동과 불안전한 상태로 구분할 수 있다. 불안전한 행동에는 작업자의 실수, 작업태도 불안전 등이 있고, 불안전한 상태에는 기계의 결함, 안전장치의 결여, 불안전한 조명 등이 있다. 안전교육의 미비는 산업 재해의 간접적인 원인에 해당한다.

⊕ **핵심 포크** ⊕

산업재해의 원인		
직접적 원인	물적 원인	불안전한 상태
	인적 원인	불안전한 행동
	천재지변	불가항력
간접적 원인	교육적 원인	개인적 결함
	기술적 원인	
	관리적 원인	사회적 환경, 유전적 요인

02 정답 ③

안전보호구의 구비 조건에는 외관과 디자인이 양호해야 한다는 것이 포함되어 있다. 이외의 구비 조건으로는 사용 목적에 적합하고 손질이 쉬울 것, 보호구 검정에 합격하고 성능이 보장되어야 할 것 등이 있다.

03 정답 ①

송기 마스크는 산소 결핍의 우려가 있는 작업장에서 사용한다. 철분이나 모래 등이 날리는 작업을 하는 경우는 보안경을 써야 하는 경우에 해당한다.

04 정답 ④

작업복에 모래나 쇳가루 같은 것들이 묻었을 경우에는 에어건이 아니라 솔이나 먼지떨이를 이용하여 털어낸다. 이외의 유의사항으로는 작업복 안에 입은 상의의 옷자락이 바깥으로 나오지 않게 할 것, 작업복을 항상 깨끗한 상태로 유지할 것 등이 있다.

⊕ 핵심 포크 ⊕
작업복의 구비 조건
- 작업자의 신체에 맞고 가벼워야 한다.
- 소매나 바지자락이 말려들어가지 않고 너풀거리지 않아야 한다.
- 고온 작업 등에서도 작업복을 벗지 말아야 한다.
- 기름 묻은 작업복은 세척해야 한다.

05 정답 ②

지게차의 안전장치에는 오버헤드 가드, 백 레스트, 안전벨트, 후방 접근 경보장치, 경광등, 대형 후사경, 룸 미러 등이 있다. 평형추(밸런스 웨이트)는 지게차의 안전장치에 해당하지 않는다.

06 정답 ①

기계 작업 시 이상 소음이 발생하였을 경우에는 기계의 작동을 계속하는 것이 아니라, 즉시 기계의 작동을 멈추고 점검을 실시해야 한다.

07 정답 ②

과급기는 실린더의 부피보다 더 많은 공기를 공급하는 장치로, 엔진의 출력을 늘리기 위하여 사용한다. 과급기의 종류로는 기계식 과급기와 터빈식 과급기가 있다.

08 정답 ③

습식 에어클리너는 공기가 흡입될 때 케이스 밑에 든 오일에 접촉하여 불순물이 여과된다. 그러므로 케이스 밑에 냉각수가 들었다는 설명은 옳지 않다.

09 정답 ④

블로바이 가스란, 피스톤과 실린더 사이의 간극이 클 때 실린더와 피스톤 사이의 틈새를 지나 크랭크 케이스를 통하여 대기로 방출되는 가스이며, 유해물질인 HC의 배출 비율이 크기 때문에 블로바이 가스를 다시 연소시켜 방출하는 장치를 부착해야만 한다.

10 정답 ③

분사 노즐은 고온 고압 등의 열악한 조건에서도 단기간 사용할 수 있는 것이 아니라, 장기간 사용할 수 있는 것이어야 한다.

11 정답 ①

엔진의 연료 분사 펌프에 연료를 송출하거나 연료 계통에 공기를 배출할 때 사용하는 장치는 프라이밍 펌프를 말한다.

12 정답 ①

연료의 성질에는 가열된 공기에 연료를 분사하여 연소된다는 착화성, 다른 발화인자에 의해 연소된다는 인화성, 착화성을 나타내는 척도인 세탄가가 있다. 휘발성은 휘발유 같은 특정 연료에만 해당하는 성질이다.

13 정답 ②

디젤 노킹 현상의 발생 원인에는 엔진의 과열이 아니라, 엔진의 과랭이 있다. 이외의 발생 원인으로는, 연료의 너무 낮은 세탄가, 노즐의 분무 상태 불량이 있다.

14 정답 ④

예연소실식 연소실은 구조가 복잡하고 연료 소비율이 약간 많다는 단점이 있다. 그러므로 경제적인 연료 소비라는 설명은 옳지 않다.

15 정답 ④

오일펌프란, 오일 팬에 있는 오일을 흡입해 엔진의 각 장치에 압송하는 펌프로, 보통 오일 팬 바깥이 아니라 오일 팬 안에 설치되는 장치이다.

16 정답 ③

윤활유의 점도가 높을 때에는 윤활유 흐름의 저항이 크기 때문에 유동성이 저하되고, 엔진 시동 시 불필요한 동력이 소모된다. 또한 엔진 오일의 압력이 높아진다. 그러므로 유동성이 좋아진다는 설명은 옳지 않다.

> **⊕ 핵심 포크 ⊕**
>
> **점도와 점도 지수**
> - 점도 : 오일의 점성 척도를 말하며 점도가 높을수록 유동성이 저하되고, 점도가 낮을수록 유동성이 좋아진다.
> - 점도 지수 : 온도 변화에 따른 점도의 값을 말하며, 점도 지수가 클수록 오일의 점도 변화는 작고, 점도 지수가 작을수록 오일의 점도 변화는 크다.

17 정답 ②

부동액의 주성분으로는 글리세린, 메탄올, 에틸렌글리콜이 있다. 붕소는 부동액과는 연관이 없다.

18 정답 ④

납산 축전지의 용량을 결정하는 요소에는, 극판의 크기, 극판의 수, 전해액의 양이 있다.

19 정답 ①

전기자를 구성하고 있는 것은 전기자 코일, 전기자 철심, 정류자로 3가지가 있다. 브러시는 축전지의 전기를 정류자에 전달하는 전동기의 구성품이다.

20 정답 ④

교류 발전기는 역류가 없어서 컷아웃 릴레이가 필요 없으며 저속 시에도 충전이 가능하다는 특징이 있다. 이외의 특징으로는, 소형, 경량이라는 점, 가동이 안정되어 있다는 점, 불꽃 발생이 없다는 점 등이 있다.

21 정답 ④

운전 시 엔진 오일 경고등이 점등되는 원인에는 드레인 플러그가 열린 경우, 윤활 계통이 막힌 경우, 오일 필터가 막힌 경우가 있다.

22 정답 ③

종감속비는 나누어서 떨어지는 값이어야 하는 게 아니라 나누어서 떨어지지 않는 값으로 한다. 또한, 종감속비가 크면 고속 성능은 저하된다.

23 정답 ①

유압식 조향장치의 핸들 조작이 무거운 원인에는 낮은 유압, 너무 낮은 타이어 공기압, 유압 계통 내부에 공기 유입, 조향 펌프의 오일 부족이 있다.

24 정답 ②

포크를 지지하고 있는 마스트를 전경이나 후경으로 기울이게 하기 위해 조작하는 것은 틸트 레버이다. 리프트 레버는 리프트 실린더의 작동, 주행 레버는 지게차의 전·후진, 부수장치 레버는 리프트 레버와 틸트 레버를 제외한 장치의 조작 레버이다.

25 정답 ②

제시된 경고 표지가 나타내고 있는 것은 몸 균형 상실 경고이다.

26 정답 ③

피스톤이 갖추어야 하는 조건에는 관성력 방지를 위하여 무게가 무거워야 하는 게 아니라, 가벼워야 한다는 것이 있다. 이외의 조건에는 고온·고압에 잘 견뎌야 한다는 것이 있다.

27 정답 ③

제시된 유압 기호가 나타내는 것은 단동 솔레노이드이다.

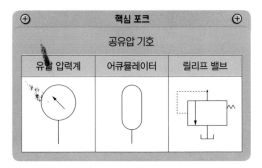

⊕	핵심 포크	⊕
	공유압 기호	
유압 압력계	어큐뮬레이터	릴리프 밸브

28 정답 ④

유압 실린더의 구성 부품에는 피스톤, 피스톤 로드, 실린더, 실(Seal), 쿠션 기구가 있다. 블래더는 블래더형 어큐뮬레이터의 구성 요소이다.

29 정답 ①

유압장치의 일상점검 사항에는 오일양 점검, 변질 상태 점검, 오일의 누유 점검이 있다. 릴리프 밸브의 고장 점검은 유압이 발생하지 않을 때의 점검 사항이다.

30 정답 ②

서지 압력(Surge Pressure)이란, 유압회로 내에서 과도하게 발생하는 이상 압력의 최댓값을 말한다.

- 서지(Surge) : 단계별로 발생하는 이상 압력(서지 압력)의 최댓값이 나타나는 현상
- 채터링(Chattering) : 밸브 사이에 흐르는 유체에 의해 밸브에 진동이 일어나는 현상
- 캐비테이션(Cavitation) : 유압이 진공에 가까워져 기포가 생기며 찌그러져 고음과 소음이 발생하는 현상
- 플러싱(Flushing) : 유압 계통의 오일장치를 세척하는 작업을 말한다.

31 정답 ②

유압유가 갖추어야 하는 조건에는 발화점이 낮아야 한다는 것이 아니라, 높아야 한다는 것이 있다. 이외의 조건으로는 산화 안정성, 윤활성, 방청·방식성이 좋아야 한다는 것, 적당한 유동성과 점도를 가져야 한다는 것, 강인한 유막을 형성해야 한다는 것이 있다.

32 정답 ③

오일의 온도는 50℃ 이상이 아니라 60℃ 이상이면 산화가 촉진되며 70℃가 한계이다.

33 정답 ①

단동식 유압 실린더는 피스톤의 한쪽만 유압이 공급되어 작동하는 것으로, 그 형태로는 피스톤형, 램형, 플런저형이 있다.

⊕ **핵심 포크** ⊕

유압 실린더의 종류

- 단동식
  - 피스톤형
  - 램형
  - 플런저형
- 복동식
  - 편로드형
  - 양로드형
- 다단식

34 정답 ④

베인 모터는 출력 토크가 일정한 역전 및 무단 변속기로서 굉장히 열악한 조건에서도 사용할 수 있는 모터이다. 크기가 크고 구조가 복잡하며 가격이 비싸다는 것은 피스톤형 모터에 대한 설명이다.

35 정답 ④

방향 제어 밸브에는 체크 밸브, 스풀 밸브, 감속 밸브, 셔틀 밸브가 있다. 분류 밸브는 유량 제어 밸브에 속하며 유량을 제어하고 유량을 분배하는 밸브이다.

36 정답 ①

릴리프 밸브의 스프링 장력이 약화되었을 때에는 베이퍼 록 현상이 발생하는 것이 아니라 채터링 현상이 발생한다.

37 정답 ②

유압 펌프의 소음 발생 원인에는 펌프의 느린 회전 속도가 아니라 펌프의 너무 빠른 회전 속도가 있다. 이외의 발생 원인으로는 펌프 흡입관 접합부로부터의 공기 유입, 펌프 축의 너무 심한 편심 오차 등이 있다.

38 정답 ④

유압장치는 속도 제어가 용이하다는 장점이 있다. 유압장치의 이외의 단점으로는, 오일 온도에 따른 점도 변화로 기계 속도가 변한다는 점, 공기 혼입이 쉽다는 점 등이 있다.

39 정답 ③

로드 스태빌라이저는 화물 적재 시 화물을 위에서 눌러주는 압착판을 설치한 것으로, 깨지기 쉽거나 불안전한 화물을 운반할 때 사용한다. 또한, 거친 지면이나 경사진 곳에서 작업할 때 안전성을 확보할 수 있다.

40 정답 ①

유압 브레이크의 동력 전달 순서는 페달 → 마스터 실린더 → 배관 → 휠 실린더 → 브레이크 슈 순서이다.

41 정답 ③

최소 선회 반지름이란 지게차가 무부하 상태에서 최대 조향각으로 주행한 경우 차체의 가장 바깥 부분이 그리는 궤적의 반지름을 말한다.

42 정답 ②

유압식 브레이크는 플레밍의 왼손 법칙을 이용하는 것이 아니라 파스칼의 원리를 이용한다.

⊕ **핵심 포크** ⊕

파스칼의 원리

유체의 압력은 면에 대하여 직각으로 작용하며, 각 점의 압력은 모든 방향으로 같다. 그러므로 밀폐된 용기 내의 액체 일부에 가해진 압력은 유체 각 부분에 동시에 같은 크기로 전달된다는 원리이다.

43 정답 ②

앞바퀴 정렬의 역할은 타이어의 마모를 최소로 하는 것, 방향 안정성을 확보하게 하는 것, 조향 핸들의 조작을 작은 힘으로도 할 수 있게 하는 것, 조향 복원력과 직진성을 향상시키는 것이다.

44 정답 ④

변속기의 기어가 빠지는 원인에는 기어가 충분히 물리지 않음, 기어의 심각한 마모, 변속기 록 장치의 불량, 로크 스프링의 약한 장력이 있다. 변속기의 오일 부족은 변속기 기어의 소음이 발생하는 원인에 속한다.

45 정답 ③

클러치판의 구성 요소로는 토션 스프링, 쿠션 스프링, 페이싱이 있다. 릴리스 베어링은 클러치의 구조에서 회전 중인 릴리스 레버를 눌러 동력을 차단하는 역할을 하는 부품이다.

46 정답 ④

충전 경고등에 빨간불이 점등되었을 때에는 축전지의 충전이 잘되지 않고 있는 경우이다.

47 정답 ①

실드빔형 전조등은 반사경과 필라멘트가 일체형으로 되어 있어서 필라멘트가 끊어지면 필라멘트만 교체할 수 있는 것이 아니라, 전조등 전체를 교체해야 한다.

48 정답 ③

축전지의 자기방전량은 전해액의 온도가 높을수록 커진다. 즉, 전해액의 온도가 낮으면 오히려 축전지의 자기방전을 피할 수 있는 것이다. 축전지 자기방전의 또 다른 원인으로는, 양극판 작용물질의 내부 단락이 있다.

49 정답 ③

다이오드의 특징으로는 예열 시간이 필요하지 않아 바로 작동할 수 있다는 것이 있다. 그 이외에는 고온 · 고전압에 약하다는 것이 있다.

50 정답 ②

예열기구의 예열방식으로는 흡기 가열식, 예열 플러그식, 히트 레인지가 있다. 와류실식은 연료장치에서 연소실의 종류에 해당하는 것이다.

51 정답 ①

질소산화물의 발생 원인은 연소의 높은 온도이다. 그러므로 연소 온도를 낮추기 위해 분사 시기를 늦추고 연소가 완만하게 이루어지도록 해야 한다.

52 정답 ①

엔진 부조 현상이란 엔진 시동 이후 정상적인 진동을 넘어 지나친 진동이 일어나는 현상을 말한다. 엔진 부조가 일어난 뒤에 시동이 꺼지는 원인에는 연료 탱크 내의 물이나 오물 같은 불순물의 과다, 분사 노즐의 막힘, 연료 공급 펌프의 고장, 연료 연결 파이프의 손상으로 인한 누유 등이 있다.

53 정답 ②

플레밍의 왼손 법칙이란, 전동기의 원리와 가장 깊은 관계가 있는 법칙으로서, 도선이 받는 힘의 방향을 결정하는 규칙이다. 즉, 왼손의 검지를 자기장의 방향, 중지를 전류의 방향으로 하였을 때, 엄지가 가리키는 방향이 도선이 받는 힘의 방향이 되는 것이다.

54 정답 ③

알칼리 축전지는 전해액으로 묽은 황산이 아니라 알칼리 용액을 사용하는 축전지로, 충격에 강하며 자기방전이 적고, 열악한 조건에서도 오래 사용할 수 있지만 비용이 비싸다. 묽은 황산을 전해액으로 사용하는 축전지는 납산 축전지이다.

55 정답 ④

토크 컨버터 오일의 구비 조건으로는 착화점이 높아야 함, 비점이 높고 빙점이 낮아야 함, 점도가 적당해야 함, 화학 변화를 잘 일으키지 않아야 함 등이 있다.

> **⊕ 핵심 포크 ⊕**
>
> **토크 컨버터의 구성품**
> - 펌프 : 크랭크샤프트에 연결되어 엔진과 같은 회전수로 회전
> - 스테이터 : 오일의 방향을 변환하여 회전력을 증가시킴
> - 터빈 : 변속기 입력축 스플라인에 결합하여 펌프를 따라 회전

56 정답 ④

지게차 포크 조작 시 포크의 하강 속도는 리프트 레버를 바깥쪽으로 미는 가감 방식으로 조절한다. 이후 조작이 끝나면 레버를 중립으로 놓음으로써 필요 이상의 조작은 하지 않는다.

57 정답 ③

카운터 웨이트는 밸런스 웨이트 혹은 평형추라고 부르며, 지게차 후면에 설치되어 작업 시 안정성과 균형을 잡아주는 역할을 하는 장치이다. 체인블록은 화물 적재 시 화물의 결착에 사용하는 공구이다.

58 정답 ③

지게차의 조향장치는 애커먼 장토식을 바탕으로 이루어져 있다. 애커먼 장토식이란, 타이어가 선회할 때에 내측 방향으로 바퀴의 중심 방향이 일치하여 선회 중심에 맞도록 하는 방식을 말한다.

59 정답 ②

건설기계에 사용하는 작동유의 압력을 나타내는 단위로는 kgf/cm^2가 쓰이며, 그 외에 압력의 단위로는 Pa, psi, kPa, mmHg, bar 등이 있다.

60 정답 ①

유압 펌프란, 엔진의 기계적 에너지를 유압 에너지로 변환하는 장치인 것으로, 엔진의 플라이휠에 의해 구동되며, 엔진이 회전하는 동안에는 멈추지 않고 계속 회전한다. 또한, 작업 중에 큰 부하가 걸리더라도 오일 토출량의 변화가 적고, 토출 시에는 맥동이 적은 성능이 요구된다는 특징이 있다. 유압 펌프는 정용량형 펌프와 가변용량형 펌프로 구분한다.

> **⊕ 핵심 포크 ⊕**
>
> **유압 펌프**
> - 유압 펌프의 구분 : 펌프의 1회전당 유압유의 이송량을 변동할 수 없는 정용량형 펌프, 변동할 수 있는 가변용량형 펌프로 구분한다.
> - 유압 펌프의 종류
>   - 플런저 펌프
>   - 베인 펌프
>   - 기어 펌프
>   - 피스톤 펌프

실전모의고사 제3회

01 ③	02 ④	03 ①	04 ④	05 ②
06 ③	07 ④	08 ④	09 ②	10 ②
11 ④	12 ①	13 ③	14 ③	15 ②
16 ①	17 ②	18 ①	19 ④	20 ③
21 ③	22 ②	23 ②	24 ①	25 ④
26 ①	27 ④	28 ②	29 ②	30 ④
31 ④	32 ③	33 ②	34 ①	35 ④
36 ②	37 ③	38 ③	39 ①	40 ②
41 ①	42 ④	43 ④	44 ②	45 ③
46 ③	47 ②	48 ①	49 ②	50 ④
51 ①	52 ③	53 ③	54 ④	55 ②
56 ②	57 ①	58 ④	59 ③	60 ②

01 　　　　　　　　　　　　정답 ③

주ㆍ정차 금지 장소는 교차로ㆍ횡단보도ㆍ건널목 등이나 그 장소의 10미터 이내 등으로 지정되어 있다. 급경사의 내리막은 앞지르기 금지 장소에 해당한다.

02 　　　　　　　　　　　　정답 ④

유량 제어 밸브의 종류로는, 스로틀 밸브, 압력 보상 밸브, 온도 압력 보상 밸브, 분류 밸브, 니들 밸브가 있다. 체크 밸브는 방향 제어 밸브에 속하는 것이다.

03 　　　　　　　　　　　　정답 ①

건설기계 조종사 면허를 받지 않고 건설기계를 조종한 경우는 1천만 원 이하의 벌금을 받는 경우이다.

핵심 포크

2년 이하 또는 2천만 원 이하의 벌금

- 등록되지 않은 건설기계를 사용하거나 운행한 자
- 등록이 말소된 건설기계를 사용하거나 운행한 자
- 등록을 하지 않고 건설기계 사업을 하거나 거짓으로 등록을 한 자
- 시정명령을 이행하지 않은 자 등

04 　　　　　　　　　　　　정답 ④

지게차의 운행 경로 안전 확보 시, 운행 경로의 폭은 지게차 1대의 최대 폭에 60cm 이상이어야 하고, 2대는 90cm 이상이어야 한다.

05 　　　　　　　　　　　　정답 ②

화물 적재 작업 시 화물의 안정 상태나 포크에 대한 편하중 등을 확인할 때에는 포크를 지면에서 5~10cm 들어 올려서 확인한다.

06 　　　　　　　　　　　　정답 ③

제시된 안전보건표지는 산화성 물질 경고이며, 인화성 물질 경고의 표지와 비슷하지만, 표지 중심에 있는 그림에 차이가 있다.

핵심 포크

안전보건표지

인화성 물질 경고	폭발성 물질 경고	부식성 물질 경고

07 정답 ④

브레이크 제동 불량의 원인으로는, 브레이크 회로 내부의 누유 및 공기 혼입, 라이닝에 기름이나 물 같은 액체가 묻어 있을 때, 라이닝 또는 드럼의 심한 마모, 라이닝과 드럼의 간극이 너무 클 때가 있다.

08 정답 ④

감전사고를 예방하기 위해서는 코드를 뺄 때에 플러그의 줄기가 아니라 몸체를 잡고 빼야 한다.

09 정답 ②

복스 렌치란, 볼트나 너트를 완전히 감싸 사용 중에 미끄러짐이 없으며 여러 방향에서 사용이 가능한 렌치이다. 또한, 오픈 렌치와 동일한 규격에 따른다.

10 정답 ②

인력 운반 작업 시 유의사항으로는, 긴 물건을 운반할 시 앞쪽을 위로 올릴 것, 무리한 자세로 물건을 들지 말 것, 공동운반 시 서로의 협조를 통해 작업할 것, LPG 봄베는 굴려서 운반하지 말 것이 있다.

11 정답 ④

제시된 유압 기호가 나타내는 것은 밸브이다. 제어 밸브에 해당하는 이외의 유압 기호로는 릴리프 밸브, 무부하 밸브, 시퀀스 밸브, 체크 밸브, 스톱 밸브, 가변 교축 밸브가 있다.

12 정답 ①

유압유에 수분이 미치는 영향으로는, 유압유의 윤활성 및 방청성 저하, 유압유의 산화 및 열화 촉진, 캐비테이션 현상 발생, 유압기기 마모 촉진이 있다. 블로바이 현상은 피스톤 링과 실린더 벽 사이의 간극이 과대할 때 발생하는 현상이다.

13 정답 ③

오일 탱크의 구성 요소로는, 스트레이너, 격판(배플), 드레인 플러그, 유면계가 있다. 라디에이터는 냉각장치의 구성 요소이다.

14 정답 ③

유압 실린더의 움직임이 불규칙하거나 느린 것의 원인으로는, 피스톤 링의 마모, 유압유의 너무 높은 점도, 회로 내에 공기 혼입, 너무 낮은 유압이 있다.

> ⊕ **핵심 포크** ⊕
>
> **유압 실린더의 작동 속도가 느린 원인**
> - 유압 회로 내부의 유량 부족 및 공기 혼입
> - 피스톤 링의 마모
> - 유압유의 너무 높은 점도

15 정답 ②

유압 모터는 변속 및 역전의 제어가 용이하다는 점, 소형 경량으로 큰 출력을 낼 수 있다는 점, 전동 모터에 비해 급속정지가 쉽다는 점 등의 장점이 있으며, 인화하기 쉽다는 단점이 있다.

16 정답 ①

엔진 출력 저하의 직접적인 원인으로는, 실린더 내부 압력이 적음, 연료 분사량이 적음, 노킹 현상의 발생이 있다. 실린더와 피스톤의 간극이 클 때는 피스톤 슬랩 현상으로 엔진 출력의 저하를 초래하지만, 간극이 작을 때에는 출력 저하의 직접적인 원인이 되지 않는다.

17 정답 ②

플런저 펌프의 특징으로는 유압 펌프 중 가장 고압이며 고효율이라는 것, 높은 압력에 잘 견딘다는 것, 가변용량이 가능하다는 것, 토출량의 변화 범위가 크다는 것 등이 있다. 또한, 베어링에 부하가 크다는 단점이 있다.

18 정답 ①

동력 전달장치의 주요 구성 요소로는, 마찰 클러치, 토크 컨버터, 종감속 기어, 차동장치, 앞차축이 있다. 피트먼 암은 조향장치의 구성 요소이다.

19 정답 ④

리프트 레버 조작 시 포크를 상승 및 하강시키고 레버를 중립 위치에 놓으면 포크는 움직임을 계속하는 게 아니라, 그대로 그 위치에 정지하게 된다.

20 정답 ③

차동 기어 장치는 선회할 때 안쪽 바퀴의 회전 속도를 감소시키는 것이 아니라, 바깥쪽 바퀴의 회전 속도를 높인다.

21 정답 ③

교류 발전기의 구성 요소에 해당하는 스테이터는 직류 발전기의 전기자와 같은 역할을 하는 것으로 전류가 발생되는 부분이다. 교류 전기를 정류하여 직류로 변환하는 것은 다이오드, 축전기 전류를 로터 코일에 공급하는 것은 브러시, 전류에 의해 전자석이 되는 것은 로터이다.

22 정답 ②

축전지가 과충전 상태일 때 발생하는 현상으로는, 축전지 전해액 감소의 가속화되는 것, 전해액이 갈색을 띠는 것, 양극 단자 쪽의 셀 커버가 부풀어 있는 것, 양극판 격자가 산화되는 것이 있다.

23 정답 ②

트랜지스터는 PN 접합에 다른 하나의 P형, 또는 N형 반도체를 결합한 것으로 PNP형과 NPN형이 있다. PNP형은 접지를 할 때에 컬렉터가 접지되고, NPN형은 이미터가 접지된다.

24 정답 ①

감압장치는 디젤 엔진의 시동을 할 때 흡기나 배기 밸브를 강제적으로 열어 실린더 내부 압력을 감압시킴으로써 엔진의 회전이 원활하게 이루어지도록 하는 장치이다. 감압장치는 엔진의 시동을 정지할 때에도 사용할 수 있으며, 겨울철에도 시동이 잘 될 수 있도록 한다. 또한, 기동 전동기에 무리가 가는 것을 예방하고, 시동 시에 크랭크축을 회전시킨다.

25 정답 ④

연소 상태에 따른 배기가스의 색으로는, 정상 연소 시에는 투명한 무색, 윤활유 연소 시에는 회백색, 에어클리너의 막힘 등의 상황에서는 검은색, 희박한 혼합비인 경우에는 볏짚색이 나타난다. 이때, 혼합비란 연료와 공기의 중량비율을 말한다. 내연 기관의 혼합비는 대체로 연료 1에 공기 14.8이다.

26 정답 ①

밀폐형 분사 노즐의 종류에는 핀틀형, 스로틀형, 홀형이 있다. 베인형은 유압 모터의 종류 중에 하나인 베인형 모터를 말한다.

27 정답 ④

디젤 연료의 구비 조건으로는, 불순물과 유황 성분이 없어야 하고, 착화성이 좋으며 인화점이 높아야 한다. 또한, 연소 후에 카본 생성이 적어야 한다.

28 정답 ②

에틸렌글리콜의 성질은, 불연성이며 비점이 높아 증발성이 없고, 응고점이 낮으며 무취성이라는 것이다.

29 정답 ③

수랭식 냉각장치로는, 압력 순환식, 강제 순환식, 자연 순환식, 밀봉 압력식이 있다.

30 정답 ②

엔진에서 엔진 오일이 연소실로 올라오는 것은 피스톤 링이 마모되었을 경우에 일어나는 현상이다. 그러므로 피스톤 링을 점검해야 한다.

31 정답 ④

엔진에 실린더가 많을 경우, 저속 회전에 용이하고 출력이 높으며, 구조가 복잡하고 제작비용이 비싸다. 또한, 가속이 원활하고 신속하며 엔진의 진동이 적다.

32 정답 ③

도로주행 시 교통안전시설과 경찰공무원의 신호 및 지시가 서로 다를 경우, 경찰공무원의 신호 및 지시를 따라야 한다.

33 정답 ②

건설기계 조종사 면허의 적성검사 기준에는 두 눈을 동시에 뜨고 잰 시력이 1.0 이상이 아니라, 0.7 이상이어야 한다는 것이 있다.

⊕ 핵심 포크 ⊕

건설기계 조종사의 적성검사 기준

- 두 눈을 동시에 뜨고 잰 시력이 0.7 이상이고 두 눈의 시력이 각각 0.3 이상일 것
- 시각은 150° 이상일 것
- 정신질환자, 뇌전증 환자 및 마약 등의 향정신성의약품, 알코올 중독자에 해당하지 않을 것
- 55dB의 소리를 들을 수 있고 언어분별력이 80% 이상일 것

34 정답 ①

정기검사를 신청할 때에는 검사 유효기간 만료일 전후로 각각 90일 이내가 아니라, 30일 이내에 신청해야 한다.

35 정답 ④

화물 하역 작업 시에는 지게차가 경사된 상태에서는 화물을 적재하거나 하역해서는 안 된다.

36 정답 ②

연료 보충 시 지정된 안전한 장소에서 해야 하며, 실내보다는 실외가 더 좋다. 연료는 완전히 소진시키면 연료 탱크 내에 불순물이 들어가 부품의 손상을 초래할 수도 있어서 피해야 하며, 급유 중에는 차량에서 하차해야 한다. 또한, 결로 현상을 방지하기 위해선 매일 연료를 보충해야 한다.

37 정답 ③

축전지의 구비 조건으로는, 취급이 간편해야 하며 진동에 잘 견뎌야 한다는 것이 있고, 용량이 크고 가격이 저렴해야 한다는 것이 있다. 또한, 소형과 경량이면서 수명이 길어야 한다.

38 정답 ③

용기에 녹이 슬지 않도록 오일이나 그리스를 바를 경우 폭발 위험이 있으니 절대 해서는 안 된다. 이외의 유의사항으로는, 전도 및 전락 방지 조치를 해야 할 것, 산소 봄베를 운반할 때에는 충격을 주지 말 것 등이 있다.

39 정답 ①

작업자 안전 유의사항으로는, 지게차 작업 시 작업자는 운전석에 수공구 등을 보관해서는 안 된다는 것이 있다. 또한, 운전석을 항상 정리정돈 해야 한다.

40 정답 ②

지게차의 운행 조작은 시동을 걸고 약 5분 후에 하도록 하는 것이 유의사항에 알맞은 설명이다. 이외의 유의사항으로는, 후진 시 경광등, 경적 등을 사용할 것, 건물 내부에서 장비를 가동시킬 시 적절한 환기를 할 것 등이 있다.

41 정답 ①

건설기계를 불법으로 개조한 경우는 건설기계 등록의 말소가 되는 것이 아니라, 2천만 원 이하의 벌금에 처해지는 경우이다.

> **핵심 포크**
>
> **등록을 말소할 수 있는 경우**
> - 건설기계를 수출하는 경우
> - 건설기계를 폐기한 경우
> - 거짓이나 그 밖의 부정한 방법으로 등록을 한 경우
> - 건설기계가 천재지변 또는 이에 준하는 사고 등으로 사용할 수 없게 되거나 멸실된 경우
> - 건설기계의 차대가 등록 시의 차대와 다른 경우
> - 건설기계를 교육 · 연구 목적으로 사용하는 경우 등

42 정답 ④

디젤 엔진은 소음 및 진동이 크며, 마력당 무게가 무겁고, 제작비용이 비싸다는 단점을 가지고 있다.

43 정답 ④

연소실의 구비 조건으로는 가열되기 쉬운 돌출부를 두어서는 안 될 것, 압축 행정 시 혼합가스의 와류가 잘 이루어져야 할 것, 화염 전파 시간이 짧아야 할 것, 연소실 내의 표면적은 최소가 될 것이 있다.

44 정답 ②

냉각장치의 냉각팬 구동 방식에는 전동팬식, 벨트식, 유체 커플링식이 있다. 샨트식이란 것은 윤활장치의 오일 여과 방식에 해당하는 것이다.

45 정답 ③

소음기를 사용할 경우, 엔진이 과열되기 때문에 냉각수의 온도가 올라가게 되고, 또한, 출력도 감소한다.

> **핵심 포크**
>
> **소음기**
> 엔진에서 배출되는 배기가스의 온도와 압력을 낮추어 배기 소음을 감소시키는 역할을 한다.

46 정답 ③

전류는 전압을 저항으로 나눈 값이다. 즉, $\frac{48}{6}$가 되므로, 전류의 값은 8A가 된다.

47 정답 ②

기동 전동기가 작동하지 않는 원인에는 계자 코일의 단락, 브러시와 정류자의 밀착 불량, 배터리의 낮은 전압 등이 있으며, 시동 스위치를 오래 켜두는 것과 관련이 없다.

48 정답 ①

마찰 클러치의 구조로는, 클러치판, 압력판, 릴리스 베어링, 릴리스 레버, 클러치 스프링이 있다. 쿠션 스프링은 클러치판의 구성 요소이다.

49 정답 ②

조향장치의 구비 조건으로는 수명이 길고 정비하기 쉬워야 한다는 것, 조작에 편리하고 최소 회전 반경이 적어야 한다는 것, 조향 작용 시 차체에 무리한 힘이 작용되어선 안 된다는 것, 고속 선회 시 핸들이 안정적이어야 한다는 것 등이 있다.

50 정답 ④

디스크식 브레이크의 특징으로는, 패드의 재질이 높은 강도를 갖추고 있어야 하고, 페이드 현상의 발생이 적으며, 안정적인 제동력이 있다는 것이다. 또한, 자기배력 작용이 없어서 큰 조작력을 필요로 한다. 이외의 특징은 패드의 마찰 면적이 작아 제동 배력장치를 필요로 한다는 것이 있다.

51 정답 ①

지게차의 하중 제원에서 운전 중량은 지게차 조종사 1명의 체중을 65kg으로 기준하여 정해져 있다.

52 정답 ③

3단 마스트는 마스트가 3단으로 늘어나게 되어 높은 곳의 작업에 용이한 것으로, 천장이 낮은 장소에서는 1단 마스트의 높이로 작업하고, 높은 곳에서는 3단 마스트로 작업할 수 있다.

53 정답 ③

유압장치는 동력 전달을 원활히 할 수 있고, 운동 방향을 쉽게 바꿀 수 있으며, 정확한 위치 제어가 가능하다는 등의 장점이 있다. 반면에, 보수 관리가 어렵다는 등의 단점이 있다.

54 정답 ④

카운터 밸런스 밸브는 실린더가 중력으로 인하여 제어 속도 이상으로 낙하하는 것을 방지하는 유압장치이다.

55 정답 ②

캐비테이션 현상은 유압 회로 내에 기포가 발생하면서 일어나는 현상으로, 필터의 여과 입도수가 너무 높을 때 발생할 수 있다. 캐비테이션 현상이 발생하면 소음 증가와 진동 발생으로 인해 효율이 저하되고 오일 탱크의 오버플로가 생기게 된다.

> ⊕ **핵심 포크** ⊕
>
> **캐비테이션 현상**
> 작동유 속에 기포가 생겨 유압장치 내부에 국부적인 높은 압력과 소음 및 진동을 발생하는 현상으로, 효율 저하와 수명 단축을 일으킨다.

56 정답 ②

토인은 앞바퀴 정렬 방식의 하나로, 좌우 앞바퀴의 간격이 뒤보다 앞이 좁은 것을 말한다. 토인은 타이어의 마멸을 방지하고, 직진성을 높이며 조향을 가볍게 해주지만, 토인 조정이 잘못되면 타이어의 편마모가 일어난다. 또한, 토인 측정은 직진 상태에서 측정해야 한다.

57 정답 ①

드라이브 라인이란 변속기에서 나오는 동력을 바퀴에 전달하는 추진축을 말한다. 드라이브 라인에는 슬립 이음, 유니버설 조인트, 프로펠러 샤프트가 있으며, 타이로드는 조향장치의 구조에 해당하는 것이다.

58 정답 ④

변속기의 기능으로는, 엔진의 회전력을 증가시키며 장비의 후진을 할 때에 필요하고, 엔진 회전 속도에 대한 바퀴의 회전 속도를 변경한다. 또한, 시동 시 장비를 무부하 상태로 만드는 기능을 한다.

59 정답 ③

클러치가 미끄러지는 원인에는, 클러치판에 오일이 부착되어서, 클러치판이나 압력판이 마멸되어서, 클러치 페달의 자유 간극이 과소해서, 압력판 스프링이 약해져서가 있다.

60 정답 ②

토크 컨버터의 유체 흐름 순서는 '펌프 → 터빈 → 스테이터'로 되어 있다.

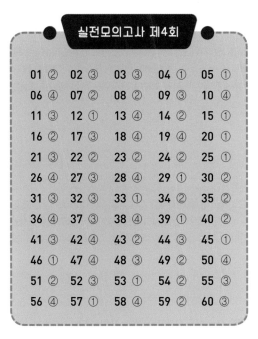

실전모의고사 제4회

01 ②	02 ③	03 ③	04 ①	05 ①
06 ④	07 ②	08 ②	09 ③	10 ④
11 ③	12 ①	13 ④	14 ②	15 ①
16 ②	17 ③	18 ④	19 ②	20 ②
21 ③	22 ②	23 ②	24 ④	25 ①
26 ④	27 ③	28 ②	29 ①	30 ②
31 ③	32 ③	33 ①	34 ②	35 ②
36 ④	37 ②	38 ④	39 ②	40 ②
41 ③	42 ④	43 ②	44 ③	45 ①
46 ①	47 ④	48 ③	49 ②	50 ④
51 ②	52 ③	53 ①	54 ②	55 ③
56 ④	57 ①	58 ④	59 ②	60 ③

01 　　　　　　　　　　정답 ②

유체 클러치의 구성 요소로는 펌프, 가이드링, 터빈이 있으며, 압력판은 마찰 클러치의 구성 요소이다.

02 　　　　　　　　　　정답 ③

동력 전달장치의 동력 전달 순서는 '피스톤 → 커넥팅 로드 → 크랭크축 → 플라이휠 → 클러치 → 변속기 → 추진축 → 최종 감속장치 → 차동장치 → 구동축 →바퀴'로 되어 있다.

03 　　　　　　　　　　정답 ③

기동 전동기의 종류에는 벤딕스식, 전기자 섭동식, 피니언 섭동식이 있다. 혼기식은 2행정 기관의 윤활 방식에 해당한다.

04 　　　　　　　　　　정답 ①

엔진 윤활유의 압력이 낮은 원인에는, 크랭크축의 오일 틈새가 커서, 엔진 각 부분의 마모가 심해서, 오일의 점도가 낮아서, 윤활유 펌프의 성능이 좋지 못해서 등이 있다.

05 　　　　　　　　　　정답 ①

유압식 밸브 리프터의 장점으로는 내구성이 우수하다는 점, 개폐 시기가 정확하다는 점, 밸브 간극이 자동으로 조절된다는 점이 있지만, 구조가 복잡하여 정비에 어려움이 있다는 단점이 있다.

06 　　　　　　　　　　정답 ④

실린더 헤드 개스킷이 갖추어야 할 조건으로는, 적당한 강도를 가지고 있어야 할 것, 기밀 유지가 좋아야 할 것, 좋은 내열성, 내압성, 복원성을 갖추어야 할 것이 있다. 비용이 저렴해야 한다는 것은 구비 조건과는 연관이 없다.

07 　　　　　　　　　　정답 ②

제시된 안전보건표지가 나타내고 있는 것은 경고 표지 중에서 낙하물 경고에 해당한다.

08 　　　　　　　　　　정답 ②

긴급자동차란 소방자동차, 구급자동차, 혈액공급차량 및 그 밖에 대통령령이 정하고 있는 자동차로서, 본래의 긴급한 용도로 사용되고 있는 자동차를 말한다.

긴급자동차의 종류

- 경찰용 자동차 중 범죄수사, 교통단속, 그 밖의 긴급한 경찰 업무 수행에 사용되는 자동차
- 국군 및 주한 국제연합군용 자동차 중 군 내부의 질서 유지나 부대의 질서 있는 이동을 유도하는 데 사용되는 자동차
- 생명이 위급한 환자 또는 부상자나 수혈을 위한 혈액을 운송 중인 자동차 등

09 정답 ③

실린더와 피스톤의 간극이 클 경우, 블로바이 현상(압축 및 폭발 행정에서 가스가 피스톤과 실린더 사이로 누출)으로 인하여 압축 압력이 저하되며, 피스톤 링의 기능 저하로 연소실에 오일이 유입되어 오일 소비량 증가하고, 피스톤 슬랩 현상(피스톤의 운동 방향이 바뀔 때 실린더 벽에 충격을 일으킴)이 일어나 엔진 출력의 저하가 나타난다. 실린더의 소결은 실린더와 피스톤의 간극이 작을 때 나타나는 현상이다.

10 정답 ④

라디에이터가 갖추어야 할 조건에는, 냉각수 흐름에 대한 저항이 적어야 할 것, 공기 흐름에 대한 저항이 적어야 할 것, 단위 면적당 방열량이 커야 할 것, 가볍고 작아야 할 것이 있다.

라디에이터의 구비 조건

- 공기의 흐름 저항이 작아야 한다.
- 단위 면적당 발열량이 커야 한다.
- 가볍고 작으며, 강도가 커야 한다.
- 냉각수의 흐름 저항이 작아야 한다.

11 정답 ③

배기가스 중 무해가스에 해당하는 것은 이산화탄소(CO_2), 질소(N_2), 수증기(H_2O)이며, 질소산화물(NO_x)은 유해가스에 해당한다.

12 정답 ①

납산 축전지의 전압은 전해액의 잔량에 의해 결정되는 것이 아니라, 셀의 수에 의해 결정된다. 이외의 특징으로는 극판의 작용물질이 떨어지기 쉬우며, 전해액은 묽은 황산을 사용한다는 것이 있다.

13 정답 ④

전동기의 구성 요소 중 솔레노이드 스위치는 전자 스위치라고도 부르며, 축전지에서 시동 전동기까지 흐르는 전류를 단속하는 스위치 작용과 피니언을 링기어에 물려주는 역할을 한다.

14 정답 ②

방향 지시등이 갖추어야 하는 조건으로는, 지시등의 점멸 주기에 변화가 없어야 할 것, 작동에 이상이 있을 때 운전석에서 확인할 수 있어야 할 것, 방향 지시를 운전석에서 확인할 수 있어야 할 것이 있다. 구조가 단순해야 한다는 조건은 없다.

15 정답 ①

제시된 유압 기호가 나타내고 있는 것은 스프링식 제어에 해당한다.

16 정답 ②

피스톤형 모터에는 레이디얼형과 액시얼형이 있으며, 크기가 크고 가격이 비싸며 구조가 복잡하다. 또한, 펌프의 최고 토출 압력, 평균 효율이 가장 높아 고압 대출력에 사용한다.

17 정답 ③

드레인 플러그란, 차량의 엔진이나 변속기의 오일 탱크 저면에 설치된 오일 배출구에 체결되는 것으로, 오일 탱크 내부의 오일을 전부 배출시킬 때 사용하는 마개 역할을 한다.

18 정답 ④

유압 작동유의 역할에는, 필요한 요소 사이를 밀봉하고, 윤활 작용과 냉각 작용을 하며, 동력을 전달하고, 부품의 부식을 방지하는 것이 있다.

19 정답 ④

유압유에 수분이 생성되는 것에는 공기의 혼입이 주원인이다.

20 정답 ①

어큐뮬레이터는 스프링식과 공기 압축식이 있는데, 공기 압축식에는 다이어프램형, 피스톤형, 블래더형이 있다.

21 정답 ③

기어 펌프의 특징으로는, 가격이 저렴한 점, 피스톤 펌프에 비해 효율이 떨어진다는 점, 흡입 능력이 가장 크다는 점, 소음이 비교적 크다는 점을 들 수 있다. 이외의 특징으로는, 구조가 간단하고 고장이 적다는 점, 유압 작동유 오염에 비교적 강한 점 등이 있다.

22 정답 ②

힌지드 버킷은, 힌지드 포크에 버킷을 끼운 장치로, 흘러내리기 쉬운 석탄, 소금, 모래 등을 운반하는 데에 적합한 것이다.

23 정답 ②

공기식 브레이크는, 압축 공기의 압력을 이용하여 브레이크 슈를 드럼에 압착하여 제동하는 장치로, 공기 누설 시에도 압축 공기가 발생하여 위험이 적고, 큰 제동력으로 대형이나 고속 차량에 적합하다. 또한, 페달은 공기 유량을 조절하는 밸브만 개폐하여 답력이 적게 들고, 구조가 단순하다는 특징이 있다.

24 정답 ②

클러치의 유격이 작을 경우, 클러치에서 소음이 발생하며, 릴리스 베어링이 더 빨리 마모된다. 또한, 클러치가 미끄러지게 되며 클러치판이 소손된다. 클러치가 잘 끊어지지 않는 것은 클러치 페달의 유격이 클 경우에 나타나는 현상이다.

25 정답 ①

축전지의 충전법에는, 전류를 단계별로 낮추어 충전하는 단별전류 충전법, 일정한 정류로 충전하는 정전류 충전법, 일정한 전압으로 충전하는 정전압 충전법이 있다.

26 정답 ④

전류의 3대 작용에는, 자기 작용, 화학 작용, 발열 작용이 있다. 자기 작용의 예로는 전구 등이 있고, 화학 작용의 예로는 축전지 등이 있으며, 자기 작용의 예로는 전동기 등이 있다.

> ⊕ **핵심 포크** ⊕
> ### 전류의 3대 작용
> - 자기 작용
> - 화학 작용
> - 발열 작용

27 정답 ③

과급기를 설치하였을 때의 이점으로는 엔진 출력이 향상된다는 점, 고지대에서의 출력 감소가 적어진다는 점, 엔진의 회전력이 증가한다는 점을 들 수 있다. 겨울철에 시동을 쉽게 할 수 있는 것은 예열기구를 설치하였을 때의 이점이다.

28 정답 ④

에어클리너가 막혔을 경우, 실린더 벽이나 피스톤 링 등의 마멸과 윤활 부분의 마멸이 촉진되며, 출력이 감소하고 연소의 불량이 일어난다. 또한, 배기가스의 색이 검은색이 된다.

29 정답 ①

연료 분사 노즐 테스터기가 검사하는 사항으로는, 연료 분사 압력, 연료 후적 유무, 연료 분포 상태 등이 있다. 연료 분사 시간은 검사하지 않는다.

30 정답 ②

전류식 오일 여과 방식은 오일펌프에서 나온 오일 전부를 오일 여과기에서 여과한다. 분류식과는 달리 바이패스 밸브가 있다.

31 정답 ③

라디에이터 냉각수는 실린더 헤드를 통하여 더워진 물이 라디에이터 상부로 들어와 하부로 내려가며 열을 발산하기 때문에 윗부분의 온도가 5~10℃ 정도 더 높으며, 실린더 헤드 물 재킷부의 냉각수 온도는 75~95℃ 정도이다. 라디에이터 냉각수의 온도를 측정할 때에는 온도 측정 유닛을 서브 탱크가 아니라 실린더 헤드 물 재킷부에 끼워 측정한다.

32 정답 ③

엔진의 출력이 저하되는 원인으로는 흡·배기 계통이 막힘, 노킹 현상이 발생, 실린더 내부의 압축 압력이 낮음이 있고, 연료 분사량이 적을 때에도 엔진의 출력이 저하된다. 이외의 원인으로는 분사 시기와 밸브 간격이 맞지 않는 것이 있다.

33 정답 ①

엔진이 작동되는 상태에서 점검 가능한 사항으로는 엔진 오일의 온도 및 압력, 충전 상태, 냉각수의 온도가 있다.

34 정답 ②

4행정 6기통 엔진의 폭발 순서는, 우수식 크랭크축일 경우, '1-5-3-6-2-4'이고, 좌수식 크랭크축일 경우, '1-4-2-6-3-5'이다.

35 정답 ②

실린더 헤드 개스킷이 손상되었을 때 나타나는 현상으로는, 오일의 누유, 압축 압력 및 폭발 압력의 저하로 인한 출력 및 연비 감소가 있다.

36 정답 ④

지게차 응급 견인을 할 시, 견인하는 지게차는 고장 난 지게차보다 커야 하며, 고장 난 지게차를 경사로 아래로 이동할 때에는 예기치 못한 롤링 현상을 방지해야 한다. 또한, 응급 견인은 단거리 이동을 위한 비상 견인이며, 견인되는 지게차에는 운전자 외에 사람이 탑승해서는 안 된다.

37 정답 ③

앞지르기 금지 장소에는 급경사의 내리막, 도로 모퉁이, 교차로, 경사로의 정상 부근 등이 있다. 지방경찰청장이 필요하다고 인정하여 지정한 곳은 주·정차 금지 장소에 해당한다.

38 정답 ④

건설기계 조종사 면허증의 반납 사유에는 면허증 재교부를 받은 후 분실되었던 면허증을 되찾은 경우, 면허 효력이 정지된 경우, 면허가 취소된 경우가 해당된다.

39 정답 ①

⊕ 핵심 포크 ⊕
지게차의 안전장치
• 오버헤드 가드
• 전조등 및 후조등
• 안전벨트
• 백 레스트
• 경보장치
• 백 미러
• 대형 후사경
• 후방 접근 경보장치
• 방향지시기

40   정답 ②

냉각수 온도 게이지는 고온에서 저온으로 감소하도록 작동하는 것이 아니라, 저온에서 고온으로 점차 증가를 보이도록 작동한다.

41   정답 ③

정기검사 유효기간이 2년에 해당되는 것은 타이어식 로더, 1톤 이상의 지게차, 전동기그레이더, 트럭 적재식 천공기가 있다.

42   정답 ④

100만 원 이하의 과태료를 받는 경우에는, 등록번호를 부착 또는 봉인하지 않은 건설기계를 운행하는 경우, 건설기계 사업자의 의무를 위반한 경우, 안전교육 등을 받지 않고 건설기계를 조종한 경우 등이 있다.

43   정답 ②

실린더가 마모되었을 때 나타나는 현상에는 출력의 저하, 크랭크실 내의 윤활유 오염과 소모, 압축 효율 저하가 있다. 혼합비의 이상은 실린더 마모와는 관련이 없는 사항이다.

44   정답 ③

엔진의 회전 관성력을 원활한 회전으로 바꾸는 역할을 하는 것은 플라이휠을 말한다.

> ⊕   **핵심 포크**   ⊕
>
> **플라이휠**
> • 엔진의 회전 관성력을 원활한 회전으로 바꾸는 역할을 한다.
> • 클러치 압력판 및 디스크와 커버 등이 부착되는 마찰면과 기동 전동기를 구동시키기 위한 링기어로 구성된다.

45   정답 ①

엔진을 시동하기 전에 점검해야 할 사항에는 엔진의 팬 벨트 장력, 유압유의 양, 냉각수와 엔진 오일의 양, 연료의 양이 있

다. 오일의 누유는 엔진을 시동하고 난 뒤에 점검해야 할 사항이다.

46   정답 ①

라디에이터의 구성 요소는 냉각수 주입구, 냉각핀, 코어이다. 스트레이너는 윤활장치 및 유압장치의 구성품이다.

47   정답 ④

부동액의 구비 조건에는 휘발성이 없어야 할 것, 침전물의 발생이 없어야 할 것, 부식성이 없어야 할 것, 물보다 비등성은 높고 응고점이 낮을 것 등이 있다.

48   정답 ③

노킹 현상이 디젤 엔진에 미치는 영향에는 엔진의 출력과 흡기 효율의 저하, 엔진의 손상 발생, 연소실 온도 상승과 엔진의 과열이 있다. 배기장치의 손상과는 관련이 없다.

49   정답 ②

과급기는 터빈실과 과급실에 각각 물 재킷이 있으며, 고지대 작업 시에 엔진의 출력 저하를 방지한다. 또한, 엔진이 고출력일 때에 배기가스의 온도를 낮추며, 과급기 설치 시 무게가 10~15% 증가하지만, 출력이 35~45% 증가한다.

50   정답 ④

다이오드는 스테이터 코일에서 발생한 교류 전기를 정류하여 직류로 변환시키는 역할을 한다. 또한, 전류의 역류를 방지한다.

51   정답 ②

기타 보안등에는 번호판등, 후진등, 비상 점멸 경고등, 미등, 제동등이 있다.

52 정답 ③

클러치 스프링의 장력으로 클러치판을 밀어서 플라이휠에 압착시키는 것은 압력판의 역할이다.

53 정답 ①

타이어에서 고무로 피복된 코드를 여러 겹으로 겹친 층이며 타이어 골격을 이루는 부분을 카커스(Carcass)라고 한다.

54 정답 ②

페이드 현상은 브레이크 드럼과 라이닝 사이의 과도한 마찰열에 의해 브레이크가 잘 듣지 않는 현상을 말하며, 브레이크를 연속하여 자주 사용하면 발생하는 현상이다.

55 정답 ③

전고란, 지게차의 가장 위쪽 끝이 만드는 수평면에서 지면까지의 최단거리를 말한다. ①은 축간거리, ②는 하중중심, ④는 전장을 말한다.

56 정답 ④

지게차 조향장치의 올바른 동력 전달 순서는 '핸들 → 조향기어 → 피트먼 암 → 드래그링크 → 타이로드 → 조향 암 → 바퀴'이다.

57 정답 ①

플런저 펌프는 유압 펌프의 종류 중 회전 펌프와는 다른 하나로, 피스톤 펌프라고 부르기도 한다. 회전 펌프에는 기어 펌프, 베인 펌프, 나사 펌프가 있는데 트로코이드 펌프는 기어 펌프에 포함된다.

58 정답 ④

체크 밸브란, 유압 회로에서 오일 역류를 방지하고 회로 내의 잔류 압력을 유지하는 밸브를 말한다. 체크 밸브는 유압유의 흐름을 한쪽 방향으로만 허용하고 반대방향의 흐름을 제어한다.

59 정답 ②

유압유의 과열로 인해 발생하는 현상에는 펌프 효율 저하, 열화 촉진, 작동 불량 등이 있으며, 또한, 점도 저하에 의한 누유 유발이 있다.

60 정답 ③

포크 위에 적재된 화물이 마스트 후방으로 추락하는 것을 방지하기 위한 짐받이 틀은 백 레스트이다. 사이드 시프트는 차체를 움직이지 않고 포크를 좌우로 움직일 수 있는 장치를 말한다.

실전모의고사 제5회

01 ③	02 ②	03 ③	04 ①	05 ④
06 ①	07 ③	08 ④	09 ②	10 ③
11 ①	12 ②	13 ③	14 ④	15 ④
16 ②	17 ②	18 ①	19 ③	20 ③
21 ①	22 ④	23 ②	24 ③	25 ①
26 ④	27 ③	28 ②	29 ②	30 ①
31 ④	32 ②	33 ④	34 ①	35 ③
36 ②	37 ③	38 ②	39 ①	40 ②
41 ③	42 ①	43 ④	44 ①	45 ③
46 ②	47 ④	48 ①	49 ①	50 ③
51 ②	52 ②	53 ①	54 ③	55 ②
56 ④	57 ③	58 ③	59 ①	60 ②

01
정답 ③

석유, 화학, 도료 등을 취급하는 곳에서 많이 사용하는 장치는 드럼 클램프를 말한다. 드럼 클램프는 사이드 클램프를 반달형으로 변형하여 드럼통을 운반하거나 적재하는 데에 적합하다.

02
정답 ②

단위 체적당 무게를 나타내는 단위는 kg/m³이다. kg/cm²는 압력을 나타내는 단위이며, kgf/cm²는 건설기계의 작동유 압력을 나타내는 단위이다. psi는 이외의 압력의 단위로 쓰이는 것이다.

03
정답 ③

지게차에 사용하는 유압 실린더는 단동식 실린더가 아니라, 복동식 실린더의 더블 로드형을 사용한다.

04
정답 ①

제동장치의 구비 조건에는, 점검 및 정비가 용이해야 할 것, 내구성과 신뢰성이 좋아야 할 것, 마찰력이 좋아야 할 것, 제동 효과가 좋아야 할 것이 있다. 내열성은 해당되지 않는다.

05
정답 ④

저압 타이어의 타이어 표시 방법은 '타이어의 폭 – 타이어의 내경 – 플라이 수'의 순서로 되어 있다.

06
정답 ①

제시된 안전보건표지가 나타내고 있는 것은 차량 통행 금지이다. 혼동될 수 있는 탑승 금지 표지는 사람이 탈 것에 탑승하고 있는 모습을 묘사하고 있다.

핵심 포크

안전보건표지

출입 금지	사용 금지	탑승 금지

07
정답 ③

작업장에서 지켜야 할 안전수칙 중에서는, 작업장에서는 급하게 뛰지 말아야 한다는 것이 있다. 이외의 안전수칙으로는, 불필요한 행동을 하지 않을 것, 대기 중인 차량엔 고임목을 고일 것이 있다.

08
정답 ④

재해 발생 시 올바른 조치 순서는 '운전 정지 → 피해자 구조 → 응급 처치 → 2차 재해 방지'이다.

09   정답 ②

해머 작업 시에는 열처리 된 재료를 해머로 때리지 않도록 해야 한다. 보안경을 착용하는 경우는, 녹이 있는 재료를 작업할 때이다.

10   정답 ③

건설기계 등록 변경 신고 시 제출해야 하는 서류는, 건설기계 검사증, 건설기계 등록증, 변경 내용의 증명 서류, 건설기계 등록사항 변경 신고서가 있다. 건설기계 제원표는 건설기계 등록신청을 할 때 제출하는 서류이다.

11   정답 ①

1종 대형 운전면허로 조종하는 건설기계에는 트럭 적재식 천공기, 콘크리트 믹서 트럭, 콘크리트 펌프, 아스팔트 살포기, 덤프 트럭, 노상 안정기, 국토교통부장관이 지정한 특수 건설 기계가 있다.

12   정답 ②

3색 등화 신호등의 신호 순서는 '녹색 → 황색 → 적색'이다. 또한, 4색 등화 신호등의 신호 순서는 '녹색 → 황색 → 적색 및 녹색 화살표 → 적색 및 황색 → 적색'이다.

13   정답 ③

1년간 벌점에 대한 누산점수로 인해 운전면허가 취소되는 경우는 최소 121점 이상일 때이다.

14   정답 ④

피스톤 링의 구비 조건에는, 실린더에 일정한 면압을 줄 수 있어야 할 것, 내열성과 내마멸성이 좋아야 할 것, 제작이 용이해야 할 것, 실린더 벽보다 강도가 약한 재질이어야 할 것이 있다.

15   정답 ④

엔진이 과랭되었을 때 나타나는 현상으로는, 엔진 오일의 점도 증가, 출력 저하, 연료 소비율 증대, 오일의 희석이 있다. 윤활유의 부족 현상은 엔진이 과랭되었을 때가 아니라 과열되었을 때 나타나는 현상이다.

16   정답 ②

건설기계 윤활유의 작용에는 세척 작용, 마멸 방지 및 마찰 감소 작용, 방청 작용, 냉각 작용, 밀봉 작용, 충격 완화 및 소음 방지 작용, 응력 분산 작용이 있다.

17   정답 ②

예열장치의 고장 원인에는 접지가 불량할 때, 규격 이상의 전류가 흐를 때, 예열 시간이 너무 길었을 때, 정격이 아닌 예열 플러그를 사용했을 때, 엔진이 과열되었을 때가 있다.

18   정답 ①

전력이란, 단위 시간당 전류가 할 수 있는 일의 양으로, 전력의 단위는 와트를 사용하고 W로 표시한다.

19   정답 ③

시동 전동기는 예열 경고등이 소등되었을 때 시동해야 한다. 이외의 유의사항으로는, 엔진 시동은 레버를 중립 위치에 두고 시행하며, 스타트 릴레이를 설치하여 시동을 보조한다.

20   정답 ③

클러치 페달에 유격을 주는 이유에는 클러치 페이싱의 마멸 감소, 변속 시 클러치가 잘 끊기도록 해서 물림을 쉽게 함, 클러치의 미끄러짐 방지가 있다. 출력 증가와는 관련이 없다.

21   정답 ①

조향 기어는 핸들의 회전을 감속시키는 동시에 운동 방향을 바꾸는 장치이다. 조향 기어의 종류에는 볼 너트식, 웜 섹터식, 랙 피니언식 등이 있다.

22 정답 ④

지게차가 무부하 상태에서 최대 조향각으로 서행했을 때, 가장 바깥쪽 바퀴의 접지 자국 중심점이 그리는 원의 반지름을 최소 회전 반지름이라고 한다.

23 정답 ②

베인 펌프는 소음이 적고, 싱글형과 더블형이 있으며, 수명이 길다는 특징이 있다. 또한, 구조가 간단하여 점검과 보수에 용이하다. 이외의 특징으로는 맥동이 적다는 점이 있다.

⊕ **핵심 포크** ⊕

베인 펌프

- 싱글형과 더블형이 있다.
- 토크가 안정되어 소음이 적다.
- 소형 · 경량이며 수명이 길다.
- 평형형과 불평형형으로 구분되며, 평형형에는 1단 펌프, 2단 펌프, 2연 펌프, 복합 펌프가 있고, 불평형형에는 가변용 베인 펌프가 있다.

24 정답 ③

유압장치에서 오일의 압력이 낮아지는 원인으로는, 오일의 점도가 낮기 때문에, 유압 계통에 누설이 있기 때문에, 오일펌프의 마모가 일어났거나 성능이 노후됐기 때문에 그렇다. 오일의 점도가 높아지면 오히려 오일의 압력도 높아지게 된다.

25 정답 ①

클러치의 용량은 엔진의 회전력보다 1.5~2.5배 정도 커야 하며, 클러치의 용량이 너무 적으면 클러치가 미끄러지는 현상이 발생한다. 또한, 클러치의 용량이 너무 클 경우, 엔진이 정지하거나 동력 전달 시 충격이 일어난다.

26 정답 ④

엔진이 회전을 해도 전류계가 움직이지 않는 원인에는, 레귤레이터의 고장, 스테이터 코일 단선, 전류계 불량이 있다.

27 정답 ③

전동기의 구성 요소 중 브러시는 축전지의 전기를 정류자에 전달하는 역할을 한다.

28 정답 ②

디퓨저는 과급기 내부에 설치되어 공기의 속도 에너지를 압력 에너지로 바꾸는 장치이다. 감압장치와 히트 레인지는 디젤 엔진의 시동 보조장치에 해당한다.

29 정답 ③

연료 공급 펌프의 종류에는 베인식, 기어식, 플런저식 등이 있다. 공기실식은 연소실의 종류에 해당하는 것이다.

30 정답 ①

윤활유가 갖추어야 하는 구비 조건에는, 카본 생성이 적어야 할 것, 온도에 의한 점도 변화가 없을 것, 인화점과 발화점이 높을 것, 열전도가 양호해야 할 것, 산화에 대한 저항이 클 것 등이 있다. 또한, 응고점이 낮아야 할 것이 있다.

31 정답 ④

건설기계 계기판에서 냉각수 경고등이 점등되는 원인으로는, 라디에이터 캡이 열린 채로 운행하고 있을 경우, 냉각 계통의 물 호스에 손상이 있을 경우, 냉각수량이 부족할 경우가 있다. 물 재킷 내부에 물때가 많은 경우는 디젤 엔진이 과열되는 원인 중에 하나이다.

32 정답 ②

팬 벨트를 점검할 때에는, 정지된 상태인 벨트의 중심을 엄지 손가락으로 눌러서 점검하며, 이때, 약 10kgf로 눌러서 처짐이 13~20mm 정도로 되게 한다. 팬 벨트가 너무 헐거우면 엔진 과열의 원인이 되며, 팬 벨트의 조정은 발전기를 움직이면서 한다.

33 정답 ④

디젤 엔진에 진동이 발생하는 원인에는, 각 실린더의 분사압력과 분사량이 다를 경우, 각 피스톤의 중량차가 클 경우, 분사 시기와 분사 간격이 다를 경우, 불균율이 클 경우가 있다. 불균율이란 각 실린더의 분사량 차이의 평균값을 뜻한다.

34 정답 ①

밸브의 구비 조건에는, 충격과 부식에 잘 견딜 것, 가스와 고온에 견딜 것, 열에 대한 팽창력이 적을 것, 열전도율이 좋을 것이 있다.

35 정답 ③

디젤 엔진의 점화는 압축 착화 방법을 사용한다. 가솔린 엔진에서는 전기 점화를 사용하며, 세미 디젤 엔진에서는 표면 점화를 사용한다.

핵심 포크

가솔린 엔진과 디젤 엔진

구분	가솔린 엔진	디젤 엔진
연소 방법	점화 플러그에 의한 전기점화	압축열에 의한 압축 착화
연소 속도 조절	흡입되는 혼합 가스 양	분사 연료의 양

36 정답 ②

동력 전달장치 불량의 원인으로는, 최종 감속장치 불량, 차축(액슬) 불량, 변속기 불량, 앞구동축 불량이 있다. 페이드 현상은 브레이크 성능 불량의 원인에 해당한다.

37 정답 ③

견인되는 차가 야간에 도로를 통행할 경우, 켜야 하는 등화에는 번호등, 미등, 차폭등이 있다. 실내 조명등은 일반적인 자동차가 키는 등화에 해당한다.

38 정답 ④

건설기계 관리법 시행령에 따르면, 건설기계의 범위는 26종에 특수건설기계를 포함하여 총 27종이다.

39 정답 ①

유압 기호에서 유압 펌프에 해당하는 것은 정용량형 유압 펌프와 가변용량형 유압 펌프가 있다. 제시된 유압 기호가 나타내고 있는 것은 유압 펌프에 속하는 정용량형 유압 펌프이다.

40 정답 ②

지게차의 포크가 한쪽으로 기울어지는 가장 큰 원인은 리프트 체인의 한쪽이 늘어졌을 경우이다.

41 정답 ③

브레이크 오일이 갖추어야 할 조건에는 화학적 안정성이 높을 것, 침전물 발생이 없을 것, 점도 지수가 크며 점도가 알맞을 것, 고무 또는 금속을 부식시키지 않을 것, 윤활성이 있을 것, 빙점이 낮고 비등점이 높을 것이 있다.

42 정답 ①

전기장치 작업 시 안전사항에는, 전기장치는 반드시 접지해서 사용할 것, 전선이나 코드의 접속부는 절연물로 완전히 피복하여 둘 것, 전기장치 배선 작업 전에는 가장 먼저 축전지 접지선을 제거할 것 등이 있으며, 전류계는 부하에 직렬로 접속해야 할 것도 있다.

43 정답 ④

드라이버를 사용해 작업할 시 드라이버를 절대 정 대용으로 사용해서는 안 된다.

44 정답 ①

지게차로 화물 운반 작업 시 안전을 위하여 사람이 운반하고 있는 화물에 접근하지 않도록 해야 한다.

45 정답 ③

유압 기본 회로에는 탠덤 회로, 직렬 회로, 병렬 회로, 오픈 회로, 클로즈 회로가 있다. 블리드 오프 회로는 유압 회로의 응용 형태인 속도 제어 회로에 해당하는 것이다.

⊕ 핵심 포크 ⊕

유압 회로의 속도 제어 회로

- 미터 인(Meter – In) 회로 : 실린더의 속도를 펌프 송출량에 무관하도록 설정하는 회로
- 미터 아웃(Meter – Out) 회로 : 실린더 출구의 유량을 제어하여 피스톤의 속도를 제어하는 회로
- 블리드 오프(Bleed – Off) 회로 : 공급 쪽 관로에 바이패스 관로를 설치하여 바이패스로의 흐름을 제어함으로써 속도를 제어하는 회로

---

46 정답 ②

복동식 유압 실린더는 지게차의 틸트 실린더에 쓰이는 것으로, 편로드형과 양로드형이 있다. 또한, 피스톤 양쪽에 압유를 교대로 공급하는 방식으로 작동한다. 실린더 길이에 비해 긴 행정이 필요할 때 사용한다는 것은 다단식 유압 실린더에 대한 설명에 해당한다.

47 정답 ④

기어형 모터는 정방향의 회전과 역방향의 회전이 자유로우며, 일반적으로 평기어를 사용하는데, 헬리컬 기어를 사용하기도 한다. 또한, 구조가 간단하면서 가격이 저렴하며, 유압유에 이물질이 혼입되더라도 고장 발생이 적다는 특징이 있다. 그 이외에는 전효율이 70% 이하로 좋지 않은 편이라는 점이 있다.

48 정답 ④

스풀 밸브는 하나의 밸브 몸체 외부에 여러 개의 홈이 파여 있는 것으로, 축 방향으로 이동하여 오일의 흐름을 변환하는 밸브를 말한다.

49 정답 ①

틸트 레버를 조작하면 틸트 실린더가 작동하여 마스트의 경사를 조정할 수 있다. 리프트 실린더를 작동하여 핑거 보드와 그에 딸린 포크의 위치를 조정하는 것은 리프트 레버이다.

50 정답 ③

변속기어에서 소음이 발생하는 원인에는, 기어 백 래시의 과다, 조작 기구의 불량으로 치합이 좋지 않음, 변속기 오일 부족, 클러치의 유격이 너무 큼이 있다. 그 이외에 변속기 기어 및 변속기 베어링의 마모가 있다.

51 정답 ②

교류 발전기 작동 중 소음 발생의 원인에는, 고정 벨트가 풀리는 경우, 벨트의 장력이 약한 경우, 베어링이 손상된 경우가 있다. 다이오드의 단락은 발전기 출력과 축전지 전압이 낮을 때의 원인에 해당한다.

52 정답 ③

축전지 취급 시 과충전과 과방전은 피해야 하며, 축전지가 단락하여 불꽃이 발생하지 않게 해야 한다. 또한, 전해액이 자연 감소된 경우 증류수를 보충해야 하며 축전지 보관 시 가급적 충전시키고 나서 보관하는 것이 좋다.

53
정답 ①

딜리버리 밸브의 기능에는, 분사 노즐의 후적 방지, 연료 역류 방지, 연료 라인의 잔압 유지가 있다. 엔진의 회전 속도를 제어하는 기능은 조속기의 기능이다.

54
정답 ③

엔진의 노킹 현상을 방지하는 방법에는, 착화 기간 중에 분사량을 적게 하기, 실린더 내부의 압력과 온도를 상승시키기, 착화성이 좋은 연료를 사용하기, 착화 지연 시간을 짧게 하기가 있다. 이외의 방법에는 연소실 내부에서 공기의 와류가 일어나도록 하기가 있다.

55
정답 ②

오일 스트레이너는 오일펌프의 흡입구에 설치되어 입자가 큰 불순물을 제거하는 기능을 하는 장치를 말한다.

⊕ **핵심 포크** ⊕

오일 탱크의 부속장치

- 배플(격판)
- 주입구 캡
- 유면계
- 스트레이너
- 드레인 플러그 등

56
정답 ④

건설기계에 사용하는 공랭식 냉각장치는 강제 통풍식이다. 강제 통풍식은 냉각 팬과 시라우드를 설치하여 강제로 냉각하는 방식이다.

57
정답 ③

피스톤의 간극이 작을 때 나타나는 현상으로는, 마찰에 따른 마멸이 증대됨, 마찰열에 의해 소결이 됨이 있다.

58
정답 ③

2천만 원 이하의 벌금을 받는 경우에는, 등록을 하지 않은 건설기계를 사용하거나 운행한 경우, 등록이 말소된 건설기계를 사용하거나 운행한 경우, 건설기계의 주요 구조 및 주요 장치를 변경 또는 개조한 경우 등이 있다. 건설기계 조종사 면허를 부정한 방법으로 받은 경우는 1천만 원 이하의 벌금을 받는 경우이다.

59
정답 ①

검사 연기 신청을 하고 불허 통지를 받았을 경우 검사 신청 기간 만료일로부터 10일 이내에 검사 신청을 해야만 한다.

60
정답 ②

두 명 이상의 작업자들이 공동 작업으로 물건을 운반할 시 지켜야 할 유의사항에는, 길이가 긴 물건은 같은 쪽의 어깨에 올려 운반할 것, 적어도 한 손으로는 물건을 반드시 받칠 것, 힘의 균형을 유지하면서 운반할 것, 명령과 지시는 한 사람이 할 것이 있다. 이외의 유의사항으로는 불안전한 물건은 드는 방법에 주의할 것, 보조를 맞추어 들도록 할 것이 있다.

실전모의고사 제6회

01 ②	02 ④	03 ④	04 ①	05 ③
06 ②	07 ③	08 ①	09 ②	10 ④
11 ③	12 ①	13 ③	14 ②	15 ④
16 ①	17 ③	18 ②	19 ②	20 ④
21 ③	22 ①	23 ②	24 ③	25 ③
26 ④	27 ④	28 ①	29 ②	30 ①
31 ③	32 ②	33 ④	34 ③	35 ②
36 ①	37 ①	38 ③	39 ④	40 ④
41 ②	42 ①	43 ①	44 ②	45 ④
46 ①	47 ③	48 ②	49 ③	50 ②
51 ④	52 ①	53 ①	54 ③	55 ③
56 ②	57 ④	58 ②	59 ③	60 ①

01 　　　　　　　　　　　　　정답 ②

유압장치에서 오일 탱크가 가진 기능으로는, 격판에 의한 기포 제거, 외벽 방열에 의한 적정 온도 유지, 스트레이너로 회로 내부의 불순물 혼입 방지, 계통 내부의 필요한 유량 확보가 있다. 서지 압력의 흡수는 어큐뮬레이터의 역할에 해당한다.

02 　　　　　　　　　　　　　정답 ④

토크 컨버터에서 가이드링이 하는 역할은 유체 클러치의 와류를 감소시키는 것이다.

03 　　　　　　　　　　　　　정답 ④

교류 발전기에서 브러시는 스프링 장력으로 슬립링에 접촉하여 축전기 전류를 로터 코일에 공급한다. 정류자는 직류 발전기의 구조에 해당하는 것이다.

04 　　　　　　　　　　　　　정답 ①

전동기의 구성품 중 계자 코일은 계자 철심에 감겨져 전류가 흐르면 자력을 일으킨다.

05 　　　　　　　　　　　　　정답 ③

과급기의 구성품 중 블로어는 과급기에 설치되어 실린더에 공기를 불어넣는 송풍기의 역할을 한다.

06 　　　　　　　　　　　　　정답 ②

연료장치에서 벤트 플러그를 설치하는 목적은, 연료 필터의 공기를 배출하기 위함이다. 연료 분사 펌프에 연료를 전달하는 것은 프라이밍 펌프이며, 연료 속 불순물을 제거하는 것은 연료 여과기이고, 연료 공급 펌프의 소음 발생을 방지하는 것은 오버플로(Overflow) 밸브이다.

07 　　　　　　　　　　　　　정답 ③

건설기계의 일상점검에서 운전석 계기판으로 확인해야 하는 사항은 충전 경고등, 냉각수 온도 게이지, 연료량 게이지이다. 윤활유의 점도는 계기판으로는 확인할 수 없다.

08 　　　　　　　　　　　　　정답 ①

크랭크축의 베어링에서 오일 간극이 클 경우에는 유압이 저하되고 윤활유 소비가 증가하는 현상이 나타난다. 반대로 오일 간극이 작을 경우에는 마모가 촉진되고 소결되는 현상이 나타난다.

09 　　　　　　　　　　　　　정답 ②

브레이크 성능 불량의 원인으로는 베이퍼 록, 페이드 현상, 디스크 패드 마모, 휠 실린더 누유, 브레이크액 부족, 브레이크 연결 호스 및 라인 파손이 있다. 타이어의 노화는 타이어 펑크의 원인에 해당한다.

실전 모의고사

정답 및 해설

10 정답 ④

운전자가 진로 방향을 변경하고자 할 때에는 회전하려고 하는 지점의 30m 이상의 지점에서 회전신호를 해야 한다.

11 정답 ③

건설기계 관리법에 의하면, 등록번호를 지워 없애거나 그 식별을 곤란하게 한 자의 경우 1년 이하의 징역 또는 1천만 원 이하의 벌금에 처한다.

12 정답 ①

등록번호가 표시된 면에 특별표지를 부착해야 하는 대형 건설기계에는, 높이가 4.0미터를 초과하는 건설기계, 너비가 2.5미터를 초과하는 건설기계, 길이가 16.7미터를 초과하는 건설기계, 총중량이 40톤을 초과하는 건설기계가 해당된다.

13 정답 ③

오일에 의한 화재 발생 시 물을 끼얹으면 더 큰 화재로 이어질 수 있으니 모래나 흙 등을 뿌리는 것이 화재 진압에 좋다.

14 정답 ②

작업 후에 그리스 주입 시 틸트 실린더 핀에 그리스를 주입하는 개소는 4개소이다. 이외에 마스트 서포트는 2개소, 킹핀은 4개소, 조향 실린더 링크는 4개소이다.

15 정답 ④

작업 전에 하는 장비 점검에는 룸 미러 점검, 에어클리너 점검, 팬 벨트의 장력 점검, 그리스 주입 상태 점검, 후진 경보 장치 점검, 전조등 및 후미등 점검이 있다. 타이어 외관 점검은 작업 후의 점검에 해당한다.

16 정답 ①

건설기계 관리법의 따르면, 건설기계 소유자가 등록 사항에 변경이 있어 그에 대해 변경 신청을 할 경우 변경이 있는 날로부터 30일 이내에 해야 한다.

17 정답 ③

도로교통법 시행규칙에 따르면 최고 속도의 100분의 20을 감속하여 운행해야 하는 경우에는 비가 내려 노면이 젖어 있는 경우, 눈이 20mm 미만 쌓인 경우가 있다.

> ⊕ **핵심 포크** ⊕
>
> ### 악천후 시 감속 운행
>
> - 최고 속도의 100분의 20을 감속
>   - 비가 내려 노면이 젖어 있는 경우
>   - 눈이 20mm 미만 쌓인 경우
> - 최고 속도의 100분의 50을 감속
>   - 폭우 · 폭설 · 안개 등으로 가시거리가 100미터 이내인 경우
>   - 노면이 얼어붙은 경우
>   - 눈이 20mm 이상 쌓인 경우

18 정답 ②

보안경을 사용해야 하는 이유에는 칩의 비산으로부터 눈을 보호하기 위해서, 유해 약물로부터 눈을 보호하기 위해서, 유해 광선으로부터 눈을 보호하기 위해서가 있다.

19 정답 ②

기계에 사용하는 방호 덮개장치의 구비 조건으로는, 최소의 손질로 장시간 사용할 수 있을 것, 마모나 외부로부터의 충격에 쉽게 손상되지 않을 것, 검사나 급유 조정 등 정비가 용이할 것이 있다.

20 정답 ④

화재의 분류 중 D급 화재는 금속 나트륨 혹은 금속 칼륨 등의 금속화재를 말하며, 금속화재는 물이나 공기 중의 산소와 반응하여 폭발성 가스를 생성하므로 화재 진압 시 물을 사용해서는 안 된다.

21 .정답 ③

제시된 안전보건표지가 나타내고 있는 것은 경고표지에 해당하는 위험 장소 경고이다.

핵심 포크

안전보건표지

출입 금지	비상용 기구	고온 경고

22 정답 ①

실린더가 마모되는 원인에는 실린더 벽과 피스톤, 피스톤 링의 접촉에 의한 마모, 흡입 공기 중의 먼지, 이물질 등에 의한 마모, 카본에 의한 마모가 있다.

23 정답 ②

점도란, 오일의 끈적끈적한 정도를 나타내는 것으로 즉, 윤활유 흐름의 정도를 나타내는 것을 의미한다. 점도가 높으면 유동성이 저하되고, 점도가 낮으면 유동성이 좋아진다. 점도 지수란, 온도 변화에 따른 점도 변화를 말하며, 점도 지수가 클 경우 점도 변화가 적고, 점도 지수가 작을 경우 점도 변화가 크다.

24 정답 ③

예연소실식 연소실의 단점에는 구조가 복잡하고 연료 소비율이 조금 많다는 점, 연소실 표면이 커서 냉각 손실이 많다는 점이 있다.

25 정답 ③

예열기구에서 흡기 가열식은 흡입 통로인 다기관에서 흡입 공기를 가열하여 흡입시키는 방식을 말한다. 공기실식은 연소실의 종류에 해당한다.

26 정답 ④

MF 축전지는 격자의 재질이 납과 칼슘합금으로 된 것으로, 무보수용 배터리이면서 비중계를 통해 눈으로 충전 상태를 확인할 수 있다. 또한, 자기방전이 적고 보존성이 우수하며, 전해액의 보충이 필요하지 않다.

27 정답 ④

피조면의 밝기의 정도를 나타내는 단위를 조도라고 한다. 광속은 광원에서 나와 어떤 공간에 비춰지는 빛의 양을 말하며, 광도는 어떤 방향의 빛의 세기를 말한다.

28 정답 ①

유성기어식 변속기는 자동 변속기이므로 클러치가 필요하지 않다. 유성기어식 변속기의 구성 부품에는 유성캐리어, 링기어, 유성기어, 선기어가 있다.

29 정답 ②

앞바퀴 정렬에서 캐스터란, 앞바퀴를 옆에서 보았을 때 수직선에 대해 조향축이 앞으로 또는 뒤로 기울여 설치되어 있는 것을 말한다.

실전
모의고사

정답 및 해설

30
정답 ①

마스트를 작동할 때 사용하는 틸트 실린더는 마스트와 프레임 사이에 설치된 2개의 복동식 유압 실린더이다.

31
정답 ③

지게차의 앞축 중심부로부터 뒤축의 중심부까지의 거리를 축간거리라고 한다. 윤거는 타이어식 건설기계의 마주 보는 바퀴 폭의 중심에서 다른 바퀴의 중심까지의 최단거리를 말한다.

32
정답 ②

로테이팅 클램프는 클램프에 고무 접착판이 장착되어 있는 것으로, 원추형의 화물을 좌우로 조이거나 회전시켜 운반 및 적재하는 데에 적합한 장치이다.

33
정답 ④

파스칼의 원리는 밀폐된 용기 내에서 액체 일부에 가해진 압력이 유체 각 부분에 동시에 같은 크기로 전달된다는 것으로, 유압장치뿐만 아니라 제동장치의 원리에도 적용된다.

34
정답 ③

트로코이드 펌프는 특수 치형 기어 펌프로, 로터리 펌프라고도 한다. 트로코이드 펌프는 3개의 로터를 조립한 형식이 아니라, 2개의 로터를 조립한 형식이다.

35
정답 ②

리듀싱 밸브는 유압 회로에서 입구 압력을 감압하여 유압 실린더의 출구 설정 압력으로 유지하는 밸브이다.

36
정답 ①

제시된 공유압 기호가 나타내고 있는 것은 어큐뮬레이터로, 유압유의 압력 에너지를 저장하는 역할을 한다.

⊕ 핵심 포크 ⊕
축압기

축압기는 유압유의 압력 에너지를 저장하는 용기로서, 비상용 유압원 및 보조 유압원으로 사용된다. 또한, 일정한 압력의 유지와 점진적 압력의 증대를 일으키는 역할을 하며, 서지 압력의 흡수, 펌프 맥동의 흡수 작용까지 한다.

37
정답 ①

오일 실(Seal)은 기기의 누유를 방지하는 장치로서, 패킹과 개스킷을 포함한다. 또한, 유압 작동부에서 누유 발생 시 가장 먼저 점검해야 하며, 유압 계통을 수리하고 나서는 반드시 교체해야 한다.

38
정답 ③

플러싱이란, 유압 계통의 오일장치 내부에 슬러지 등을 용해하여 장치 내부를 깨끗이 하는 작업으로, 플러싱을 한 뒤에는 잔류 플러싱 오일을 반드시 제거해야 한다.

39
정답 ④

탁상용 연삭기는 연삭숫돌과 작업 받침대의 간격을 3mm 이하로 조정할 수 있어야 한다.

40
정답 ④

디젤 엔진의 고압 펌프는 엔진의 회전력을 타이밍 벨트 및 캠축을 통해 전달받아 구동되는 연료 분사 장치의 한 부분이다.

41
정답 ②

건설기계의 검사에는 수시검사, 구조 변경 검사, 정기검사, 신규 등록 검사가 있다.

42 　　　　　　　　　　　정답 ③

유압 회로에서 압력에 영향을 주는 요소에는 관로의 직경 크기, 유체의 점도, 유체 흐름량이 있다. 실린더에 도달하기까지의 거리와는 연관이 없다.

43 　　　　　　　　　　　정답 ①

어큐뮬레이터의 종류에는 스프링식과 공기압축식이 있다. 그중 다이어프램형은 격판이 압력 용기 사이에 고정되어 기체실과 유체실을 구분한다는 특징이 있다.

44 　　　　　　　　　　　정답 ②

릴리프 밸브에서 볼이 밸브 시트를 때려 소음을 발생시키는 현상을 채터링(Chattering) 현상이라고 한다.

45 　　　　　　　　　　　정답 ④

유압 펌프 토출량의 단위에는 LPM(Liter Per Minute)과 GPM(Gallon Per Minute)이 있다. LPM은 분당 토출하는 액체의 체적을 리터로 표시한 것이며, GPM은 분당 토출하는 액체의 체적을 갤런으로 표시한 것이다.

46 　　　　　　　　　　　정답 ①

지게차가 최대 하중을 싣고 엔진을 정지한 경우에 포크가 하중에 의해 내려가는 거리는 10분당 100mm 이하여야만 한다.

47 　　　　　　　　　　　정답 ③

조향 핸들의 유격이 커지는 원인에는, 조향 바퀴의 베어링 마모, 앞바퀴 베어링의 과대 마모, 피트먼 암의 결착 불량, 조향 기어 및 링키지의 조정 불량, 타이로드 엔드 볼 조인트의 마모가 있다.

48 　　　　　　　　　　　정답 ②

오버러닝(Over Running) 클러치란, 엔진이 시동된 후에 피니언이 링기어에 물려 있어도 엔진의 회전력이 기동 전동기로 전달되지 않도록 하기 위하여 설치된 클러치를 말한다.

49 　　　　　　　　　　　정답 ③

윤활유 첨가제에는 유성 향상제, 점도 지수 향상제, 부식 방지제, 산화 방지제, 청정 분산제, 기포 방지제가 있다.

50 　　　　　　　　　　　정답 ②

엔진이 과열되었을 때 나타나는 현상에는, 윤활유의 부족 현상, 금속의 산화 가속, 노킹으로 인한 출력 저하, 각 작동부의 열팽창으로 인한 고착, 윤활유 점도 저하로 인한 유막 파괴가 있다. 연료 소비율의 증가는 엔진이 과랭되었을 때 나타나는 현상이다.

51 　　　　　　　　　　　정답 ④

현행 도로교통법상 운전 시 만취 상태로 판단하여 면허가 취소되는 혈중 알코올 농도의 기준은, 0.08% 이상이다.

> ⊕ **핵심 포크** ⊕
>
> **운전이 금지되는 혈중 알코올 농도 기준**
> - 혈중 알코올 농도 0.03% 이상 : 운전 금지
> - 혈중 알코올 농도 0.08% 이상 : 면허 취소

52 　　　　　　　　　　　정답 ①

종합 건설기계 정비업의 사업 범위에는 프레임 조정, 변속기의 분해 및 정비, 롤러, 링크, 트랙슈의 재생, 엔진 탈·부착 및 정비가 있다. 유압 정비업은 전문 건설기계 정비업에 해당한다.

53 정답 ①

축전지의 충전 방법에는, 단별전류 충전법, 정전압 충전법, 정전류 충전법, 급속 충전이 있다. 단별전류 충전법이란 충전 전류를 단계적으로 줄여 충전 효율을 높이는 것이며, 정전압 충전법은 일정 전압으로 충전하는 것이다. 또한, 정전류 충전법은 일정한 전류로 충전하는 것이며, 급속 충전은 용량의 1/3~1/2 전류로 짧은 시간에 충전하는 것이다.

54 정답 ③

지게차의 외관 점검 사항에는, 포크의 휨, 균열 등 점검, 백 레스트의 상태 점검, 오버헤드 가드의 균열 및 변형 상태 점검, 핑거 보드의 상태 점검, 지게차의 주기 상태 점검이 있다. 그리스 주입 상태 점검은 작업 전 장비 점검 사항에 해당한다.

55 정답 ③

작업장의 안전수칙상 콘센트나 스위치 등에는 감전사고를 일으킬 수 있기 때문에 절대 물을 뿌리지 말아야 한다.

56 정답 ②

강한 산성, 알칼리 등의 액체를 취급할 때에는 방염 재질의 작업복이 아니라, 고무로 만든 작업복을 착용해야 한다. 방염 재질의 작업복은 화기를 사용하는 작업에 적합하다.

57 정답 ④

하인리히에 따른 재해예방의 4대 원칙에는, 대책 선정의 원칙, 원인 계기의 원칙, 손실 우연의 원칙, 예방 가능의 원칙이 있다.

⊕ 핵심 포크 ⊕

재해예방의 4대 원칙

- 대책 선정의 원칙
- 원인 계기의 원칙
- 손실 우연의 원칙
- 예방 가능의 원칙

58 정답 ②

지게차의 난기운전 방법으로는, 먼저 엔진의 온도를 정상 온도까지 상승시키고 리프트 레버와 틸트 레버로 포크와 마스트의 운동을 반복한다. 그리고 작동유의 온도를 정상 범위 내에 도달하도록 엔진 작동 후 5분간 저속 운전을 실시한다.

59 정답 ③

후각에 의해 장비 상태를 확인하는 경우에는, 누유 및 누수로 인한 냄새, 작동유의 과열로 인한 냄새, 각종 구동부의 베어링이 타는 냄새, 엔진 과열로 인한 엔진 오일의 타는 냄새, 클러치 디스크 혹은 브레이크 라이닝이 타는 냄새가 있다.

60 정답 ①

엔진의 피스톤이 고착되는 원인에는, 엔진이 과열된 경우, 엔진 오일이 부족한 경우, 냉각수의 양이 부족한 경우, 피스톤과 벽의 간극이 적은 경우가 있다.

실전모의고사 제7회

01 ③	02 ③	03 ②	04 ①	05 ①
06 ④	07 ②	08 ③	09 ④	10 ②
11 ①	12 ③	13 ②	14 ④	15 ①
16 ②	17 ③	18 ④	19 ②	20 ③
21 ①	22 ②	23 ④	24 ②	25 ①
26 ③	27 ②	28 ②	29 ④	30 ①
31 ②	32 ③	33 ④	34 ②	35 ③
36 ①	37 ②	38 ②	39 ①	40 ④
41 ②	42 ③	43 ①	44 ③	45 ②
46 ④	47 ①	48 ③	49 ①	50 ①
51 ③	52 ②	53 ③	54 ④	55 ④
56 ②	57 ①	58 ④	59 ②	60 ①

01 정답 ③

피스톤 링의 작용에는 열을 전달하는 열전도 작용, 엔진 오일을 실린더 벽에서 긁어내는 오일 제어 작용, 압축가스가 새는 것을 막는 기밀 작용이 있다.

02 정답 ③

디젤 엔진의 고속회전이 원활하지 못한 원인에는, 분사 시기의 조정 불량, 거버너의 작용 불량, 연료의 압송 불량이 있다.

03 정답 ②

연료의 성질 중 인화성이란, 연료가 스스로 발화하는 것이 아니라 다른 발화인자에 의해 연소되는 것을 말한다.

04 정답 ①

전해액을 만들 때에는 황산을 증류수에 부어야 하는데, 반대로 증류수를 황산에 붓는 경우 위험하기 때문에 반드시 본래의 방법으로 해야 한다.

05 정답 ①

타이어의 트레드 패턴이 하는 역할에는, 타이어의 배수 성능 향상, 타이어의 마찰력 증가로 미끄러짐 방지, 타이어 내부의 열 발산, 트레드 부에 생긴 절상 등의 확대 방지, 구동력, 안정성, 조향성, 견인력의 성능 향상이 있다. 타이어 마모에 대한 저항과는 거리가 멀다.

06 정답 ④

제시된 안전보건표지는 경고표지에 해당하는 방사성 물질 경고이다. 노란색 바탕에 검은색 그림이 있는 것으로, 이와 같은 유형의 경고표지에는 고압 전기 경고, 매달린 물체 경고, 낙하물 경고, 고온 경고, 저온 경고, 몸 균형 상실 경고, 레이저 광선 경고, 위험 장소 경고가 있다.

⊕ 핵심 포크 ⊕

안전보건표지

급성 독성 물질 경고	발암성 물질 경고	폭발성 물질 경고

07 정답 ②

작업계획서에서는 작업의 내용, 운반할 화물의 정보, 작업에 쓸 건설기계의 정보, 작업 시 준수사항 등이 포함되어 있다. 건설기계 운전자의 사고 이력은 해당되지 않는다.

08 정답 ③

연료 파이프의 피팅을 풀고 조일 때 사용하는 렌치는 오픈 엔드 렌치이다. 오픈 엔드 렌치는 조(Jaw)가 변형된 것을 사용하지 않으며, 자루에 파이프를 끼워 사용하지 않는 것이 안전수칙이다.

09 정답 ④

조향 핸들이 무거운 원인에는 앞바퀴 정렬이 불량한 경우, 조향 기어의 백 래시가 작은 경우, 타이어의 마멸이 과도한 경우, 조향 기어 박스의 오일이 부족한 경우, 타이어의 공기압이 부족한 경우가 있다.

10 정답 ②

야간작업 시 주의사항으로는, 전조등 같은 조명시설이 고장난 상태에서 작업하지 말 것, 불명확한 원근감과 지면의 고저에 주의할 것, 충분한 조명시설을 설치할 것이 있다.

11 정답 ①

건설기계 등록 이전 신고 시 제출해야 할 서류는, 건설기계 등록 이전 신고서, 건설기계 등록증, 건설기계 검사증, 소유자의 주소 혹은 건설기계의 사용 본거지의 변경 사실을 증명하는 서류가 있다.

12 정답 ③

건설기계 관리법상 건설기계 사업에 포함되는 것은, 건설기계 폐기업, 건설기계 대여업, 건설기계 정비업, 건설기계 매매업이 있다.

13 정답 ②

크랭크축의 구성품에는 저널, 크랭크 암, 크랭크 핀이 있다.

14 정답 ④

엔진의 오일 압력계 수치가 낮은 원인에는, 오일펌프의 불량, 크랭크 케이스의 오일 부족, 크랭크축의 오일 틈새 과다가 있다.

15 정답 ①

직접 분사식 연소실의 단점에는, 노크가 일어나기 쉽다는 점,

연료 계통의 누유 염려가 크다는 점, 분사 펌프와 노즐 등의 수명이 짧다는 점, 분사 노즐의 상태와 연료의 질에 민감하다는 점이 있다. 반면에, 직접 분사식 연소실은 연료 소비율이 낮다는 장점이 있다.

16 정답 ②

제시된 공유압 기호가 나타내고 있는 것은 부속기기의 기호 중 오일 탱크에 해당한다.

	핵심 포크	
	공유압 기호	
밸브	필터	단동 실린더

17 정답 ③

유압 모터의 단점에는 인화하기가 쉽다는 점, 작동유의 점도 변화에 의해 사용에 제약이 있다는 점, 작동유의 누유가 발생하면 작업 성능에 지장이 있다는 점, 작동유에 먼지나 공기의 혼입을 막기 위해 보수에 특히 주의해야 한다는 점이 있다. 반면에, 유압 모터는 전동 모터에 비해 급속정지가 쉽다는 장점이 있다.

18 정답 ④

사이드 시프트(Side shift)는 차체를 이동시키지 않고 포크를 좌우로 움직일 수 있게 하는 장치를 말한다.

19 정답 ②

전장이란, 포크의 앞부분에서부터 지게차의 제일 끝부분까지의 길이를 말하며, 이때, 후사경이나 그 고정 장치는 길이에 포함하지 않는다.

20 정답 ③

배기가스 중 유해 가스에는 질소산화물, 일산화탄소, 탄화수소, 탄소 등이 있으며, 이산화탄소는 무해 가스에 해당한다.

21 정답 ①

예연소실식 연소실은 피스톤과 실린더 헤드 사이에 주연소실 이외에 별도의 부실을 갖춘 것으로, 주연소실이 예연소실보다 작은 것이 아니라, 예연소실이 주연소실보다 작다.

22 정답 ②

마력(PS)이란, 75kg의 물체를 1초간 1m의 높이로 들어 올리는 데에 소요되는 에너지를 말하며, 1PS를 W로 환산하면 약 735.5W가 된다.

23 정답 ④

타이어식 건설기계에 설치하는 좌석 안전띠의 구비 조건에는, 산업표준화법에 따라 인증을 받은 제품이어야 할 것, 사용자가 쉽게 잠그고 풀 수 있는 구조여야 할 것, 30km/h 이상의 속도를 내는 건설기계에는 안전띠를 설치해야 할 것이 있다.

24 정답 ②

시·도지사가 건설기계의 등록을 말소했을 경우, 건설기계 등록을 말소한 날부터 건설기계 등록원부를 10년간 보존해야 한다.

25 정답 ①

냉각수 레벨 점검은 매 10 사용 시간 또는 일간 정비 사항에 해당한다. 최초 50~100 사용 시간 또는 일주일 후의 정비 사항에는 주차 브레이크 시험 및 점검, 엔진 오일 및 오일 필터 교환, 오일 필터 및 스트레이너 청소, 교환, 드라이브 액셀 오일 점검, 청소, 교환이 있다.

26 정답 ③

C급 화재는 전기화재를 말하며, 화재 진압 시에는 이산화탄소 소화기가 적합하고 포말 소화기는 적합하지 않다.

27 정답 ③

엔진 시동 후 소음이 일어나는 원인에는, 배기 계통의 불량, 발전기 및 물 펌프 구동벨트의 불량, 엔진 내부 및 외부의 각종 베어링의 불량, 흡배기 밸브 간극 및 밸브 기구의 불량이 있다.

28 정답 ②

작업 시 사용하는 안전대의 용도에는, 작업자의 추락 억제, 자세 유지, 행동반경 제한이 있다. 작업자의 작업 상황 강조와는 연관이 없다.

29 정답 ④

축전지의 관리 방법에는, 지게차를 장기간 방치하지 않기, 시동이 걸리지 않은 상태에서 전기장치를 사용하지 않기, 전기장치 스위치가 켜진 상태로 방치하지 않기, 시동을 위해 엔진을 과도하게 회전시키지 않기가 있다.

30 정답 ①

건설기계를 등록할 시 제출해야 하는 서류에는, 건설기계 제원표, 보험 또는 공제의 가입을 증명하는 서류, 건설기계 소유자임을 증명하는 서류, 건설기계의 출처를 증명하는 서류가 있다. 건설기계 검사증은 건설기계 등록의 변경사항이 있을 때 변경 신고 시에 제출하는 서류이다.

핵심 포크

건설기계 등록신청의 제출 서류

- 건설기계의 출처를 증명하는 서류
  - 국내에서 제작한 건설기계 : 건설기계 제작증
  - 수입한 건설기계 : 수입면장 등
  - 행정엔진으로부터 매수한 건설기계 : 매수증서
- 건설기계의 소유자임을 증명하는 서류
- 건설기계 제원표
- 보험 또는 공제의 가입을 증명하는 서류

---

31 정답 ②

타이어식 로더, 1톤 이상의 지게차, 모터 그레이더, 트럭 적재식 천공기의 정기검사 유효기간은 2년이다.

---

32 정답 ③

플라이휠이란, 엔진의 불안정한 회전 관성력을 원활한 회전으로 바꾸는 역할을 하는 장치를 말한다.

---

33 정답 ④

역화 및 후화 등의 이상 연소가 발생하는 것은 밸브의 간극이 클 때가 아니라, 간극이 작을 때 나타나는 현상이다. 밸브의 간극이 클 때 나타나는 현상으로는, 출력의 저하, 소음 발생, 정상 온도에서의 밸브 개방의 불량이 있다.

---

34 정답 ②

냉각수의 온도를 일정하게 유지하는 수온 조절기는 65℃에서 열리기 시작하여 85℃가 되면 완전히 열리게 된다.

---

35 정답 ③

전동기의 구성 중 전기자에는 기동 전동기의 전기자 코일에 항상 일정한 방향으로 전류가 흐르도록 하기 위해 설치하는 정류자가 있다.

---

36 정답 ①

기동 전동기의 종류에는 복권식 전동기, 분권식 전동기, 직권식 전동기가 있다. 대부분의 자동차에서 사용하는 전동기는 직권식 전동기이다.

---

37 정답 ②

교류 발전기에서 팬 벨트에 의해 엔진 동력으로 회전하며 브러시를 통해 들어온 전류에 의해 전자석이 되는 것은 로터이다. 직류 발전기의 계자 철심과 계자 코일의 역할과 같다.

---

38 정답 ③

고압 타이어를 표시하는 방법은 '타이어의 외경 – 타이어의 폭 – 플라이 수'의 순서대로이다.

---

39 정답 ①

앞바퀴를 자동차 정면에서 보면, 윗부분이 바깥쪽으로 벌어져 있어 상부 하부가 넓게 되어 있는데, 이때 바퀴의 중심선과 노면에 대한 수직선이 이루는 각도를 캠버라고 한다.

---

40 정답 ④

기어식 유압 펌프에서 소음이 발생하는 원인에는, 오일 부족, 흡입 라인의 막힘, 펌프 베어링의 마모가 있다. 또한, 기어식 유압 펌프는 유압 작동유의 오염에 비교적 강하다는 특징이 있다.

핵심 포크

기어식 유압 펌프의 특징

- 피스톤 펌프에 비해 효율이 떨어진다.
- 정용량형 펌프이다.
- 외접식과 내접식이 있다.
- 유압 작동유의 오염에 비교적 강한 편이다.
- 소음이 비교적 크다.
- 구조가 간단하고 고장이 적다.
- 다루기 쉽고 가격이 저렴하다.
- 흡입 능력이 가장 크다.

41 정답 ②

시퀀스 밸브란, 두 개 이상의 분기 회로에서 유압 회로의 압력에 의해 유압 액추에이터의 작동 순서를 제어하는 밸브를 말한다.

42 정답 ③

블래더형 어큐뮬레이터는 공기압축식 어큐뮬레이터 중 하나로, 압력 용기 상부에 고무주머니인 블래더를 설치하여 기체실과 유체실을 구분한다.

43 정답 ①

유압 제어 밸브는 유압 펌프에서 발생한 유압을 유압 실린더와 유압 모터가 일을 하는 목적에 맞도록 압력 제어, 방향 제어, 유량 제어를 한다.

44 정답 ③

운전 중에 클러치가 미끄러질 경우, 연료 소비량 증가, 견인력 감소, 속도 감소가 나타난다. 클러치가 잘 끊어지지 않는 것은 클러치 페달의 유격이 클 때 나타나는 현상이다.

45 정답 ②

축전지는 전해액의 비중이 높을수록 자기방전량이 작은 게 아니라, 자기방전량이 크다. 또한, 날짜가 경과할수록 자기방전량이 많아진다.

⊕ **핵심 포크** ⊕

축전지의 자기방전
- 방전이 거듭될수록 전압이 낮아지고 전해액의 비중이 낮아진다.
- 충전 후 시간 경과에 따라 자기방전량의 비율이 낮아진다.
- 전해액의 온도가 높을수록 자기방전량이 커진다.

46 정답 ④

도로교통법에 따라 서행해야 하는 장소에는 가파른 비탈길의 내리막, 도로가 구부러진 부근, 비탈길의 고갯마루 부근, 교통정리를 하고 있지 않은 교차로, 지방경찰청장이 안전표지로 지정한 곳이 있다. 경사로의 정상 부근은 앞지르기 금지 장소에 해당한다.

47 정답 ①

건설기계 제작자로부터 건설기계를 구입한 자가 별도의 계약을 하지 않은 경우, 건설기계 관리법상 무상으로 사후관리를 받을 수 있는 법정 기간은 12개월이다.

48 정답 ②

출장검사를 받을 수 있는 경우에는, 최고 속도가 시간당 35km 미만인 경우, 너비가 2.5m를 초과하는 경우, 도서 지역에 있는 경우, 자체 중량이 40톤을 초과하는 경우, 축중이 10톤을 초과하는 경우가 있다.

49 정답 ④

지게차 운행 시 화물을 운반하고 있을 때에는 안전을 위해 포크의 높이를 지면으로부터 20~30cm를 유지해야 한다. 이때, 30cm를 초과하여 포크를 높이지 않는다.

50 정답 ①

엔진을 시동하여 공전 시에 점검해야 할 사항에는 배기가스의 색깔, 냉각수의 누출 여부, 오일의 누출 여부가 있다. 냉각수의 온도를 점검하는 것은 엔진이 작동되는 상태에서 점검하는 사항이다.

51 정답 ③

라디에이터 캡의 구조 중 물의 비등점을 올려 물이 과열되는 것을 방지하는 역할을 하는 것은 압력 밸브이다. 진공 밸브는 과랭 시에 라디에이터 내부의 진공으로 인한 코어의 손상을 방지한다. 무부하 밸브와 리듀싱 밸브는 유압장치에 사용하는 밸브이다.

52 정답 ②

축전지의 급속 충전 시 지켜야 할 유의사항에는, 통풍이 잘 되는 곳에서 할 것, 충전 중인 축전지에 충격을 가하지 말 것, 충전 시 전해액의 온도가 45℃ 이상 되지 않도록 할 것, 가스가 많이 발생하면 즉시 중단할 것, 충전 시간은 가능한 짧게 할 것, 충전 전류는 축전의 용량의 1/2 정도로 할 것이 있다.

53 정답 ③

유압식 브레이크의 조작 기구에는 휠 실린더, 마스터 실린더, 브레이크 페달, 파이프 라인이 있다. 브레이크 챔버는 공기식 브레이크의 구성 요소에 해당하는 장치이다.

54 정답 ④

나사 펌프(Screw Pump)의 특징에는, 토출량이 고르다는 점, 폐입 현상이 없다는 점, 고속회전이 가능하다는 점, 점도가 낮은 오일을 사용할 수 있다는 점, 소음이 적다는 점이 있다.

55 정답 ④

유압 모터의 회전 속도가 규정보다 느릴 경우의 원인으로는 오일의 내부 누설, 각 작동부의 마모 혹은 손상, 유압유의 유입량 부족이 있다. 유압 펌프의 토출량이 과도하면 오히려 유압 모터의 회전 속도가 빨라진다.

56 정답 ②

종감속 기어의 종류에는 스파이럴 베벨 기어, 스퍼 베벨 기어, 하이포이드 기어, 웜과 웜 기어가 있다. 피니언 기어는 기동 전동기 동력 전달 기구의 구성 요소에 해당한다.

57 정답 ①

윤활장치를 정상 사용했을 때 오일의 교환 시기는 200~250시간일 때이다. 또한, 오염 정도가 심한 지역에서 사용했을 때의 오일 교환 시기는 100~125시간이다.

58 정답 ④

오버플로(Overflow Valve) 밸브의 기능에는, 연료 필터의 엘리멘트 보호, 연료 공급 펌프의 소음 방지, 연료 계통의 공기 배출이 있다. 연료의 후적을 방지하는 것과는 연관이 없다.

59 정답 ②

도로교통법상 운전이 금지되는 술에 취한 상태를 판단하는 기준은 혈중 알코올 농도 0.03% 이상이다. 또한, 혈중 알코올 농도 0.08% 이상이면 만취 상태로 여겨 면허가 취소된다.

60 정답 ①

브레이크 라이닝과 드럼 사이의 간극이 클 때 나타나는 현상으로는, 브레이크 페달의 행정이 길어짐, 브레이크의 작동이 늦어짐, 제동 작용의 불량이 있다. 라이닝과 드럼의 마모 촉진은 브레이크 라이닝과 드럼과의 간극이 적을 때 나타나는 현상이다.

실전모의고사 제8회

01 ②	02 ②	03 ①	04 ④	05 ③
06 ③	07 ①	08 ①	09 ④	10 ④
11 ②	12 ②	13 ③	14 ①	15 ①
16 ③	17 ④	18 ②	19 ②	20 ④
21 ③	22 ①	23 ②	24 ②	25 ①
26 ②	27 ②	28 ③	29 ③	30 ①
31 ③	32 ①	33 ②	34 ①	35 ③
36 ③	37 ③	38 ②	39 ②	40 ④
41 ④	42 ③	43 ①	44 ②	45 ③
46 ②	47 ④	48 ④	49 ①	50 ①
51 ①	52 ②	53 ②	54 ②	55 ④
56 ④	57 ①	58 ③	59 ③	60 ②

01
정답 ②

SAE란, 윤활제의 점도를 숫자로 나타낸 것으로, SAE 번호가 클수록 점도가 높은 것을 의미한다. 윤활제 사용 시 겨울에는 SAE 번호가 10~20, 봄과 가을에는 30, 여름에는 40~50인 윤활제를 사용해야 한다.

02
정답 ②

직접 분사식 연소실의 장점에는, 연료 소비율이 낮다는 점, 냉각에 의한 열손실이 적어 열효율이 높다는 점, 구조가 간단하다는 점이 있다. 반면에, 노크가 일어나기 쉽다는 단점이 있다.

03
정답 ①

축전지가 완전 충전 상태일 때는 20℃에서 전해액의 비중이 1.280이다. 또한, 20℃에서 전해액의 비중이 1.186 이하라면 반충전 상태이다.

04
정답 ④

클러치 커버와 압력판 사이에 설치되어 압력판에 압력을 가하는 스프링을 클러치 스프링이라고 부른다.

05
정답 ③

지게차의 작업장치 중에서 포크 사이의 간격을 조정하는 것은 포크 포지셔너이다. 레버 하나로 포크를 모두 움직이는 양개식, 레버 2개로 각각의 포크를 조정하는 편개식이 있다.

06
정답 ③

제시된 안전보건표지가 나타내고 있는 것은 경고표지 중에서 폭발성 물질 경고이다. 이 경고표지처럼 흰색 바탕에 빨간색 표시로 되어 있는 경고표지에는 인화성 물질 경고, 산화성 물질 경고, 급성 독성 물질 경고, 부식성 물질 경고가 있다.

⊕	핵심 포크	⊕
	안전보건표지	
낙하물 경고	방사성 물질 경고	급성 독성 물질 경고

07
정답 ①

건설기계 등록번호표의 색상으로는 자가용일 경우 녹색 판에 흰색 문자, 영업용일 경우 주황색 판에 흰색 문자, 관용일 경우 흰색 판에 검은색 문자이다.

08
정답 ①

도로교통법상 3차로 이상인 편도 도로의 경우 건설기계가 주행할 차로는 오른쪽 차로이다. 그러므로 편도 4차로 도로에서는 3, 4차로가 해당된다.

09 정답 ④

엔진 오일 압력 경고등이 켜지는 경우에는, 윤활 계통이 막힌 경우, 오일 필터가 막힌 경우, 오일이 부족한 경우, 오일 드레인 플러그가 열린 경우가 있다.

10 정답 ④

연료의 성질에서 세탄가는 디젤 연료의 착화성을 나타내는 척도를 말한다. 가솔린의 폭발성을 나타내는 것은 옥탄가이다.

11 정답 ②

히트 레인지는 디젤 엔진의 시동 보조장치로, 직접 분사식 디젤 엔진의 흡기 다기관에 설치되어 예연소실식의 예열 플러그 역할을 한다. 디퓨저와 블로어는 과급기의 구성품이며, 머플러는 배기 다기관에 연결된 소음기를 말한다.

12 정답 ②

제시된 유압 기호가 나타내고 있는 것은 실린더 중에서 단동 실린더이다. 이외의 실린더 유압 기호에는 단동식 편로드형 실린더, 단동식 양로드형 실린더, 복동식 편로드형 실린더, 복동식 양로드형 실린더가 있다.

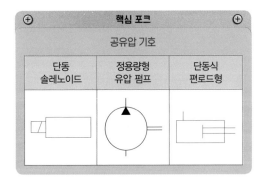

핵심 포크		
공유압 기호		
단동 솔레노이드	정용량형 유압 펌프	단동식 편로드형

13 정답 ③

방향 제어 밸브 중 셔틀 밸브는 두 개 이상의 입구와 한 개의 출구가 설치되어, 출구가 최고 압력의 입구를 선택하는 기능을 가지고 있다. 저압측은 통제하고 고압측만 통과시키는 것이다.

14 정답 ①

안전대용 로프의 구비 조건에는, 완충성이 높고 미끄럽지 않을 것, 충격 및 인장 강도에 강할 것, 내열성 및 내마모성이 높을 것이 있다. 유연성은 해당되지 않는다.

15 정답 ①

가스 용접 작업 시 산소 및 아세틸렌 가스의 누설 시험에는 묽은 황산이 아니라 비눗물을 사용한다. 이외의 유의사항으로는 토치 끝으로 용접물의 위치를 바꾸거나 재를 제거해서는 안 된다는 것이 있다.

16 정답 ③

토크 렌치는 볼트 등을 조일 때 조이는 힘을 측정하기 위하여 사용하는 렌치로, 볼트나 너트를 조이는 힘을 규정에 정확히 맞도록 하기 위하여 사용한다.

17 정답 ④

지게차의 누유 및 누수를 육안으로 확인할 수 있는 경우에는, 유압 오일의 누유, 냉각수의 누수, 엔진 오일의 누유가 있다. 제동장치의 누유는 육안으로는 확인하기 어렵다.

18 정답 ②

라디에이터 캡의 구성 요소 중 과랭 시 라디에이터 내부의 진공으로 인한 코어의 손상을 방지해주는 것은 진공 밸브이다. 다른 하나인 압력 밸브는 물의 비등점을 높여 물이 과열되는 것을 방지한다.

19 정답 ②

개방형 분사 노즐은 구조가 간단하지만 분사의 시작과 끝에서 연료의 무화가 나쁘며 후적이 많다. 다른 설명들은 밀폐형 분사 노즐에 대한 설명이다.

20 정답 ④

축전지의 전해액이 빨리 줄어드는 원인에는, 전압 조정기의 불량, 과충전, 축전지 케이스의 파손이 있다. 축전지의 거듭된 방전은 전해액의 비중이 낮아지게 하는 원인이다.

21 정답 ③

동력 전달장치에서 클러치의 고장 원인에는 릴리스 레버의 조정 불량, 클러치 면의 마멸, 클러치 압력판 스프링의 손상이 있다.

22 정답 ①

타이어는 비드, 브레이커, 카커스, 트레드로 이루어져 있는데, 이 중 림과 접촉하는 부분을 비드라고 한다.

23 정답 ④

지게차의 기본 제원에서, 마주 보는 바퀴 폭의 중심에서 다른 바퀴의 중심까지의 최단거리를 뜻하는 것은 윤거라고 한다.

24 정답 ③

폐입 현상이란, 외접식 기어 펌프에서 토출된 유량 일부가 입구 쪽으로 되돌아오는 현상을 말한다. 이러한 폐입 현상은 토출량 감소, 축동력(전동기가 펌프를 구동하는 데에 드는 동력) 증가 및 케이싱 마모 등의 원인을 유발한다.

25 정답 ①

무부하 밸런스는 회로 내의 압력이 설정값에 도달하면 펌프의 전 유량을 탱크로 방출하여 펌프에 부하가 걸리지 않게 하는 밸브이다. 무부하 밸브를 통해 동력 절감과 유온 상승 방지의 효과를 얻을 수 있다.

26 정답 ②

유압 모터의 소음 및 진동 발생의 원인에는, 체결 볼트의 이완, 작동유 내부에 공기 혼입, 내부 부품의 손상이 있다.

⊕ 핵심 포크 ⊕
유압 모터의 소음 및 진동 발생 원인
- 체결 볼트의 이완
- 작동유 내부에 공기 혼입
- 내부 부품의 손상

27 정답 ②

유압 회로의 응용인 속도 제어 회로에는, 언로드 회로, 블리드 오프 회로, 미터 인 회로, 미터 아웃 회로가 있다. 탠덤 회로는 유압 기본 회로에 해당한다.

28 정답 ④

지게차 동력 조형장치에는 복동식 양로드형 유압 실린더를 사용한다.

29 정답 ③

유량 제어 밸브에서 스로틀 밸브란, 오일이 통과하는 관로를 줄여 오일양을 조절하는 밸브를 말한다.

30 정답 ①

교류 발전기가 고장 났을 때 나타나는 현상에는, 전류계 지침이 (−)방향을 가리키는 것, 헤드램프를 켜면 불빛이 어두워지는 것, 충전 경고등이 점등되는 것이 있다.

31 정답 ③

색깔을 통해 엔진 오일을 확인했을 때, 우유색을 띠면 냉각수가 섞여있는 것이며, 붉은색을 띠고 있으면 가솔린이 유입된 것이다. 또한, 검정색에 가까우면 불순물 오염이 심각한 것이다.

32   정답 ②

도로교통법상 최고 속도의 100분의 50으로 감속하여 운행해야 하는 경우에는, 눈이 20mm 이상 쌓인 경우, 폭우 · 폭설 · 안개 등으로 가시거리가 100m 이내인 경우.

> ⊕   **핵심 포크**   ⊕
>
> **악천후 시 감속 운행**
>
> - 최고 속도의 100분의 20을 감속
>   - 비가 내려 노면이 젖어 있는 경우
>   - 눈이 20mm 미만 쌓인 경우
> - 최고 속도의 100분의 50을 감속
>   - 폭우 · 폭설 · 안개 등으로 가시거리가 100미터 이내인 경우
>   - 노면이 얼어붙은 경우
>   - 눈이 20mm 이상 쌓인 경우

33   정답 ④

유압 모터 선택 시 고려해야 할 사항으로는 동력, 부하에 대한 내구성, 체적 및 효율이 있다.

34   정답 ①

건설기계 등록을 하지 않고 사업을 하거나 거짓으로 등록한 자에게는 2년 이하의 징역 또는 2천만 원 이하의 벌금이 내려진다. 이외의 경우에는, 등록되지 않은 건설기계를 사용하거나 운행한 경우, 등록이 말소된 건설기계를 사용하거나 운행한 경우, 시 · 도지사의 지정을 받지 않고 등록번호표를 제작하거나 등록번호를 새긴 경우 등이 있다.

35   정답 ③

건설기계 정비업의 종류에는 전문 건설기계 정비업, 종합 건설기계 정비업, 부분 건설기계 정비업이 있다.

36   정답 ③

건설기계를 미등록한 상태에서 임시운행 시 그 운행 기간은 15일 이내이며, 신개발 건설기계의 시험 연구 목적인 경우에는 3년 이내이다.

37   정답 ①

매 10 사용 시간 혹은 일간 정비 시 점검 사항에는 에어클리너 지시기 점검, 냉각수 레벨 점검, 엔진 오일 및 냉각수 등의 누설 점검이 있다. 엔진 오일 및 오일 필터 교체는 최초 50~100 사용 시간 또는 일주일 후의 정비 시 점검 사항이다.

38   정답 ②

브레이크 라이닝과 드럼 사이의 간극이 적을 때 나타나는 현상으로는, 베이퍼 록 현상이 발생할 수 있다는 것, 라이닝과 드럼의 마모가 촉진된다는 것이 있다.

39   정답 ②

건설기계의 검사에는 신규 등록 검사, 수시검사, 구조 변경 검사, 정기검사가 있다.

40   정답 ④

냉각 방식에 의한 엔진 분류에는 증발 냉각식 엔진, 공랭식 엔진, 수랭식 엔진이 있다. 공랭식은 냉각핀에 의한 공기 냉각이며, 수랭식은 액체로 엔진을 식히는 냉각이다.

41   정답 ④

텐셔너는 엔진에서 캠축을 구동시키는 체인의 헐거움을 유압이나 스프링의 장력을 이용하여 자동 조정하는 장치이다.

42   정답 ③

노킹 현상이 디젤 엔진에 미치는 영향에는, 엔진의 출력 및 흡기 효율의 저하, 엔진의 손상 발생, 연소실 온도 상승으로 인한 엔진 과열이 있다.

43 정답 ①

타이머란, 분사 펌프에서 연료 분사 시기를 조정하는 장치를 말하며 분사 시기 조정기라고도 부른다. 거버너는 조속기를 말하며, 연료의 분사량을 조절하여 엔진의 회전 속도를 제어한다. 딜리버리 밸브는 연료의 역류 방지, 연료 라인의 잔압 유지, 분사 노즐의 후적 방지를 한다. 커먼레일은 커먼레일 연료 분사 장치에 사용하는 장치이다.

44 정답 ②

납산 축전지를 충전할 때에는 (+)극에서는 산소가 발생하며, (−)극에서는 수소가 발생한다. 이때, (−)극에서 발생하는 수소는 가연성 가스이므로 충전 시 절대 화기를 가까이 해서는 안 된다.

45 정답 ③

튜브리스(Tubeless) 타이어는 고속 주행하여도 발열이 적고, 튜브가 없어 방열이 좋으며 수리가 간편하다. 또한, 펑크 발생 시 급격한 공기 누설이 없다.

46 정답 ②

조향 기어의 구성품에는 조정 스크류, 섹터 기어, 웜 기어가 있다. 피니언 기어는 기동 전동기의 동력 전달 기구의 구성 요소 중 하나이다.

47 정답 ④

플런저 펌프의 단점에는 베어링에 부하가 크다는 점, 구조가 복잡하고 가격이 비싸다는 점, 흡입 능력이 낮다는 점, 오일의 오염에 극히 민감하다는 점이 있다. 반면에, 가변용량이 가능하다는 특징이 있다.

48 정답 ④

유압 모터의 종류에는 피스톤형 모터, 베인형 모터, 기어형 모터가 있다.

핵심 포크

유압 모터의 특징

- 소형, 경량으로 큰 동력을 낼 수 있다.
- 무단 변속으로 회전수를 조정할 수 있다.
- 정회전 및 역회전이 가능하다.
- 회전체의 관성력이 작아 응답성이 빠르다.

49 정답 ①

흡입 스트레이너란, 탱크용 여과기에서 유압유의 불순물을 제거하기 위한 목적으로 유압 펌프 흡입관에 설치되는 장치를 말한다. 압력 필터와 라인 필터는 관로용 여과기에 속한다.

50 정답 ③

유압 실린더의 숨 돌리기 현상으로 인해 나타나는 현상에는, 피스톤 작동의 불안정화, 작동 지연 현상 발생, 서지(Surge) 압력 발생이 있다. 연료 공급과는 연관이 없으므로 연료 소비율이 증가하는 것과도 연관이 없다.

51 정답 ①

건설기계를 운행하는 도중에 갑작스럽게 유압이 발생되지 않는 원인에는, 릴리프 밸브의 고장, 오일양 부족 및 유압계의 작동 불량, 파이프나 호스의 손상 및 오일펌프의 작동 불량이 있다.

52 정답 ②

교류 발전기의 출력이나 축전지의 전압이 낮을 때에는, 축전지 케이블의 접속 불량, 다이오드의 단락, 조정 전압이 낮음 같은 원인이 있다.

53 정답 ③

엔진의 오일 온도가 상승하는 원인에는, 오일의 부족, 오일의 너무 높은 점도, 오일 냉각기의 불량, 과부하 상태에서의 연속작업이 있다.

54 　　　　　　　　　　　　　　정답 ②

엔진(기관)은 열에너지를 기계적 에너지로 변환시키는 장치를 말한다. 엔진의 분당 회전수를 RPM(Revolution Per Minute)이라 한다.

55 　　　　　　　　　　　　　　정답 ④

교통사고 처리 특례법상의 12대 중과실사고에는, 신호 및 안전표지의 지시 위반, 중앙선 침범, 제한 속도의 시속 20km 초과, 앞지르기 방법 위반, 철길 건널목 통과방법 위반, 횡단보도에서의 보행자 보호의무 위반, 무면허 운전, 음주운전, 보도 침범, 승객의 추락 방지의무 위반, 어린이 보호구역에서의 안전운전 의무 위반, 화물 추락 방지에 대한 조치 위반이 있다.

56 　　　　　　　　　　　　　　정답 ④

블래더형 어큐뮬레이터란, 압력 용기 상부에 고무주머니인 블래더를 설치해서 기체실과 유체실을 구분한 것이다. 또한, 블래더에는 질소 가스가 충전되어 있다.

57 　　　　　　　　　　　　　　정답 ①

다단식 유압 실린더는, 유압 실린더 내부에 다른 실린더를 내장하거나 하나의 실린더에 여러 개의 피스톤을 삽입하는 방식으로 실린더 길이에 비해 긴 행정이 필요할 때 사용한다.

58 　　　　　　　　　　　　　　정답 ③

유압 펌프가 오일을 토출하지 않는 원인에는 오일의 부족, 흡입관으로의 공기 유입, 오일 탱크의 낮은 유면이 있다. 펌프의 너무 빠른 회전 속도는 오일을 토출하지 않는 것과는 연관이 없다.

59 　　　　　　　　　　　　　　정답 ③

벨 크랭크는 지게차 유압식 조향장치에서 조향 실린더의 직선 운동을 축의 중심으로 한 회전 운동으로 바꾼다. 이와 동시에 타이로드에 직선 운동을 시킨다.

60 　　　　　　　　　　　　　　정답 ②

건설기계에 주로 사용하는 기동 전동기는 직류 직권식 전동기이다. 기동 전동기의 종류에는 직류 직권식 전동기, 직류 분권식 전동기, 직류 복권식 전동기가 있다.